明末清初南京园林研究

实录、品赏与意匠的文本解读

史文娟 著

东南大学出版社 • 南京

序

关于“明末清初南京园林研究”

史文娟的“明末清初南京园林研究”，貌似传统意义上的将南京园林作为一段历史建筑文化现象的回顾，实质上是对中国“园林”及“造园历史”的一些文化意义思考。

当下的中国传统文化，正随着国力的发展而得到全面的复兴。作为中国传统文化重要及特有的造型艺术成就——“园林”，也越来越受到社会的热衷。作为留存在世的中国“园林”艺术代表之苏州园林，因近年来被列入《世界遗产名录》而在中国的物质性文化、艺术领域里的地位更为显赫；同时，多年来也承受着公众参观人满为患状况不断加剧的压力[1]。看似人所皆知的中国传统文化之空间造型艺术——“园林”，作为物质性的城市景观环境，如何与当代城市公共空间有机地融合？问题显然很多、很严重，只是今

[1] 苏州市留存并对社会开放的历史园林有 50 多处。其中“拙政园”“留园”“网师园”和“环秀山庄”在 1997—2000 年被列入《世界遗产名录》”，另有“沧浪亭”“狮子林”“耦园”“艺圃”和位于同里镇的“退思园”作为扩展项目。然而，其中的“拙政园”“留园”游客众多，欣赏与管理都产生了巨大的困难，与其他游客稀少的园子形成空间感受决然不同的强烈对比。在苏州园林的运营管理上，尽管管理者已经尝试过各种方式，至今未能找到相对合理有效的社会管理方案。

天大部分观者甚至研究者都满足于园林之中的美景，并专注于其人为景观营造之精巧，而忘却了这些园林原本在社会中的定位。若我们对比位于日本京都郊外的桂离宫（Katsura），观者都会有更美好的东方历史园林之景观文化体验，其中除了有不同管理方式的作用之外，其背后也有对“园林”这种特殊的传统造型艺术的学术认知上的差异。

为中国传统文化重要成就之一的“园林”下一个合适的定义，其实是一典型的学术难题。在笔者看来，其中看似涉及当今各个学科的学术定位问题；最大的还是中西方文明体系的差异问题，正因为我们的学术体系是以西方文化为主体的；而当下中国社会城市发展中对“园林”的热衷以及与城市物质空间环境的不协调，其实都是与此难题有着内在关联的。

一、关于“园林”的认知问题

尽管我们了解，人类因对自身生存环境在满足了基本需求的前提条件下，再加以景观处理，在全球的各个重要的文明体系中都有所体现[1]，然而，所谓“园林”或者“造园”之概念，应该是中国文化传统里的一种特殊艺术成就[2]。这样的特有之艺术成就，只从中文语境和历史来研究其历史，才是一切错误的起始。正因为从全球范围来看这种文化成就的特殊性，在中国文化与国际交流的近代以来，中外学者对此的认知过程是十分曲折而至今依然难以定论的。

1.“园林”的研究与定义

在这个国际化程度极高的世界，中国文化传统中许多艺术成就都已经被充分介绍到世界的各个地区，在世界著名的艺术、博物馆里，我们常常能看到来自中国的书画、文物的陈列。若以三维的空间环境艺术成就来定义，则中国“园林”是紧随日本“园林”而被出口到世界各地陈列得最多的展品[3]。不过我也十分怀疑，

[1] 在一般的中文表述，将各个文明体系中的环境景观处理都以“园林”来表达了，于是就有所谓“西亚（阿拉伯）园林”“欧洲园林”“日本园林”等等。于是，也有世界“三大园林”和“四大园林”之说，将中国园林与之类同而成为之一。笔者以为，当我们用“园林”来泛指各个文明的人类居住环境的景观设计时，丧失的恰恰是中国的文明传统之中特有的“园林”，或者说是“造园”的真实定义。这有点类似于西方文字字母的花式变化写作之“书法”来对应了中国书法艺术。

[2] 在笔者的认知中，与中国“园林”最有类比性的的中国特有艺术便是中国“书法”，实在不是其他文明体系里相似的艺术可以对应的。而在文字翻译上我们又不得不一一对应了，如同“园林”—“Garden”，“书法”—“Caligraphy”。

[3] 境外城市最早完整陈列中国“园林”的历史，美国纽约的大都会艺术博物馆（Metropolitan Museum of Art）与 1981 年陈列的以苏州网师园殿春簃为模版的“明轩”，很可能是起始。

当人们在西方的花园（Garden）、公园（Park）之中见到某个局部的中国“园林”一角，在欣赏其与其他文化不同的景观、绿化处理手法之时，能真正理解这种特殊的中国艺术的要义吗？值得指出的是，在参与了国际化进程的当代中国文化语境之中，大部分文化定义都已经是有一定意义的国际规范和国际文化意义的，也可以说是有一定的西语成分了，在多数情形下，只是我们没有意识到而已。

以常规的文字描述定义，“园林”被通俗性地等同于西语中的“花园”(Garden)、“绿植美化”(Greenery)、“景观处理”(Landscape)等等。起码，在现有的辞书、字典和教科书中都是如此描述的。尽管，也有不少学者和相关的研究都曾以不同角度指出了中国的“园林”与其他文化中的类似成就相比所呈现的特殊艺术与文化意义，但是我们至今也难以找到恰如其分的西语定义来描述中国“园林”。语言翻译的困难——“不可译性”，本质性地反映了中国文化在这个世界文明之林中的特殊意义。

在国际化的文化交流互动之中，既有对人类共认文化价值的追求，也应该有对独特文化价值的探讨。笔者以为，对于构成世界文化多样性的各种独特文化价值，我们的任务主要是认清其与其他文化的差异性，而不是趋同性。因此，我们本来就不应该期望以文字翻译工作来解决这些文化交流与比较之中的基本概念问题，而应该比较有鉴别地对这种文化的历史与现实意义进行加深认知。中国“园林”，正是因为这样的重要文化成就，值得我们不断深入研究。

最能说明这一现象的就是，中国文化传统的“园林”在今天我们的学科分类体系之中从属于多个学科且都在定义上存在差异，分别是：建筑学（Architecture）、景观（Landscape）、园艺（Horticulture），还属于美术（Fine Arts）、设计（Design），分属于大学科的农学（Agriculture）、工学（Engineering）、艺术（Arts）等等。事实上，还有更多的学科也与之相关。这种现象正是因为“园林”作为中国文化传统中特有的艺术，在西方文化传统之中难以直接以某艺术来对应，而今天中国大学与学术所遵循的学科分类体系正是以西方文化传统为认知体系的。因此我们难以找到一个学科来恰好对应“园林”，或者说，“园林”在今天以西方学术定义的学科体系里，必须是跨学科的。这一学术现象，常常被我们所忽视：各个学科在以本学科的知识体系对“园林”进行研究时，都很自信地认为是具有“科学”价值的“真理”。

2. 中国传统文化的国际认知

从概念上分析，今天我们谈论的“园林”其实是一种现代话语体系的“园林”。也就是现代学术研究体系之中的“园林”，与传统意义上古代文人所议论的是有相当差异的[1]。从中西方文化交流的近代起始，且与许多其他中国特有的文化艺术相同，“园林”也是西方学者感兴趣的。从以早期的欧洲传教士和17世纪英国建

[1] 这一点，也非常容易被人们在不讨论概念差异而只“望文生义”情形下所忽视，因为“园林”作为一个中国词汇，与古代文献之中的“园林”是一致的。于是，忘却了今天谈论和研究“园林”之时所用的话语体系都是现代学术研究体系，而所谓的现代学术研究体系都是以西方文化为基础，最起码在学科分类上如此。

筑师钱伯斯（William Chambers）为代表的学者，以及热衷“园林”的欧洲皇家[1]，到 20 世纪初的多个艺术史学家，尤其是作为 20 世纪初期西方世界最为重要的一位东方艺术史学家喜仁龙（Osvald Sirien）[2]，都对“园林”这一中国特有的艺术十分痴迷并做出了有价值的研究和向西方世界的传播。期间，更有“日本园林”在西方世界尤其是美国的强势传播[3]。

总体来看，早期西方学术对中国“园林”的兴趣与相应的研究，在学科归类方面大致是汉学（Sinology）或艺术史（History of Arts）领域的。而由于在西方学术体系之中建筑历史原本就是艺术史的一部分或者说主体部分，于是对“园林”研究的艺术史则被建筑历史学科比较全面地继承了。

3. 建筑学意义的“园林”

以今天我们都必须遵循的学科分类之“建筑学”的意义，来讨论中国的“园林”，只能是属于现代学术研究体系的一部分，也即接受了西方话语体系之后的学术研究领域。因为，中国传统的文化之中并没有建筑学术的学科体系，中国的建筑学是从近代由西方引进的，并且具有其强烈的空间形式思维与语汇特征。与“园

[1]17—18 世纪欧洲的“中国热”（Chinoiserie），大致是以“园林”为最高的东方艺术成就来传播的。

[2] 喜仁龙（Osvald Sirien，1879—1966），因为研究中国艺术而成为瑞典斯德哥尔摩大学的艺术史教授，也是欧洲乃至西方现代学术体系中第一位艺术史专职教授。而他的晚期研究和主要的学术成就，完全是关于中国园林的。

[3] 在美国、加拿大、澳大利亚的大部分中心城市里，基本上都有“日本园林”（Japanese Garden），也会相邻有“中国园林”（Chinese Garden）。甚至，很多“中国园林”是与“日本园林”相邻甚至在其之内的。

艺”“景观”等学科领域相比，“建筑学”所涉及的学术性语言体系与其蕴含的文化意义差异更大。也由于建筑学，在西方文化体系里尤其是以艺术史的角度，作为文化与科学集成的艺术具有美学上的至高地位，在国际性的学术体系中，对中国“园林”从建筑学意义的学术研究之价值就显得更为重要。或者说，建筑学的学科综合意义是相对更全面而强大的，受过建筑学训练的建筑师或是建筑学者往往知识面更为广博，因而更易于接受中国“园林”这种原本极其综合的文化艺术。从近代西方文化的话语体系里，中国“园林”主要被建筑学科作为历史与理论的课题来研究。第二次世界大战以后的国际建筑理论从单一的建筑物形式研究突破至空间环境与场所、城市等领域的发展，对中国园林的兴趣更是有增无减。尤其是1970—1980年代的“后现代主义”建筑思潮，将中国“园林”再次推向了高峰。

由于专业性地关注物质性空间形态与实物构成之设计处理问题，在“园林”的建筑学研究中，以其空间特性和形态组合为重点。以设计的各种手法为主旨。显然，从中国建筑学者角度对中国“园林”进行理论研究是童寯先生在1930年代起始的。至今为止，刘敦桢先生主持的《苏州古典园林》研究，被公认为是关于中国“园林”的建筑学意义之集大成者，也是相对来讲最为权威的学术成果[《苏州古典园林》一书，完全不同于其他的建筑学术研究：起始于刘敦桢先生在1953年“院系调整”之后的南京工学院建筑系与华东建筑设计院共同成立的“建筑研究室”进行的两大重点研究主题之一的研究项目，是继童寯先生1930年代基本完成的《江南园林志》工作之后的创举性工作，集中了当时南京、上海两地大量的建筑学术人才，投入了今日难以想象的巨大的研究工作，历经多次波折至“文化大革命”之前基本完成，至“文化大革命”结束的 1970 年代末才得以真正出版，其时，刘敦桢先生已经逝世（1968）。童寯先生，却以其晚年的时光又从事了中国“园林”的研究工作，最终在他的身后出版了《东南园墅》[1]。虽然建筑学领域学者的研究，在西方文化为主体的学术体系里比较“名正言顺”，但是，建筑学视角的中国“园林”研究，也十分明显地存在着一些缺陷。首先，西方建筑学的学术基本是以形式（Form）为终极目标的，将中国“园林”作为研究对象时，建筑学研究往往会自然而然地聚焦于视觉意义的空间形式或形态，而实际上中国“园林”是没有真正的形式的规律的。而所谓“园林”的真正形态往往是受制于其所在的基地（Site）的，在《园冶》里称之为“相地”，是指根据所得到的“基地”来考虑可能的“园林”营造活动。更为明显的则是，《苏州古典园林》以现代建筑学的原理归纳出的园林设计的一些原则与方法，似乎是一种经典而可以照做，事实上也在后来的大部分景观园林设计之中被不断套用而成为所谓“法式”，这导致了在当下许多风景园林规划设计中形成了固定手法和套路，并美名其曰“传统园林风格”。笔者以为，这其实是对中国“园林”的造园本意与原则的一种误解和背离。这两种对中国“园林”本意的误解和原则的背离，最明显地反映在早期西方（欧洲）模仿中国“园林”的一些蹩脚作品中，也充斥在当下中国的许多公园、景区里所谓的风景园林设计之中。

[1] 参见：赵辰，童文．童寯与南京的建筑学术事业 [M]. 北京：中国建筑工业出版社，2003.

4. 建筑学领域“园林”研究的批判

笔者以为，从建筑学角度研究中国“园林”的意义依然是极大的，但是由于建筑学术体系自身的观念与方法的局限，现存的研究还未能涉及相当多的需要去探索的价值领域。在童寯先生晚年的中国“园林”研究工作中，明显突出了对江南文人作为明清“园林”的主要创作者的思想境界和生活态度、方式的讨论，这正是试图点明后人认知的中国“园林”，实际上是江南文人将自南朝以来的社会高层对自然景观的欣赏、把玩，成功地从诗文、绘画转向了实体的构筑——“立体山水画”[1] 的意义，更有从自然环境的郊外别业进入了城内的市井——城市私家园林的意义。

与此，我们可以认识到，被大家热衷的中国“园林”，实质上是中国悠久的崇尚自然山水美学的文化传统，在明清之后被江南文人营造成的一种空间艺术类型。这是有其发展过程的，也必然是有规律的，其涉及的领域显然更多的是人居（Habitation）与城市（Urbanism），而不应仅仅是如何欣赏自然的美学价值观，也不应仅限于如何做园林的所谓手法与技能。因为，从小学生都耳熟能详的古代文学作品看，欣赏自然的美学传统起码已由汉唐之间的南朝文人，诸如谢灵运、陶渊明、王羲之等，奠定得十分完整；而所谓的造园手法与技能，完全是与工匠传统一致且与时俱进的，在造园的过程之中不可能成为主体[2]。因此，对于传统的中国“园林”之研究，需要我们将视角更多地投向以明清江南文人为主体的创作者如何成功地在江南富庶而密集的城市之内，得

[1] 童寯先生语。

[2]《园冶》中对造园与建房之差别明确有“三七开”的倒置，所谓：“七分主人，三分匠人”。

以营造出如此奢侈而又超然脱俗的“园林”，笔者以为，这应该成为中国“园林”研究有突破意义的重要方向；同时，对于今天得以再次富裕的中国人而言如何找回人与自然的美好归属，无疑也将是一个与我们的文化传统有关联的有价值的历史研究方向。

江南私家园林，应该是在中国“园林”悠久的历史发展过程中，于明清的江南发展出的一个特别的文化与艺术现象。其重点是，它是由社会中具有最高文化修养的文人士大夫们，得以在城市的宅邸中直接拓展营造而成的一体宅园，或称之为“园墅”。这种对中国“园林”研究的背景思考，才是将视角转向明末清初的南京的根本原因。尽管由于近代以来的战乱频仍破坏而使得南京留存下来的园林数量极为有限，但根据民国时期陈诒绂所著的《金陵园墅志》，可考的园林依然有 170 多个[1]。无可否认的是，选择南京有就近而地理条件熟悉的缘故，更有相关的文献众多、钟灵毓秀、人文荟萃的因由。

二、明末清初的南京

1. 南京：山水城市

南京因在中国历史、地理上与江南文人的深刻关系而形成的特殊地位，值得我们去重新认识。长江在南京之前的一段，从九江至南京为西南至东北方向，抵达南京之后折往东偏南方向。于是，南京成为由东西向流水为主的长江流域之特殊段，在中国人

[1] 陈诒绂．金陵园墅志 南京稀见文献丛刊之金陵九种（下）[M]. 南京：南京出版社，2008.

文历史上成为“吴、楚”两地之争的地理分界点，所谓的“吴头楚尾”或“楚头吴尾”之地。而那段南京之前的长江（皖江）在中国历史上的分裂与融合的过程中扮演了极其重要的角色，也即从关中的长安和中原的洛阳为视角定位，这段长江中下游东侧地区为“江东”或者“江左”，最为代表性的就是三国时期的“江东六郡”（吴郡、会稽郡、丹阳郡、豫章郡、庐陵郡、庐江郡）。宋元之后，则以北京为首都的视角定位，而演化为“江南”的称呼[1]。无论“江东”还是“江南”，南京都是这片富饶之地具有统治地位的“首善之地”。也正是这段长江流经的著名的庐山与黄山山脉，自魏晋南北朝之后逐渐演变成为中国传统文人山水文化的重要孕育场地，而这其实也是中国“园林”艺术得以形成的人文主义美学思想的根基。这样的人文主义美学思想，显然来自于中国传统的“文人士大夫”这一特殊群体。

2. 南京：天下文枢

南京，也是在南北朝之后，逐步成为中华文明的版图之中一个具有重要文化地位的中心城市。得益于长江流域的特殊地理优势，这一东南重镇养育了众多的文人，而自唐之后，逐步发展成熟的科举制度令天下读书人有了“学而优则仕”的道路，并逐渐形成即便是贫家书生也可具有的“修身、齐家、治国、平天下”之人生理想。然而，所谓的“文人士大夫”一旦形成，其人生必然伴随

[1] 关于长江中下游的“江东”与“江南”的定义，参见百度“江东”词条。

着两种难由自身控制的状态，可以被形容为“进”与“退”：欣然上榜而仕途平顺而谓之“进”，屡试不中而仕途无望而谓之“退”；即便顺利为官甚至居于万人之上也难免一遭不利而贬至民间，依然是难以避免的“进”“退”两态[1]。这种“进”与“退”的生活状态有儒家（进）和道家（退）两种矛盾却又互补的人生哲理作为指导，显然，对于文人作为主体的中国“园林”更多地受到老庄哲学和道家思想的影响。有意思的是，这种传统“文人士大夫”的人生理想在中国的地理空间上有着对应的联系：作为“仕途”目的地总体来讲是在西侧或北侧，与中原的方向基本一致，被理解为入世进取的地理坐标正道方向，而“江东”或“江南”则被理解为退守养息的偏安之地。

3. 明末清初的南京文人

所谓明清之际的南京，对于江南文人所形成的特殊生活场景，需要从明代初年的洪武至永乐这段时间谈起。朱元璋定都南京自然使得南京成为全国的经济、文化中心，虽然好景不长，靖难之役打下南京而取得皇权之后的朱棣最终决定迁都北京，然而在平定南方的过程之中他也感受到了以方孝孺等为代表的江南儒生强大的反抗力量，于是为了平抚民心而在南京保留了与中央一致的政府机构，并称其为南都或留都。虽然大部分中央各部均为虚职

[1] 关于中国传统文人士大夫之人生的“进”与“退”，1980 年代的“文化热”时期曾有大量讨论，涌现过十分多而有见地的研究论文。其中联系“儒”与“道”的社会入世和山水出世，以及政治与艺术之互补哲理关系最为有价值。今可参见相关小文略知一二，杨德秀．古代文人“进”与“退”的智慧——古代文人的“入世”与“出世”[J]. 中学语文（下旬·大语文论坛），2007（7）：29-30.

无实权，而其中的江南贡院却实实在在地使得江南文人的仕途得到了充分的照顾。这一举措也使得南京在失去国都之后依然保持了文化圣地的地位，即所谓“天下文枢”。甚至因为有仕途的通达却无皇城的森严，得到了比北京更为自由的空气。永乐之后的南京，以江南贡院为中心的秦淮河—夫子庙地区成为聚集江南文人的繁华地带，大量的文献记载都说明当时南京城南的秦淮河沿岸一带，以文人消费生活的特色城市业态为主体——书肆、茶苑、烟馆、酒楼乃至妓院，形成了著名的“十里秦淮”烟花繁市。这种景象，今天依然可以从著名的《南都繁会景物图卷》[1]中得到充分的体现。

时至清代初年，南京的情形虽然在清皇朝的统治之下有了极大的不同：明代宗室大部分在清军入关时就逃往南方，南明政府先后在扬州、南京、福州等地残喘维系，清军在江南一带留下如“扬州十日”“江阴屠城”等武力镇压各地反抗运动的暴力事件，在文化界则大兴铲除异端思想的“文字狱”，但康熙之后的清政府对江南文人采取的整体绥靖政策保留了南京江南贡院，从而使得江南文人的科举仕途依然畅通，秦淮河沿岸的以文人为核心的社会繁华也得以持续。

从整体的清初康乾时期历史来看，江南社会发达的经济和相对宽松的政治，使得江南文人们有了相当滋润的一段发展时期。只是此时期的南京，对于江南文人之重要意义有了进一步的加强。

---

[1]《南都繁会景物图卷》，简称《南都繁会图》，描绘永乐年间南京城南秦淮河沿岸的繁华城市商业景象，一般认为是明代著名吴门画派大师仇英所作，但仍有专家根据绘画技法判断而认为并非仇英之作，现藏于中国国家博物馆。

尤其在空间意义上，南京可以作为界线来体现江南文人以“进”“退”之别分化出的新的人文空间态势。有以正宗科举仕途正道为官的大批“进”态之文人，他们自然将南京作为仕途进击的关口和跳板；更有大批仕途不利而处于“退”态的文人，乐于退守江南腹地而将南京作为自由交往的文化中心；还有以明代宗室后裔为代表的“退”态。在长江下游地区以太湖为界，其东侧的沿江城市、交通密集区域（今天我们习惯称之为“苏锡常地区”），成为“进”态的空间场所；其西侧的由西部庐山、黄山、天目山脉延展而至的广袤山区丘陵地带，成为“退”态的钟情之地。

从这一时期最集中反映文人思想的山水画史料中，我们可以感受到这种清晰的态势——极为明显地体现为“进”态的如清初“四王”[1] 以工整见长之画风，而更强势的是以“八大山人”[2] 和“石涛”[3] 为代表的“退”态之写意山水画派。显然，从后世的中国文化发展进程来看，写意山水画派的风格和人生态度是更占上风的。其实也不难理解，因为他们代表了更多的仕途失意的文化人的主流意识，也能同样代表仕途顺利的士大夫甚至皇帝的山水之情，这基本成为明清之后中国文人山水美学思想的主流。

这两种“进”与“退”的文人态势，在江南的大地理空间背景之中，都是以南京、扬州为中心并分界的。正是江南贡院所在的

[1] 指清朝初期以王时敏为首的四位著名画家，王时敏（1592一1680），王鉴（1598—1677），王原祁（1642—1715），王翚（huī）（1632—1717）。

[2] 朱耷（1626—约1705），字刃庵，号八大山人、雪个、个山、人屋、道朗等，出家时释名传綮，汉族，江西南昌人。明末清初画家，中国画一代宗师。

[3] 石涛（1642—1708）清代著名画家，原姓朱，名若极，广西桂林人，小字阿长，别号很多，如大涤子、清湘老人、苦瓜和尚、瞎尊者，法号有元济、原济等。明靖江王朱亨嘉之子。与弘仁、髡残、朱耷合称“清初四僧”。

南京，因举子进考及江南文人活动汇聚而首善于此，与北京及中原交通联系的大运河水道，可由南京的长江顺流而下至镇江再摆渡经扬州北上。当然，仕途不利或遭贬的士大夫反之也可由南京、扬州分界，向西南方向的山林归隐。那时南朝文人如陶渊明、谢灵运等，早已给后世文人留下了引导。沿长江逆流而上则唤起文人的冥想，黄山、庐山等名山大川正是召唤之地。这种态势，在明清之际的社会发展条件下，达到历史上的又一个高峰。

4. 童寯先生的研究

需要明确的是，江南文人在社会地理与人文空间意义上的"进"与"退"，是中国"园林"在历史进程中从山林、郊野进入城市的一个重要条件。尤其是明末清初之际的江南城市，文人以及具有文人素养的富商大贾们在这一背景下逐渐形成城市私家园林的营造之风。乃至后世的乾隆之后的清末，这种江南城市私家造园艺术被清朝皇家大规模地模仿、抄袭而成了更为广泛的艺术。

同时，南京的"城市山林"之自然地理及人文历史因素，也提供了十分有力的造园之基础条件。首先是城市的造园土地条件，南京在明代初年成为国都，朱元璋为南京划定的城市格局十分巨大，以明城墙为界围合了广阔的城市面积，在长江以南的各个城市之中，这显得极为少见。而在国都迁往北京之后，缺少足够的中央官僚机构，使得南京城内的许多地域十分空旷，这为明清之际南京城内的造园活动提供了获得土地的条件，且比其他城市更为优越。其次是造园的自然地理条件。南京处于沿长江的丘陵地带，大量山丘林地，多个自然水系的河流、湖泊遍布城市的内部和周边，这使得在南京城内寻觅造园的土地，可能直接获取山林与水系的自然条件因素，造园的条件因此更为优越。

清代著名文人袁枚（1716—1798），在南京修筑了被后人誉为天下名园的随园，这正充分代表南京明清园林的历史人文背景。袁枚，这位曾在南京（江宁）为官多年的大文人，在其盛年弃官隐世，购得小仓山原江宁织造隋赫德的废旧园地，而取名"随园"，所谓"同其音，异其义"[1]。继而挖池沟渠，营筑园林。并归隐于此而成"随园老人"，将其余生的数十年都留在此园。袁枚之于"随园"，向我们展示一个典型的明清南京文人私家城市园墅之经历。尽管在太平天国之后，"随园"被破坏得全无痕迹，但是袁枚因"随园"而留下了地名至今，以"随园老人"和其著作《随园诗话》《随园食单》而传世，园与人在后世的话语之中已经难分其二。作为中国建筑界之园林研究"始作俑者"的童寯先生，在刘敦桢先生于其后的苏州园林研究获得巨大成功的基础上，在其晚年投入了极大的精力来研究当时已经完全不存在的袁枚之随园，写就了同样是传世的《随园考》[2] 并于 1981 年在创刊不久的《建筑师》杂志上发表。

笔者以为，童寯先生其实已经向我们提示了不要将中国"园林"研究仅仅停留在遗留在世的实物园林以及它们物质性的构成和形式组成规律之中，更应注重作为造园主人的清中兴乾嘉时期江南文人士大夫们得以在南京这样的山水城市之中造"天下名园"的时间与空间条件。

---

[1] 袁枚 . 随园记 [M]// 袁枚文选 . 北京：作家出版社，1997.

[2] 童寯 . 随园考 [J]. 建筑师，1981（4）.

三、文本解读：“园林”研究的途径

若就江南文人在明清之际进入城市造园的历程而言，明末清初的南京成为极为重要的研究对象。史文娟的研究工作，是如此得以定位的。然而，毕竟缺少遗留的实物，这样的研究必然全然依赖文献。文献之中可以索取到的“园林”案例又极为众多，需要有一个合理的研究框架来针对性地工作。将城市与社会作为这项研究的视角，这也是十分具有当代建筑学理念的研究框架。

从城市与社会的研究视角，以类似于“切片与样本”的城市研究法，针对明清之际南京众多的城市文人园林，借大量收集到的“园记”“游记”等相关文献，史文娟提出了三个不同视角下明末清初南京园林的切片样本：第一类是士大夫阶层宴游的私家园林，此类私家园林较多，被冠以 16 座公侯士大夫园林（1588—1589），以王世贞的《游金陵诸园记》为主要文献；第二类是在 1639—1642 年间普通士子游玩兼有居住功能的城市园林，也包含了衙署、寺庙等各种公共、半公共地域的园林，以作为明末的秀才与复社领袖的吴应箕的《留都见闻录》作为主要的研究文献；第三类则是普通市民的私人别业，以著名的李渔芥子园（1668—1677）别业为代表。这是一个十分重要的研究框架，使得她的工作有了一些章法。事后看来，这样的针对历史文献的“切片与样本”之研究方法，很成功地在研究策略层面，将“明末清初的南京园林”这一主题较为全面地呈现了，同时，也契合了城市与社会空间研究的视角。

进一步地，以学术研究的四个“层面”，史文娟得以借用当代建筑学的研究视角，不同层面地由浅入深地解读：第一个层面是“定位”，在城市层面归纳园林的分布状态，得以明确“南京园林在明末清初江南园林中的地位”，进而考察城市与园林的互动关系。以这一层面作为初步探讨，明末清初的南京为这种研究奠定了十分宽广的基础，有待展开多地点、多方位的研究。第二层面是“构筑”，以考察明末清初南京园林的建造概况与特点，进而分析园林中的人与生活，得以提出“建筑学领域园林史研究方法的重建”。这一理论框架的构建，显然具有深远的意义。第三层面是“社会需要”，以历史的眼光、人的视角考证园林中发生的活动，结合“定位”“构筑”考察园林在社会与生活中所承担的角色，有助于“现代造园实践领域设计方法的再生”。第四层面是“观念”，以文献的具体内容进一步分析背后园林创作的思想、观念之分析与诠释。在这些论述里，中西学术在景观思想上的差异以及沟通的可能，都成了基本的思维框架。

这些基础性的理论研究，为我们探索了重新诠释中国传统“园林”艺术的途径，无论成果大小，其开拓性意义不容忽视。史文娟通过文本解读得到的园林空间场所的再现，对于建筑学术意义的园林研究提供了坚实的信心。同时，史文娟也得到了“回归园林的历史文化语境，保持对‘园林’概念的持续思考，基于文献探求物质空间场所中的人与生活”这般深入的感悟，这是令人十分欣慰的。

结语

尽管中国的“园林”早已成为显学，近年来对此研究与实践的兴盛也在不断加剧，由于中西方文化的差异，即便是中国的学术与话语体系内西方学术依然作为主导地位而难以回避，在学术理论层面植入“园林”这种中国文明体系中具有核心人文价值的艺术，依然是困难重重的。可以说，现存大量的中国园林的研究，都在学术理论层面存在重大缺陷。也正因为学术理论层面的欠缺，必然导致学科定位和划分、专业分类、行业分工、社会实践等等层面的混乱。中国的“园林”混同于西方文化的“风景”，而又在时下“生态景观”的要求下进一步地实用性地混杂，这导致学术上论述其概念、定义、界限以及背后的价值观、思想性更为困难。

在笔者看来，理论工作的困惑与社会实践的热衷之间的矛盾，在中国“园林”这个事情上已经到了无可复加的地步。

为此，我们需要做的是：在中西方文化比较的前提下，进行理清中国“园林”自身文化价值的历史性重新诠释。因此，被人们充分认可的所谓“苏州古典园林”，是一种明清之际进入城市的私家园子，其城市空间、宅园邻里和园林景致的创作思想都由“文人士大夫”这种中国古代特有的社会阶层人群所主导。他们的个人生活、家居，他们的社会事业、地位，他们的艺术情趣、创作，都必然与之关联。研究中国之江南私家“园林”，需要实质性地考察“文人士大夫”的人生全部。而从建筑学的视角来看，明清之际的江南私家“园林”得以进入城市大肆建造，实在是最值得关注的学术要点。正是在此意义上，明末清初的南京城市私家园林得到先导性的发展，这值得十分重视。

从童寯先生暮年对袁枚“随园”的关注，以及明点“园墅”以示城市环境意义[1]，都向我们提示了这种含义。我们需要的正是仔细琢磨童寯先生文字背后的实质性内涵，理解他为我们“指点迷津”之价值，将发掘中国文化深刻含义的研究工作不断推进。

赵 辰

2021年1月15日

[1] 若我们对比童寯先生研究中国“园林”初期和晚期的两部著作：《江南园林志》《东南园墅》，从书名上可以看出，“江南”改为“东南”；而“园林”改为“园墅”。

前　言

目前的"园林"概念基本上源自近现代研究者的建构，与历史中"园林"真相大相径庭。就建筑学领域的园林研究而言，其研究成果为近现代园林的保护修缮与新的园林建设做出贡献，然而其在研究范围上的局限（明清江南私家园林）与研究关注点的聚焦（物质空间层面）却也无意间固化且狭隘了"园林"概念。有关"园林"的诸多纷争、造园实践中所遭遇的城市与建筑层面的问题，也可说皆源于此。在研究方法上，从留存至今的园林实体及相关的历史文献中寻求"物质空间"，势必导致研究成果是在现代观念下的"再创造"，并反过来强化对"园林"的现代式理解。事实证明单纯形式上的复制并不能使园林在当代城市与普通人的生活中得以延续与复兴，现代人对园林在传统社会中的状态还远远谈不上深入了解。故此，本书希望通过研究方法的改变，来实现某一视角下园林历史的复现，以回应当代造园实践中的某些困境，进而对目前被建构出来的"园林"概念的转变有所贡献。

PRELUDE

The current concept of the "garden" has essentially been constructed by modern and contemporary researchers and is actually quite different from other concepts of the garden throughout history. Architectural studies on gardens have made tremendous contributions to the protection and restoration of modern and contemporary gardens and the construction of new ones. However, the limitations in the scope of research (private gardens in the Ming and Qing dynasties) and its focus (at the level of material space) have also inadvertently solidified and narrowed the concept of the "garden", which can also be regarded as the source of various disputes over the concept of the "garden" and the problems with urban and architectural aspects encountered in the practice of gardening. In terms of research methodology, seeking "material space" from the garden entities and related historical documents that have survived to date will inevitably lead research findings that are merely "re-creations" in the context of modern concepts, an approach that, in turn, further strengthens the modern understanding of the "garden." In fact, the simple reproduction of the form has been unable to transmit and revive the significance of the garden in the life of contemporary cities and their dwellers. Moreover, people's current understanding of the state of the garden in traditional society remains rather superficial. Therefore, in this book, we hope to realize the re-emergence of garden history from a certain perspective through a change of research method to address certain dilemmas in the practice of contemporary gardening so that we can contribute to the transformation of the pr-constructed concept of the "garden".

研究选取明末清初南京园林为对象，通过实证性研究考察园林在城市与建筑层面的概况及其在社会与个人生活中所扮演的角色，以此应对目前造园实践所遇之问题；选取三个样本——1588—1589 年的 16 座公侯士大夫园林、1639—1642 年的城市开放园林、1668—1677 年的芥子园，分别构成三个不同视角下明末清初南京园林的切片——士大夫阶层宴游的私家园林、普通士子游玩兼有居住功能的城市园林、普通市民的私人别业。三个样本分四个层面加以解读：1）“定位”——考证城市层面园林的分布状态，进而考察城市与园林的互动关系；2）“构筑”——考证建筑层面园林中的人工构筑，进而考察明末清初南京园林的建造概况与特点；3）“社会需要”——以历史的眼光、人的视角考证园林中发生的活动，结合“定位”“构筑”考察园林在社会与生活中所承担的角色；4）“观念”——就具体文献分析诠释文献作者关于“园林”的观念。

In this study, we used Nanjing gardens in the late Ming and early Qing dynasties as subjects and empirically examined the general situation of gardens at the urban and architectural levels and their roles in social and private lives to address certain issues encountered in current gardening practices. We chosed three cases, i.e., 16 scholar-bureaucrat gardens in the time period from 1588 to 1589, the urban open gardens in the time period from 1639 to 1642, and Jieziyuan (芥子园) gardens in the time period from 1668 to 1677, to form categories of Nanjing gardens in the late Ming and early Qing dynasties offering three different perspectives: 1) private gardens of the scholar-official class for the leisure and social enjoyment of scholar-bureaucrats; 2) urban gardens of leisure with residential functions; 3) gardens of private residential buildings. The three samples were interpreted at four levels: 1) "positioning", which intended to examine the distribution of gardens at the city level and then to study the city-garden interaction; 2) "constructing", which examined artificial constructions in gardens at the architectural level and then studied the general situation and characteristics of garden construction in Nanjing during the late Ming and early Qing dynasties; 3) "social needs", which examined the activities taking place in the garden from the perspective of history and people and then investigated the role of the garden in society and life by combining the aspects of "positioning" and "constructing" mentioned above; and 4) "concepts", which interpreted the ideas of various authors of specific historical literature about the "garden".

通过以上三个样本在四个层面的解读，得出如下结论：首先，明末清初南京的园林无论数量与营造水平均代表了江南一带园林的较高水准；其次，园林在传统城市生活中承担着游览、宴饮、居住等等社会需要，由此对其的保护理念与新建园林景观实践思路须从目前的单纯形体上的保护与建造转而从城市层面的需求出发，关注其与当下城市生活的融合；再次，以芥子园为代表的明末清初私人别业是有强烈主观意味的完整设计，是以人的活动尺度与生活需要出发，受制于审美、经济、场地等诸多因素，利用不拘一格的形式融自然于生活的居住美学，对其中观念与手法的批判性继承于今天的城市居住生活不无助益；最后，本书认为，园林随社会变迁呈现不同面目根本上源于"自然"观念的不断转变，造园的具体手法除了在历代造园中积累的大量经验外，还受制于时代背景下的工程技术水平与对"自然"的观念，同时也带有强烈的个人色彩，园林因之在不同的时代既有共性也有个性。在各个领域都触碰到与园林类似的所谓"中国当代文化复兴的根源性命题"的当下，代表着传统中国的物质空间正在集体沦陷，然而生活虽不可复制，对待生活的态度与处理人与自然的积极理念，却可绵延下去。而回归文献本身去探求物质空间场所中的人与生活，以期知其然知其所以然是走向园林"复兴"的第一步。

Through the interpretation of the above three samples at these four levels, we have drawn the following conclusions. Firstly, in terms of number, construction, and craftsmanship, gardens in Nanjing in the late Ming and early Qing dynasties well represented the high gardening level in the region south of the Yangtze River. Secondly, in traditional urban life, gardens assumed various social functions, e.g., sightseeing, social, residences, and thus, the ideas of conservation of these old gardens and the landscaping practice of new gardens must transform from the current protection and construction approach from the perspective of simple form to recognizing the importance of the integration of gardens with present-day urban life from the perspective of needs at the city level. Thirdly, private gardens in the late Ming and early Qing dynasties represented by Jieziyuan are complete designs with strong subjective meanings that apply the aesthetics of residence that integrates the nature with daily life through the use of eclectic forms based on the scale of human activities and the needs of life despite restrictions by many factors such as artistic appreciation, economy, and location. The inheritance of the ideas and craftsmanship of these gardens through a critical lens can be helpful for enhancing today's urban dwellings and life. Lastly, we believe that gardens have evolved over time with social changes and that such evolution essentially originates from the constant changes to the concept of "nature"; the specific methods of gardening, in addition to the extensive experience accumulated in the garden construction of past generations, are subject to engineering and technological constraints and the era's idea of "nature" while manifesting a strong personal touch, endowing gardens with both commonality and individuality in different eras. In the time of the so-called "source proposition of contemporary Chinese cultural revival" pertaining to gardening, which has been encountered in almost all other fields, the material space representing traditional China is collectively collapsing. However, although that era of life cannot be copied, attitudes towards life and the positive ideas of cohabiting with people and nature can be carried over. Exploring people and life in the material space by turning to historical literature itself enables us to understand both people and life in essence, which is also the first step towards the "revival" of Chinese gardens.

目　录

第一章
绪　论

研究缘起

研究对象与路径

一、研究缘起

园林是中国传统文化的特殊空间载体。

从东晋陶潜“采菊东篱下，悠然见南山”，到清沈德潜“不离轩堂而共履闲旷之域，不出城市而共获山林之性”，从唐白居易在洛阳占地 17 亩的履道里园，到清初李渔在南京城内不足 3 亩的芥子园，园林随社会演进不断变化，内涵不停变动。冯纪忠（1915—2009）曾在《人与自然——从比较园林史看建筑发展趋势》一文中将园林史概括为“形、情、理、神、意 ”5 个时期，并认为到了明清写意园时期，园林符合入世的陶冶情趣的要求，却也极易“走向庸俗化”[1]。清末园林的颓势成为很多学者的共识 [2]。

近代以来，园林逐渐被人们以西方学术为基础的科学体系来诠释。

[1] 冯纪忠．人与自然：从比较园林史看建筑发展趋势 [J]．建筑学报，1990（5）：39-46.

[2] 最具代表性的是汉宝德先生在《明清建筑二论》的“明、清文人系之建筑思想”之“南系建筑思想之病态”中对明清园林发展到最后的批判：“文氏心目中的庭园设计，乃在创造一个真实的幻景，如同欧洲文艺复兴后期的布景艺术。就环境设计而言，到了这一步，已经‘入邪’，其不能得到正常的发展，是可以预测的了。”汉宝德．明清建筑二论：斗栱的起源与发展 [M]．北京：生活·读书·新知三联书店，2014.

（一）“园林”的概念

1. 作为学科的“园林”

“园林”在中国成为一门现代学科的历史不长。民国时期的中国大学曾设“园艺系”“庭园学”“造园学”等；1949年后又有“观赏组”“造园组”等名目的学科和研究方向设立；在政治状况特殊时期中国与西方隔离，相关专业一度被撤销。1970年代“Landscape Architecture”学科逐步被引入中国；1982—1987年教育部修订第二次国家统一高等学校的专业目录，“园林”专业设于“林科资源、环境类”下，“风景园林”专业设在工科，“观赏园林”专业则设在农科；1998年教育部再次修订专业目录，“风景园林”和“观赏园艺”专业被撤销，前者合并到城市规划专业，后者合并到园艺专业；2005年才又设置“风景园林”专业的硕士学位。而对应于西方的“Landscape Architecture”学科，其中文定义一直争论至今未有定论，也反映出在“园林”这个领域中西方文化的深刻差异[1]。

童寯（1900—1983）[2]早在《苏州古典园林》的英文序（1978）中指出，除了暴力侵扰外，“迅速成为当代中国时尚的西方风景建筑学（Landscape Architecture of the West）”也是一种“微妙的和平的力量，促使人们忽视已处于危险状态中的中国古典园林的生机”[3]。在这一观点背后，已是将“风景建筑学”与“中国古典园林”在概念上做了区分。

---

[1] 林广思．回顾与展望：中国LA学科教育研讨（2）[J]．中国园林，2005（10）：73-78.

[2] 在童寯 *Glimpses of Gardens in Eastern China*（《东南园墅》）的中文版序言中，郭湖生（1931—2008）评价他为“近代研究中国古典园林的第一人”。赵辰、童文在《童寯与南京的建筑学术事业》这篇文章中说：“我们有理由确认，童寯是以现代科学方法研究中国园林的先驱者并直接影响了刘敦桢的园林研究。”参见：赵辰，伍江．中国近代建筑学术思想研究[M]．北京：中国建筑工业出版社，2003：99-100.

[3] 童寯．童寯文集（一）[M]．北京：中国建筑工业出版社，2000：282.

事实上在西方语汇中并不能找到与“园林”概念相当的词汇，西方文化的花园（Garden）、景观（Landscape）等艺术门类，与“园林”并不是完全相同的艺术，其概念有交集却都无法对应或涵盖。近代多部中国建筑史的分类则表明，“园林”在建筑学专业中，则往往被视为一种建筑组合类型。

目前“园林”一词，学界常用以泛指景观建筑学范畴的全部内容（包括城市绿化和各种公园）。朱有玠（1919—2015）：“‘园林’一词是游赏园林从‘园’字分化出来以后最早使用的传统名词”，而随着历史的发展，“园林从而逐渐包含了家园、宅第园林、陵园、寺园、御苑等多种用地的内容。西方文化输入我国后，园林也包括了公园这样的类型。近代则出现了园林绿地系统”[1]。

鉴于“园林”概念包罗万象的复杂性，前辈学者们一直试图厘清流变、界定边界。

陈植（1899—1989）在《长物志校注》（1984）中认为：园林，在建筑物周围，布置景物，配置花木，所构成的幽美环境，谓之“园林”，亦称“园亭”“园庭”或“林园”，即造园学上所称的“庭园”；后又在《中国造园史》（2006）一书中探讨“园林”定义，从该书架构看来，可以说整本书旨在审明“园林”实指我国古代“庭园”，仅为“园”之一种。《中国造园史》用“园”来涵盖种类繁多的造园词汇（“苑囿”“庭园”“陵园”“宗教园”等），而用“造园”概括诸多“园”之建设。

[1] 朱有玠．“园林”名称溯源［J］．中国园林，1985，1（2）：33.

所谓“园”，当包括各种造园类型，绝不仅限于面积较小而附属于建筑物的“庭园”。今世社会所谓的“园林”，实为我国“庭园”之古名，其局限性仅属于此，惟“造园”一词，始可概括各种类型之“园”的建设，并为古今中外所公认。本书旨在阐明上述“造园学”范畴之观点，并以此订正当今世俗所称欲以“园林”代替“造园”一词。这不仅仅是名词上之订正，实则对造园学从内涵上澄清其混淆与曲解，此乃本书立论之宗旨所在，冀望国内外同道者鉴之。[1]

潘谷西在《江南理景艺术》（2001）中使用“理景”一词，意在拓展“园林”定义。书中阐释园林、风景区主旨皆为求得自然美的享受，区别在于营造的方式：园林中以人造景为主，山水风景以开发、利用为主，两者互有交叉渗透。故将这两种景域的加工处理凝练成“理景”二字，以此对景观建筑学内容作更本质概括：

“理”者，治理也。理的方法可有不同：或者是“造”，如造园、造盆景；或者是“就”，依山就水，巧妙布置，使山水之美得到充分发挥和利用，如风景点、风景区。[2]

吴良镛在《关于园林学重组与专业教育的思考》（2010）一文中指出，面对当前愈加严重的环境与资源问题，中国园林专业的重组与展拓是其从传统走向前沿的时代任务，提出重组的基本原则，引出“地景学”的概念：

[1] 陈植．中国造园史 [M]．北京：中国建筑工业出版社，2006：1.

[2] 潘谷西．江南理景艺术 [M]．南京：东南大学出版社，2001.

面向人居环境、以生物学为基础、以生态学为纲、以多学科为整体架构、以发展人居环境设计为手段等，并着重强调园林学的发展要以解决实际问题为导向，面对新形势，应努力建立综合的“地景学”。[1]

然词汇背后的概念始终未能达成统一。目前提及“园林”，无论普通大众或专业研究者，脑海中浮现的并不必然是同一事物。甚至吴良镛院士也说：“关于园林学专业的名称问题，我原来不想就大学中景观系的名称和景观一词发表意见，也不想挑战这个问题，以免破坏园林界的‘平静’。我知道各位学者都有一得之见、一技之长，并不敢夺人之美。”[2]

目前对于“园林”的诸多纷争可以说皆源于概念层面的含混。如，北京大学建筑与景观设计学院院长俞孔坚曾在生态与可持续层面，对中国的“造园艺术”提出质疑，将其类比传统的“缠足”陋习，“更像是被阉割了繁衍能力的太监”，认为“造园艺术”使帝王和士大夫们收尽天下之奇花异石，竭尽小桥流水之能事，阉割了由人民和土地构成的真实的桃花源，“（江南士大夫园林）这种抽象的、建于‘葫芦’中的虚假桃花源，……现今仍然被许多中外学者佩服得五体投地”[3]。

[1] 吴良镛．关于园林学重组与专业教育的思考 [J]．中国园林，2010，26（1）：27.

[2] 同 [1]：33.

[3] 俞孔坚．生存的艺术：定位当代景观设计学 [J]．城市环境设计，2007（3）：12-18.

事实上，上述行文语境下的“园林”仅为园林之一种——“江南士大夫园林”，或更确切地说，是清中后期江南城市中的“士大夫园林”。作为后世诸多园林粉本的“桃花源”（东晋•陶渊明）、“辋川别业”（唐•王维），不在其列；被冯纪忠先生誉为园林中“势”的酣畅迸发的明十三陵，亦不在其列。而后二者与俞孔坚教授所提倡的自然与土地并不矛盾。

本研究无意“辨章学术，考镜源流”，追溯学科形成，仅借略述“园林”相关的学科历史来说明，目前世人眼中的“园林”概念依旧含混，学界至今未能达成共识建立对话平台。从俗称的“中国传统园林”或“中国古典园林”，到专业的“风景园林”“风景建筑学”，从古文献中的“园亭”“园庭”“庭园”“林园”“园”等词汇，到今日学者所提出的“理景”“地景”“景观”等概念，皆为其含混之明证。如此亦提醒相关学者在学术探讨中，须界定研究边界方才有对话的可能[1]。

2. 文献中的“园林”

作为学科，“园林”概念的含混体现了中西之差；而今人对于“园林”的理解，也与古人存在相当的隔阂。事实上，古人著述对“园林”从未有明确定义，作为文化空间载体的“园林”，在古代文献中的理解与今人心目中的“园林”之概念大相径庭。

[1] 因本书涉及词汇的基本概念，行文过程中也不可避免地涉及使用，为规避词汇背后语义的复杂、多样与歧义，须做界定。本书用“园林”来指代中国文化中的“林泉、庭园、园圃、园亭、林园”等等与自然人工处理相关的原概念。“园林”在本书英文前言中翻译为“Chinese Garden”；园林前的定语，或描述其产业所属（如公侯园林、士大夫园林、衙署园林、文人园林等），或描述其时代（如唐宋园林、明清园林等），或描述其地点（如苏州园林、南京园林、扬州园林等），或描述其开放程度（开放园林、半开放园林）等。

就明清两代而言，明清文人留下了大量与造园相关的文字，如《遵生八笺》《小窗幽记》《园冶》《长物志》《闲情偶寄》《看山阁闲笔》《浮生六记》等等，但除计成（1582—?）的《园冶》外，其他文献对于园林的研究或者描述，皆“断锦孤云，不成系统”[1]。

即便是目前公认的也是唯一的关于“园林”的权威专著《园冶》，在行文中也未明确指出“园林”的含义，仅在卷一“相地”中将园按照其所处的地理位置做了分类（山林地、城市地、村庄地、郊野地、傍宅地、江湖地）。文震亨（1585—1645）的《长物志》12卷（室庐、花木、水石、禽鱼、书画、几榻、器具、衣饰、舟车、位置、蔬果、香茗），“花木”“室庐”“水石”等为今人熟知的所谓“园林要素”，与翰墨琴棋、书画鉴赏、焚香品茗等交会游艺并列，同为文人的清赏把玩之物：“于世为闲事，于身为长物”。李渔（1611—1680）的《闲情偶寄》，其对园林的相关描述与观点，散在“居室”下的“房舍”“山石”之中。

“园林”不单独成条目，而是被分化为各种“要素”，混于居住、游艺之中，如此可想见当时文人眼中的所谓“园林”并非今人所熟知的某种固化的物质形态。而目前存在的“园林”概念，很大程度上源于近现代“园林”研究的一种建构。

[1] 童寯．江南园林志 [M]．北京：中国建筑工业出版社，1984：7.

（二）建筑学领域的造园史研究

建筑学领域中的造园史研究始于童寯。1931 年始，在上海"华盖建筑师事务所"工作的童寯利用工作之余遍访江南名园，1937 年写成《江南园林志》一书。《江南园林志》中泛论传统造园技术与艺术的一般原则，并介绍江南著名园林之结构特点、历史沿革、兴衰演变与当时的概况，同时以一己之力步测园林手摹记录，书中所记的很多园林现已湮灭无存，仅余书中的平面图可供后人想见其大致面貌。书名为"志"，建筑学领域的造园史研究亦始于此书。

1. 方向

总的说来，建筑学领域的园林史研究以造园史研究为主，而有关造园史的研究则主要在两个方向。

首先是关于造园技术史的研究，研究材料有二。一为现今留存的园林实物，二为史料文献中记载的园林（文字、绘画等形式），两者通常综合比对使用。具体研究方法对应以上两种研究材料，或以实物测绘为主，以现代工程制图术角度，用平、立、剖的再现方式绘制其布局、建筑、具体构造做法等；或以史料考证为主，"上穷碧落下黄泉"，考证某一园林的平面布局、建筑数量种类、景观特色等，亦可兼及梳理相关技术性问题，譬如对不同时期的叠石或理水做法的考证与总结。最终落脚点皆在其物质空间层面。研究成果成为历史园林修缮或复建、新式园林建造的基础资料。在此类研究基础上，建筑师继而对园林的"平面""空间"进行类型化演绎，或分析提炼相关的"符号""语汇"，如此可以迅速学习并娴熟运用于设计实践。

其次是有关造园思想史的研究，研究材料则主要为史料文献，借鉴社会学、经济学、文学领域的相关研究成果，着眼点在造园理论及文化内涵方面。通常研究兼及二者而各有侧重。

综合的造园史如《江南园林志》（1937 年完稿，1963 年出版）[1]、《岭南庭园》（1963 年完稿，2008 年出版）[2]、《苏州古典园林》（1979 年出版）、《扬州园林》（1963 年完稿，1983 年出版）[3]、《杭州园林》（1985 年完稿，2009 年出版）[4] 等等，均以测绘现存园林为基础，辅以相关史料梳理。另有偏重史料考证方面的研究，如顾凯的《明代江南园林研究》，在史料基础上，从造园观念与实践两方面考察明代江南园林实例。再如曹汛先生所做的一系列史源学方面的考证工作，譬如对历代叠山流变、造园家的研究等等。余不一一赘述。

---

[1] 1937 年童寯完成《江南园林志》，手稿交刘敦桢拟以营造学社社员的身份在营造学社刊行。[参见：本社纪事：（六）刊印《江南园林志》[M]// 中国营造学社汇刊：第六卷第四期，1931：180] 后华北沦陷，"营造学社"流亡，书稿随"营造学社"的其他大量档案一并遭到天津的银行保险库水淹之祸，几经周折至 1963 年中国工业出版社出版。

[2] 夏昌世（1903—1996）、莫伯治（1915—2003）在系统调查工作基础上合作编写，因政治原因一直搁置，直到 2008 年才得以整理出版，详见曾昭奋的《后记》。

夏昌世，莫伯治．曾昭奋，整理．岭南庭园 [M]．北京：中国建筑工业出版社，2008.

[3]《扬州园林》著者为陈从周（1918—2000）。详见路秉杰．陈从周纪念文集．上海：上海科学技术出版社，2002："陈从周虽经严厉批判，并未灰心，将研究领域自江南扩至江北。该书稿（《扬州园林与住宅》）1963 年完成，1964 年制版，又因'设计革命化'影响，至 1983 年始由上海科学技术出版社出版。"

[4] 安怀起（1933—1985）著，陈从周为该书作序。《杭州园林（中英对照）》中摄影作品丰富，测绘图为同济大学建筑系师生实地测绘的成果。

综合的造园史以刘敦桢（1897—1968）主持编著的《苏州古典园林》为建筑学术界园林研究领域的一座里程碑，可以说至今无出其右者[1]。它以当时苏州尚存的园林为研究对象，精准测绘辅以文献考证，以文字、照片和测绘图的形式“保存”了很多如今业已湮灭或遭到破坏的园林，为园林修缮积累了宝贵的参照资料，并以文字、照片和测绘图的形式“保存”了很多如今业已湮灭或遭到破坏的园林，童寯评其为“中国历代造园史之总结”[2]。在此类研究的基础上，借助几何图形去分析园林的构图，以期更好地理解空间，则以彭一刚的《中国古典园林分析》为经典[3]。

[1] 刘敦桢主持下的中国建筑研究室所编著的《苏州古典园林》，萌芽于营造学社（1930—1945），成就在中国建筑研究室（1953—1964）。刘敦桢与研究室的同仁在艰难环境里呕心沥血、执着坚持，使得这部著作终成时代经典。参见：史文娟．从历史研究到建筑实践：《苏州古典园林》的反思与继承 [C]．南京：中国建筑研究室成立 60 周年纪念暨第十届传统民居理论国际学术研讨会，2013：11-18.

[2] 童寯 1978 年为即将出版的《苏州古典园林》作序：“本书是在他（刘敦桢）主持下，多年研究的结晶，对我国园林艺术精极剖析，所论虽仅及苏州诸园，然实中国历代造园史之总结。”详见：童寯．童寯文集（二）[M]．北京：中国建筑工业出版社，2001：7.

[3] 彭一刚在前言中解释：“就现状而论现状，虽然从历史研究的角度看来未免浅薄可笑，但比捕风捉影地猜古人的心思也许要略胜一筹。这种做法虽为历史学家所忌讳，但对于从事设计工作的建筑师来讲也许不会有很大的妨碍。况且西方已有先例，譬如在研究建筑比例问题时，借助于几何图形去分析古代建筑的构图，大概就是属于这种情况，既然西方人这样做了，不妨让我们也来试一试。”彭一刚．中国古典园林分析 [M]．北京：中国建筑工业出版社，1986.

2. 特点

建筑学领域在造园史方面的研究特点有三：

其一，研究的关注点在物质空间。后人对园林的绮丽想象，终需依托有形的空间实体；基于实践领域保护与兴建的需求，近代建筑学领域的研究重点也关注物质空间。实测研究对物质空间的关注自不待言，而考证研究最后的落脚点也是复原绘制平面与具体做法，或考察建造思想层面对物质空间的影响。

其二，建筑学领域在造园史方面的研究，研究范围以明清江南园林居多，是因其赖以研究的材料主要集中于此。首先明清江南园林的实物留存多。自元末始，江南园林发展渐至繁盛。及至明清，造园、游园、品园之风更盛。据《苏州府志》载，有明一代，苏州先后建有园林二百七十余处；扬州因大运河成为南北水路交通的枢纽和商业中心，明永乐后扬州城亦园林遍布；徽州、江西、两湖等地，商贾云集，经济繁荣，名园如珠。

叔世之人，好名喜夸，故凡家累千金，垣屋稍治，必欲营治一园。若士大夫之家，其力稍赢，尤以此相胜。大略三吴城中，园苑棋置，侵市肆民居大半。[1]

目前留存的园林基本始构筑于明清两代，而以明清江南文人园为主，“吾国凡有富宦大贾文人之地，殆皆私家园林之所荟萃，而其多半精华，实聚于江南一隅”[2]。

---

[1] [明] 何俊良．何翰林集 [M]．影印本．台北：台湾图书馆，1971：12.

[2] 童寯．江南园林志 [M]．北京：中国建筑工业出版社，1984.

其次有关明清江南园林的文献资料亦多。明代学者对百工技艺的价值认同超以往任何时代，实学家徐光启（1562—1633）、孙元化（1581—1632）等对经世之学大力鼓吹，学者们发出“凡利人者皆圣人”“百姓日用即道”等言论，肯定包括百工在内的匠人的劳动价值。在明末商品经济刺激下及特殊的社会与时代背景下，“儒士们更乐意与杰出的商人和手工艺人往来，显示出‘士、农、工、商’的社会等级秩序发生着移易”[1]。一大批仕途失意的文士慢慢抛开“君子不器”的古老观念，以技艺谋生，从事营造、园林、器具的设计工作。明清文人留下大量与造园相关的文字：“明、清的江南地区，……私家园林遂成为中国古典园林后期发展史上的一个高峰，代表着中国风景式园林艺术的最高水平。作为这个高峰的标志，不仅是造园活动的广泛兴旺和造园技艺的精湛高超，还有那一大批涌现出来的造园家和匠师，以及刊行于世的许多造园理论著作。”[2]

第三个特点则在于，建筑学领域在造园史方面的研究成果对实践通常有直接或间接助益。建筑师直面实际的修缮、设计工作，处理有形的空间实体，建筑学领域的造园史研究成果对旧园的修缮与园林在现代城市中的复建与新建有直接或间接助益。

[1] 邱春林．会通中西：晚明实学家王徵的设计与思想 [M]．重庆：重庆大学出版社，2007：175-176.

[2] 周维权．中国古典园林史 [M]．北京：清华大学出版社，1999.

如《苏州古典园林》与《岭南园林》，两本著作皆以研究指导实践为归旨。两本著作的作者也都在理论联系实际上有所成就：刘敦桢于 1960 年代负责修建南京瞻园，“在他指导下，工人于园南叠成湖石水旱假山；又规划南段临墙入口一段院落，意境入画”[1]；莫伯治则建造了一系列如北园酒家、泮溪酒家等园林酒家，将岭南庭园与现代建筑成功地紧密结合。

综上所述，建筑学领域相关造园史研究，研究范围集中于明清江南，关注点在园林的物质空间，最终服务于设计实践。因其在研究范围上的局限（明清江南私家园林）与研究关注点的聚焦（物质空间层面），难免缩小并固化了“园林”这一概念，以至于言及“园林”多指向“明清江南私家园林”，对应于相应的“物质空间”。对于园林手法层面的研究在成为复刻园林的有力工具的同时，也无意间构建出一套“园林”的认知，当代造园实践中所遇问题多半与此相关。

[1] 童寯．童寯文集（二）[M]．北京：中国建筑工业出版社，2001：7.

（三）当代造园实践的“困境”

1978年同济大学陈从周（1918—2000）教授主持建造美国纽约大都会艺术博物馆“明轩”，以苏州网师园内的“殿春簃”院落为蓝本，1980年建成。材料与工艺无可挑剔，童寯却对此提出质疑，“园林这般充满生气的有机体，是否能像任何无生命之博物馆珍品那样被展览存放呢”？并认为园林生命的再生与精神的激发无法靠精湛的砖瓦复制完成：

阿斯特庭院中之苏州园林，在材料与工艺方面无可挑剔，然而仍敦促人们去寻问，园林这般充满生气的有机体，是否能像任何无生命之博物馆珍品那样被展览存放呢？一座中国园林或其一部分是否移植到另一洲而使东西方集合成为可能呢？以砖瓦复制园林是一回事，而再生和激起其生命和精神则全然是另一回事。[1]

[1] 童寯．东南园墅[M]．北京：中国建筑工业出版社，1997：49-50．英文原文为：“In the Astor Court this Soochow garden, with material and workmanship leaving nothing to be desired, still prompts one to inquire, could a living organism like a garden be stored as any lifeless museum piece? Could a Chinese garden or part of it be transplanted to another continent to make the East-West rendezvous possible? It is one thing to reproduce a garden in brick and tile, but quite another to revive and kindle its life and spirit.”

童寯先生三十几年前所指出的园林生命和精神的再生问题，从目前的造园实践看来，依旧不得其解。园林保护与造园实践是建筑学领域的必修课，然而目前这两项工作皆遭遇困境。城市与社会层面，中国当代城市日新月异的发展与城市中园林遗存的保护、公共园林的兴建之间矛盾重重；建筑与个人层面，与园林相关的实践因与现代生活的脱节而难以为继。

1. 公共园林：城市与社会层面

中国传统城市中的园林为城市中不可分割的组成部分，以至被视为评判一座城市繁荣与否的重要标准："园圃之废兴，洛阳盛衰之候也。"（《洛阳名园记》）

略翻检史料亦可知，城市中某些私家园林会在特定时节开放供人游览，"春暖，园林百花竞放，阍人索扫花钱少许，纵人浏览"（《桐桥倚棹录•游春玩景》）；茶楼、酒肆、寺庙、学堂等公共或半公共场所在城市发展过程中纷纷园林化，公与私之间相互转换频繁，私园没落后常被改为茶楼、酒肆、衙署等，后者也常因易手被改为私园。传统城市中的园林是城市生活中独特的自然景观和社会景观[1]。

[1] 详见本书第三章与第四章的相关内容。

而今，园林保护往往是将园林遗存整修后作为封闭公园，成为现代城市中的孤岛式景点，肩负接待人山人海的假日游客的重担，“留得残荷听雨声”的诗情画意在摩肩接踵的人群中再难体味。新建的传统式公共园林则往往亭、台、廊、榭、水、石、花、木一应俱全，施工费时费事花费不赀，功能上却与现代社会所需的公共性契合度不高；因技艺不存与材料稀缺，园中叠石的投入与效果往往不相匹配，假山石的承载力、安全性和日常维护，均与当下的规范有很大不同。因现代城市地表水缩减，地下水成稀缺资源，园中理水再难延续旧时园林中“凿池引水”的自然理水做法，其水面的保持与维护往往依赖城市管网，大部分是代价不菲的“假水”，一旦维护不力，便成气味难闻的污水池。又有修建与维护方面，传统园林的大木作、小木作、花木、铺地等往往处理精致独到，现代建造背景下，这些要素的修建往往触及现代规范而无法合理解决，其日常维护在专业分工日趋细密的当下，又涉及诸多不同领域的协同合作，加之传统技艺和材料稀缺，不菲的花费更是有经费标准及其来源问题，于是其日常维护与管理，在园林、景观、建筑、旅游等各个相关部门的规范与标准下左右掣肘，时常难以为继，不得已的妥协，令传统园林有越修越走样的风险，如此等等。

园林在现代城市中该如何延续？其是否与现代公共性相悖？又能否成为现代城市中的公共景观与城市有机融合？

2. 私家园林：建筑与个人层面

“少无适俗韵，性本爱邱山”（《归去来兮辞》），士人崇尚隐逸生活，追求自然环境的产物，田园合一，日涉成趣，不离居住兼及生产。及至明清，出于生活舒适、交通便捷、交游便利等因素的考量，文人在城市住宅旁隙地或城中偏僻处营园。“幽斋磊石，原非得已；不能致身岩下与木石居，故以一卷代山，一勺代水，所谓无聊之极思也。”（《闲情偶寄》）文人雅致的审美品位加之于园居生活中的不断琢磨，城内园居因此演变为一门“环境设计的艺术”，成为明清文人乐衷经营的“生活的艺术”之一大部类，承载着古人活色生香的生活。

而今留存下来的园林，俨然与个体生活无关。正如一位现代苏州文人感叹：“亭台楼阁里，有太多的风花雪月，却看不到油盐酱醋的一些痕迹。风雅的古人也不能餐风饮露，他们会怎样打发自己的一日三餐呢？走过园林的时候，我觉得这一片风景其实就是挂在墙上的图画或者标本。比如蝴蝶的标本，那五彩缤纷的灿烂，其实已经和飞翔无关了。”[1]

在日渐拥塞、密度空前的今日城市，占地不小、花费颇高的园居离普通人的生活遥不可及，而与普罗大众无关的园林式封闭高档别墅群随着房地产业迅猛发展，割裂城市环境与市民阶层，成为新时代的“壶中天地”。园林中的各种要素如假山、亭榭，或具象或抽象，演变为象征中国传统的符号，处处开花。

园林对于普通人的意义何在？其能否在当代普通人的生活中得到延续？

---

[1] 陶文瑜．纸上的园林 [M]．杭州：浙江摄影出版社，2003.

（四）研究方法的反思

综上，目前“园林”这一概念源于近现代研究者的建构，并掺杂了后人的想象，与历史中“园林”的真相大相径庭。建筑学领域以物质空间为导向的园林研究，在为园林保护修缮与建设工作做出贡献的同时，却也无意间固化且狭隘了“园林”的概念。造园实践中所遭遇的城市与建筑层面的问题，可说皆源于此。陈师曾（1876—1923）在《中国绘画史》中认为，民国时期中国绘画，山、水、桥梁、屋宇等所谓的绘画要素皆备，却依旧失之于神，原因就在于相关研究的缺失，使得在绘画的“观念”层面首先出了问题。如今建筑学领域在造园实践所遇问题与此同理。

今有画如此，执涂之人而使观之，则但见其有树，有山，有水，有桥梁、屋宇而已；进而言之，树之远近，山水之起伏来去，桥梁、屋宇之位置，俨然有所会也；若夫画之流派、画之格局、画之意境、画之趣味，则茫然矣。何也？以其无画之观念，无画之研究，无画之感想。[1]

单就研究方法来说，以物质空间为导向的园林研究，在研究材料上仰赖留存至今的园林及相关的历史文献，关注其间的物质空间形态，考证、实测进而绘制成图面再现。然无论是现存园林还是相关历史文献，在物质形态层面皆不可靠，如此研究方法有缘木求鱼”的危险，很可能导致最终的研究结果不足信。

[1] 陈师曾．中国绘画史 [M]．北京：中华书局，2010：143.

首先，园林的设计特性崇尚“构园无格，借景有因”，并与园主的生活方式、经济状况等等息息相关，一经易主，平面格局自亦随之变动。而其营建属土木营造，易腐朽也易翻新，再加上园中动植物的生生死死，园林疏于打理而荒废实属常态。如，南京人顾起元明天启年间写《金陵诸园记》一文，对明万历时期的一篇游园记——《游金陵诸园记》所记诸园的所属与地点作校正，并提供所涉园林之“今状”：或“废圮”，或“易主”，或“为他人分据”（详见第三章）。十几年后，秀才吴应箕又对顾氏所记园林一一探访，也“已数更主，园之存废不可问矣”，而吴自己曾见的其他南京园林，十年之间亦“半非其旧”（详见第四章）。十年如此，况乎百年？对于持续变动的园林实体，要理解其理念与形式间的对应关系，必须限定在某一特定时间段内才有意义。因园林在物质空间上的“瞬时性”与“多变性”，现今留存下来的为数不多的所谓明清园林，实物留存多为晚清与民国时期所构筑，即便初创于明代，其无论四至范围或其间的自然山水、人工构筑，都历经变迁，可以说是近期几代园主设计建造的叠加。倘若“就实物论实物”，不分变迁地混为一谈，其成果自然值得怀疑。

其次，历史学家研究仰赖的历史文献，发言和记录者多为文人，有自己独特的视角与目的。园林中物质空间的具体形态，在文人的意识中属“器”的层面，详加描述少，具体做法更是难得，故相关史料甚少，穷尽相关史料几乎没有可能。真正的“史事”尚在史料之外，何况文人所轻视的物质空间。而现今所见的历史文献中有关园林空间的描述，多是华丽的形容词，对园林实体的研究帮助有限，并涉及可靠性的甄别问题。

一是所资借的文献类型多样（方志、笔记、小说等），写作目的各异，需要甄别哪些层面为可能的事实，哪些是出于特殊目的的书写。方志虽可信度高，然涉及的园林信息往往较为笼统；文人笔记写园林多借由文本的书写来虚构心像的风景，建构理想中的园林文化及至人生理想；最贴近园林本身的当属文人的游园记，然游园记描述作者于游览路线、宴饮休憩停留点之所见所感，单从文本角度说，其间也并不存在纯粹、完整的园林景致。如，王世贞游市隐园后写游园记（《游金陵诸园记》），若仅就其传播甚广的游记进行研究，市隐园仅茅亭、小山、大池、平桥、中林堂、鹅群阁，无论园林大小与园内景观规模，相较王氏所记的其他园林，皆不属突出；然检索《弇州山人四部续稿》，从其同时期写就的《追补姚元白市隐园十八咏》中，则可知市隐园有中林堂、春雨畦、观生处、容与台、海月楼、鹅群阁、洗砚矶、柳浪堤、秋影亭、浮玉桥、芙蓉馆、鹤径、萃止居、借瞑庵等多处景观（详见附录一、附录二）。两个文本因不同的体裁与叙述的目的，在物质空间层面的描绘区别明显。另外，现代人与古人之间意识上的隔阂造成文字间的误会难免。

二是文字中有关物质空间的描述需多方比对。或文字间的讹误，譬如，顾璘（1476—1545）作文记嘉靖六年（1527）南京东园雅集，夹杂东园描写；六十余年后，王世贞在《游金陵诸园记》中亦描述东园。顾氏笔下的“远心堂”在王氏为“心远堂”，“一鉴亭”为“一鉴堂”，“小蓬山”则由内园名变为假山名。

园有亭榭，并太宰白岩公（乔宇，1457—1524）前为南司马时所题，园曰：小蓬山……堂曰：远心……亭有六，曰迎晖，曰总春……曰一鉴，曰观澜……曰萃清……曰玉芝……[1]

华堂三楹……榜曰“心远”。前为月台数峰，古树冠之。堂后枕小池，与“小蓬山”对，山址潋滟没于池中……堂五楹，榜曰“一鉴”……[2]

文人作文不加辨别以讹传讹则更属常事，抑或文人作文的矜夸。如，王世贞游南京“西园”，《游金陵诸园记》中考其友周天球早先的“西园”游记，“堂、阁、亭、馆、池沼以百十计，呼园父问之，十不能存二三，名亦屡更易”，不觉发问：“岂为锦衣之后人不能岁时增葺就颓废耶？抑词人多夸大，若子虚亡是公之例云尔？”

同时代的文字与实物、文字与文字差异尚且如此，文字所载的物质空间权作参照，并需比对甄别，不能必定信以为真，是为文字资料在物质空间层面的“不可靠性”。

再次，有关于园林的图像资料具有片段性与主观性。明代中叶文人韵士的游宴、雅集等活动兴起，交游雅集是画家的重要题材之一，此类绘画也成为园林研究者的重要参考资料。然此类绘画往往避讳写实，文人雅士在几乎不避风雨的茅屋中坐话品茗，意在营造闲适淡泊的氛围，其物质空间或简化或写意。

正如童寯在《东南园墅》中所言：“当人们观赏一幅中国画卷时，很少会问这么大的人怎能钻入如此小的茅舍，或一条羊肠

[1][明]顾璘.顾璘诗文全集•息园存稿•文卷一[M].清文渊阁四库全书补配清文津阁四库全书本.
[2] 王世贞《游金陵诸园记》，详见附录一。

小道和跨过湍流的几块薄板，怎能安全地把驴背上沉醉的隐士载至彼岸。”[1]

东南大学建筑学院陈薇教授主持修复重建南京愚园，项目组对愚园中春晖堂的布局与建筑尺度的研究过程，颇能说明历史文献在物质空间层面上的“不可靠”。愚园初建于光绪（1875—1908）初年，距今年代不算久远，后毁于战火，1915 年复建，其叠石早在 1930 年代“久失修葺，已危不可登”[2]。春晖堂为其最重要的建筑，已毁，有相对较为翔实的资料（绘画、文献、访谈等），并且可以辅助现场调研与考古，却皆不能成为复建的直接依据。修复前项目组依据《愚园杂咏》《愚园全图》中的“围廊”与“长方形基址”，做了多个方案放入场地进行建筑尺度的分析比对，而最终尺寸的敲定还是仰赖于“陈薇教授的直觉和判断”[3]。

可以说，当园中实物多已烟消云散，文字、图像中的物质形态又不足信，以现有实物做精准的测绘与缜密的图形分析，或以文献为基础做复原，所得成果势必是在现代观念下的“再创造”，并反过来强化对“园林”的现代式理解。

建筑学领域面对实践需求，形式问题无法回避，最终着眼点依旧在建造层面，研究重点关注物质空间无可厚非。然单纯形式上的复制却并不能使“园林”在当代城市与普通人的生活中得以延续与复兴，事实上现代人对于园林这一“有机体”在传统社会中是如何的“充满生机”还远远谈不上深入了解。

---

[1] 童寯．东南园墅 [M]．北京：中国建筑工业出版社，1997：39.

[2] 童寯．江南园林志 [M]．北京：中国建筑工业出版社，1984：36.

[3] 都荧，高琛．南京愚园春晖堂布局与建筑尺度研究 [J]．建筑学报，2015（4）：71-75.

人类学家研究异域文化都尽可能从该文化内部给出描述，同构其自身的归类范畴和象征符号去思考问题，才能使之变得可以理解。“园林”对于生活在文化与制度巨变的21世纪的今人而言，不啻一个异域的文化。对这个不断随时空流变的文化概念，惟有深入历史与文献，才能真正理解它长盛不衰的生机与活力所在，也才有可能再生“其生命和精神”。

葛兆光在“都市繁华”会议上指出，古代城市史研究“可以综合考古、文献、图像甚至文学作品，绘制出生动的都市风情画卷，使得古代城市不再是寂静的‘空间’，而是有‘人’在的、会发‘声’的、有‘图像’的政治、文化和生活‘场所’”[1]。

园林的历史研究与古代城市史研究同理。所以回归历史，将研究重点从只见物、不见人的物质空间研究，转而放在物质空间与生活的对应关系上。将园林视作有人与生活的“场所”，是其一；改变研究的角度与方法，则是其二。相同的资料不同的视角，能看到不同的事实。从建立宏观结构寻找填充论证材料，转而聚焦研究材料本身，在勘误、纵横向比对相关文献的基础上，进行解读、分析、归纳，避免空泛推论。

故此，本书希望通过研究方法的改变，来实现某一视角下园林历史的复现，并对当代造园实践中的困境有所回应，进而能够对目前被建构出来的“园林”概念的转变有所贡献。

[1] 详见：葛兆光．哪里的城市，为什么是东亚，人们如何生活？（代序）[M]// 复旦大学文史研究院．都市繁华：一千五百年来的东亚城市生活史．北京：中华书局，2010：2.

二、研究对象与路径

本研究选择明末清初南京园林为考察对象，最终目的并非写作一部有关南京园林的专题史，逐一罗列并进行面面俱到的阐述，而是希望通过对明末清初南京园林的实证性研究，考察当时园林在城市与建筑层面的概况，在社会与个人的生活中所扮演的角色，以此应对目前造园实践所遇之问题。从这一意义上来说，本书可以视为一篇在建筑学领域内对园林研究方法的探索性研究。

研究对象的选择基于以下三个原因。

第一个原因是明清江南园林的勃兴，这在前文已有提及。明初期因经济与政治原因，园林一度消弭。明中后期社会稳定，城市人口持续增长，城市经济繁荣，社会流动加速，生活与文化活力多样，中国社会悄然发生着某种质的转变，以太湖流域为中心的江南地区尤为明显[1]。有关明清江南的区域性研究自 20 世纪迅速崛起，吸引诸多中外学者，成为一个国际性的学术话题[2]。明清江南园林在这样的大背景下勃兴，实物与文献皆丰，为本书的研究提供了丰富的资料。而具体到选取“明末清初”这个跨越明清两个朝代的时间段，超越以朝代叙事为纲，是考虑到“历史的连续性并不因改朝换代而骤然断裂，它有自身的消长线索和逻辑理路”[3]。

---

[1] 陈宝良．明代社会生活史 [M]．北京：中国社会科学出版社，2004.

[2] 王家范．明清江南研究的期待与检讨 [M]// 陈江．明代中后期的江南社会与社会生活．上海：上海社会科学院出版社，2006：1-2.

[3] 赵强，王确．何谓“晚明”?：对“晚明”概念及其相关问题的反思 [J]．求是学刊，2013（6）：157-163.

于园林这种根植于社会文化生活的特定物质形态而言，更有其惯性所在，不会随着政治朝代的改变而发生遽变，其造园的理念、构筑的风格等，从明中期的兴起一直绵延至清初期。

第二个原因在于明代南京的行政特殊性。南京六朝以降十为国都，山水形胜，环境优越；明初被选为国都，历时 54 年；京师北迁后 223 年为南都。纵观整个明王朝，南京都是皇帝亲辖的京都所在，政区地位特殊，不仅是东南半壁的军政中心，更是封建大帝国统治全国的重要支撑 [1]。作为江南政治与文化中心的南都，其留都的行政地位，公侯士大夫的存在，以及每三年在此举行的科举乡试，使得明代南京文人聚会云集。优越的环境与繁荣的经济为园林的兴盛准备了物质基础，聚集的文人士大夫则对园林的建设提出大量需求，如此可想见其盛况。

第三个原因则在于对明清南京园林现有研究的缺失。目前有关明清江南园林的研究在地域上，因着注重物质空间的研究导向，以留存园林较多的苏州、扬州、杭州等地的研究较丰，而南京因其兵家必争的地理位置与较强的政治地位，历史上战乱频繁，于园林是极大的不利因素，故其现留存的园林实物寥寥。现有对南京园林研究的缺失使得其在园林史上的地位也因此被低估。不过这一缺失也正好避开了一般既有园林“形象”的困扰，如此，明末清初南京园林也可以说是利用并展现不以物质空间为导向的研究方法的极佳载体。

[1] 参见：南京市地方志编纂委员会．南京建置志 [M]．深圳：海天出版社，1994.

有关明末清初南京园林的历史文献甚多，研究基于论述的主题，选取三个“样本”，分别构成具有三个不同视角的明末清初南京园林的切片，并从“空间定位”“人工构筑”“社会需要”“观念”四个层面加以解读。三个切片具体为，供士大夫阶层宴游的、具有部分公共属性的私家园林，供普通士子游玩且兼有居住功能的城市园林景观，以及普通市民阶层的私家园林。从作者身份上来说，由士大夫到普通士子再到平民阶层，具有从上到下的趋势，也渐与今日社会融合；从内容上来说，从城市园林的整体性概览到单个园林的聚焦，以此可多方位“复现”这一时空下的造园概况。

1. 王世贞《游金陵诸园记》：1588—1589 年间士大夫游宴的 16 座公侯士大夫园林

王世贞（1526—1590），嘉靖二十一年（1542）秀才，嘉靖二十二年（1543）举人，嘉靖二十六年（1547）进士，历任大理寺左寺、刑部员外郎和郎中、山东按察副使青州兵备使、浙江左参政、山西按察使，万历时期任湖广按察使、广西右布政使、郧阳巡抚、应天府尹、南京兵部侍郎，累官至南京刑部尚书，可谓明代文人士大夫的典型。《游金陵诸园记》写于王氏宦居南京的 1588—1589 两年[1]。文中记录万历年间南京城中的 16 座公侯士大夫园林，展现了一幅幅文人士大夫的游园图景，说明园林在当时士大夫阶层的社会生活中扮演着重要角色，并涉及诸多园林构造。

[1] 详见第三章考证。

2. 吴应箕《留都见闻录》：1639—1642 年间普通士子居住、游赏的城市园林景观

吴应箕（1594—1645），明末秀才，明末最大的文人社团——复社的领袖之一。吴氏因科举应考及社团活动之需频繁前往南京，或短期或长期寓居于此。《留都见闻录》在此背景下书写，是记叙明末南京所历诸事的杂记，成于1639—1642年[1]。《留都见闻录》以文字勾勒出明末普通士子在南京生活、游览、交友、集会的地图，其中涉及诸多类型的、开放或半开放的城市园林（山川园林、衙署园林、河房园林、寺庙园林等），与时人的生活、娱乐紧密融合。

3. 李渔芥子园：1668—1677 年文化商人的私家别业

李渔（1611—1680）跨越明清两代，是非传统意义上的文人：相较清初文人的出仕或隐居，他选择卖文为业并从事商业出版，除自产自销外还兼刻时人名作，是典型的文化商人。1662 年前后，李渔由杭州举家移居南京，后营建"芥子园"，又有书坊托园名为"芥子园书坊"。在其影响甚大的笔记《闲情偶寄》及其他相关文献中，点滴记录芥子园的种种。芥子园的建造状况与其在生活中所承担的社会需要，同园主李渔的生活状况、居住理念与造园观念息息相关，于今人看来颇有启示意义。

研究分四个层面来解读以上三个样本，这四个层面的选择同样依据论述的主题。

[1] 南京出版社出版的《留都见闻录》"导读"中认为："《留都见闻录》原稿十三目，写成于明崇祯壬午癸未间（1642—1643）"，应为误判，详见第四章考证。

1）“空间定位”，指园林在城市空间里位置的确定，在城市层面来考证文献中园林在城中的分布状态并由此考察城市与园林的互动关系；

2）“人工构筑”，指园林中的人工处理（平面布局、假山堆叠、水面处理、建筑建造、植物配置等），具体到建造层面考证园林中的人工构筑，考察明末清初南京园林的建造概况与特点；

3）“社会需要”，通过考证园林中发生的活动，结合“空间定位”与“人工构筑”，考察园林在社会与生活层面所承担的角色，并深入园主的经济状况、生活状态与造园理念，以历史的眼光和人的视角，考察这些因素对园林构筑的影响；

4）最后在“观念”层面，放弃对既有抽象概念的争论，而就具体所选择的文献来分析诠释文献作者关于“园林”的观念，既是个人的，也是时代的。

研究对于“明末清初”时间范围的界定依从所选样本的时间，具体说来是明万历至清康熙初年这个时间段。因为，“越是深入历史的局部和细节，我们就越来越感觉到要从历史的长河中剪辑出一段首尾清晰、周期完整的时间段是非常困难的。因为历史的潮汐并非节点分明，人事的代谢也往往层累交迭。”[1]

[1] 赵强，王确．何谓“晚明”?：对“晚明”概念及其相关问题的反思 [J]．求是学刊，2013（6）：157-163.

而关于研究中“南京”这一地域范围，则基本为明初南京都城规划中京城城墙所围合的范围，因研究所涉园林基本集中于此一范围内（仅少量在城外不远处）。中国历史上的城市与西方有本质区别，在书中亦不做探讨，提及“城市”仅为地域概念[1]。

南京出版社出版了一批清末至民国的测绘地图（1910、1928、1933、1937、1940、1946等），研究选取其中的“陆师学堂新测金陵省城全图（1910）”为定位底图（图1-1）。“首都道路系统图（1931）”测绘信息更加完备，且分辨率至街巷，是相关信息点的重要参考依据（图1-2）。另有《东城志略》中的“东城山水街道图”、《钟南淮北区域志》中的“钟南淮北区域图”等等地图综合比对，以此标注定位点。明初都城规划所造城墙、秦淮河及其他水系上的桥梁，在南京的城市发展中相对稳定，明清文献中所涉及的城门、桥梁等空间节点，街巷、古迹等物质空间，通过文献的考证与以上地图的多方比对，大部分皆可在“陆师学堂新测金陵省城全图（1910）”上定位，是定位园林的基础。

如此，通过相关文献“复原”王世贞笔下的16座公侯士大夫园林（1588—1589）、吴应箕眼中的城市开放园林（1639—1642）、李渔的私人别业园（1668—1677），以展现明末清初这段时间南京园林的概况；通过对这三个样本的细致解读，来对当下造园实践中所遇问题提供一些可资参考的意见。

---

[1] 梁启超先生说过，西方国家是集市而成，中国的是集乡而成。关于中国城与乡的差别文史领域有相当的研究。这里参照：李孝悌，周振鹤．乡村到城市：社会史和文化史视野下的城市生活研究[M]//复旦文史研究院，中华书局编辑部．八方风来．北京：中华书局，2008：219-221：“在某些方面，中国的城市与乡村是没有决然的差别的，它就是一个县，它的统治地点所在，这个地方我们就叫作城市了。这里头聚集的一些人要有行政衙门，要有服务机构，还要聚集一些工商业者，有一些基本交易，政府就在这里。”

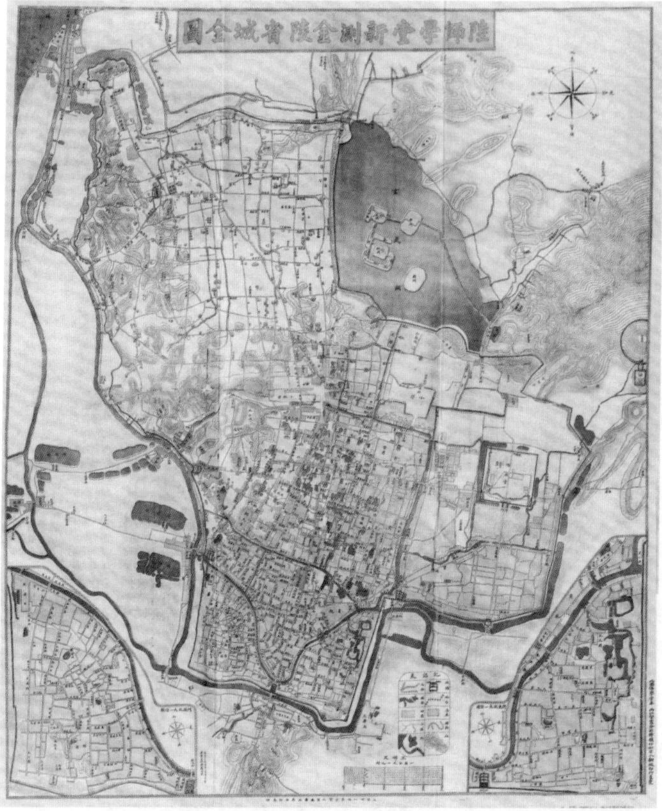

图 1-1 陆师学堂新测金陵省城全图（1910）

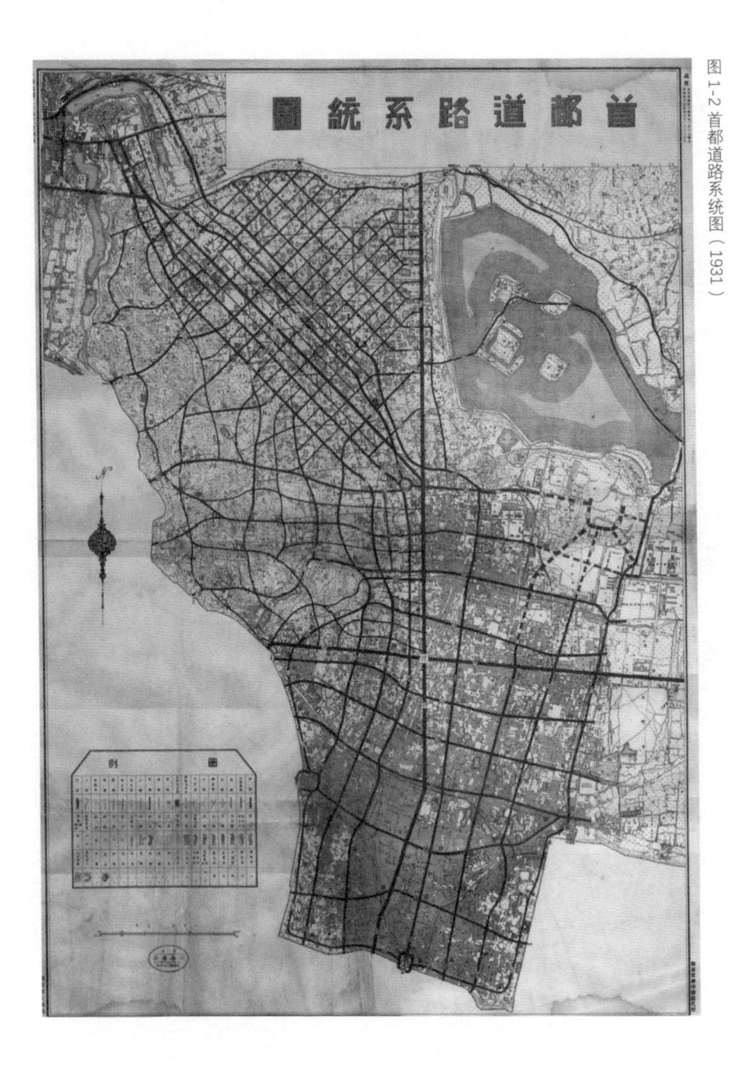

图 1-2 首都道路系统图（1931）

前文对建筑学领域造园史研究概况中已涉及本领域研究的简要回顾。前辈们在特定历史背景下所做的相关研究推动着本领域造园史的研究进程，其研究成果是本研究的基础。另有文、史、哲领域的相关研究也在观念层面对研究有拓展意义，尤其是明史学家吴晗（1909—1969）于 1930 年代对仕宦阶级生活的研究开创了对明代生活史的研究[1]。随后一系列相关研究，如明史专家王春瑜的文章《论明代江南园林》（《中国史研究》，1987 年第 3 期），明代文化史学者刘志琴的《晚明城市风尚初探》（《晚明史论———重新认识末世衰变》，2004）等。台湾"中央研究院"主持的"明清的社会与生活"研究计划，"聚集了一批海内外的历史学者、艺术史家和文学史研究者，以中国近世的城市、日常生活和明清江南为题，持续地进行团队研究，累积了相当的成果"，其成果之一的《中国的城市生活》（2013）对明清城市的多视角阐释拓宽了传统城市研究的视野，对城市生活的关注颇具启发性[2]。

[1] 常建华．明代日常生活史研究的回顾与展望 [J]．史学集刊，2014（3）：95-110.

[2] 李孝悌．明清的社会生活与城市文化 [J]．史学月刊，2006（5）：20-22.

国外学术界对园林成果相当丰富。与本书论述对象与主题直接相关的，英国艺术史学家柯律格（Craig Clunas）的 *Fruitful Sites: Garden Culture in Ming Dynasty China*（1996）一书，讨论如何解读"园林"史料，关注社会经济、人的活动与"园林"之间的关系，及明人对"园"概念的发展变化，有意避免对"园林"做模式化、概念化的解释。该书引言"中国明代园林的造园理念和园林营建活动"一文："我们需要更深入细致地了解园林的主人、园林形态、建造时间和地点。……把它看成具有丰富的历史和社会内容的独特且富有争议的物质文化载体，……把这些园林放在当时的情境中考察，不管这种情境是社会学的还是经济学的。"[1]

本书正文部分所仰赖的文献材料则主要包括文字与图像两种类型。

1. 文字

文字材料主要有两类。

一类为南京地方文献。南京出版社联合南京市鼓楼区地方志编纂委员会组成丛书编委会，组织相关专家系统整理出版了一批南京地方文献——"南京稀见文献丛刊"，是本研究所资借的主要资料。

[1] [英]柯律格.蕴秀之域——中国明代园林文化[M].孔涛，译.郑州：河南大学出版社，2018：3-8.

明代主要有：顾起元（1565—1628）《客座赘语》，写于万历年间，记述“皆南京故实及诸杂事”，“涉猎极广，天文地理、政治经济、文化教育、人物风情、风土习俗等等，几乎无所不包，颇足补志乘之阙，是研究金陵史事、研究明后期社会的重要参考资料”[1]。周晖（1546 年生）《金陵琐事 续金陵琐事 二续金陵琐事》，其中《金陵琐事》于万历三十八年（1610）初刻，《续金陵琐事》《二续金陵琐事》稍后付梓。吴应箕（1594—1645）《留都见闻录》，记作者亲见、亲历、亲闻南京的地理、人物、事件等。葛寅亮（1601 年进士）《金陵梵刹志》，上中下 3 卷，详细记载明代南京各佛寺的历史沿革、房田公产、山水古迹等，是山川与寺庙园林研究的重要参考。民国时期的文字材料主要有：《新京备乘》，出版发行于国民政府定都南京之后，内容涉及南京历史、地理以及部分发生在南京的历史事件。清末民初南京著名地方文史专家陈作霖（1837—1920）、陈诒绂父子共同撰写的《金陵琐志九种》，由《运渎桥道小志》《凤麓小志》《东城志略》《金陵物产风土志》《南朝佛寺志》《炳烛里谈》《钟南淮北区域志》《石城山志》《金陵园墅志》组成，内容涉及山川、里巷、街衢、桥梁、寺庙、祠宇、园林的变迁，手工业的发展状况以及风土人情的变化，全方位、多视角地展示了南京的历史与现状。

另一类为明清江南文人笔记与文学作品。文人笔记与文学作品在城市社会的背景与文人生活的场景方面具有真实的参照意义，造园相关的笔记是更直接的参考资料。所涉及的相关文献主要有：

[1] [明] 顾起元．客座赘语 [M]．南京：南京出版社，2009：3-4.

明代戏曲理论家何良俊（1506—1573）《四友斋丛说》38卷，内容博杂，于淞沪吴门人物、掌故，及经史、文艺之考证、评论尤丰，多有可资参考者。计成（1582—？）《园冶》，中国最早的和最系统的造园著作。

文震亨（1585—1645）《长物志》12卷，崇尚清雅，遵法自然，品鉴长物。李渔（1611—1680）《闲情偶寄》8部，内容丰富，触及古代生活的诸多领域。

余怀（1616—1696）《板桥杂记》，记明末清初南京文人狭邪之游，为众妓作传，其中涉及诸多秦淮河房中的文人生活。

扬州戏曲作家李斗（1749—1817）《扬州画舫录》，涉及扬州城市区划、运河沿革、工艺、商业、园林古迹、风俗、戏曲以及文人轶事等各方面的情况。

钱泳（1759—1844）《履园丛话》24卷，内容广杂，所记多为作者亲身经历，得诸传闻必指来源，有"园林"卷。

清代苏州文士顾禄《清嘉录 桐桥倚棹录》，成于道光年间（1821—1850），记述苏州及附近地区的节令习俗，大量引证古今地志、诗文、经史，并逐条考订，叙事翔实，是研究明清时代苏州地方史、社会史的重要资料。

孔尚任（1648—1718）《桃花扇》，成于康熙三十八年（1699），"借离合之情，写兴亡之感"，是以明末李香君与侯方域的爱情悲欢离合为线索，讲述南明兴亡的历史剧；以南京为主要场景，其中"朝政得失，文人聚散，皆确考时地，全无假借"，基本情节符合史实。

吴敬梓（1701—1754）《儒林外史》55回，以南京为背景的有25回，笔触涉及街道巷陌、水陆交通、商业、手工业、饮食起居、风尚习俗等，吴敬梓寓居秦淮河畔，又称“秦淮寓客”，白描的笔触“不尚夸张，一味写实”。

其他，等等。

2. 图像

南京人朱之蕃（1548—1624）绘《金陵四十景图像诗咏》，以诗文、绘画的形式呈现南京的六朝文化与自然山水，其图与《金陵梵刹志》中的版画是第四章城市园林理景的重要参考。

完颜麟庆（1791—1846）《鸿雪因缘图记》3卷，一图一记，记作者宦游中的所历所闻所见，画家汪英福（春泉）等人按题绘图，其中涉及南京与半亩园的信息，作者麟庆为半亩园主人，而半亩园相传为李渔设计，故此对于研究李渔及芥子园有重要参考价值。

南京出版社出版一批清末至民国时期的大幅测绘地图（1910、1928、1933、1937、1940、1946等），2014年又出版《老地图：南京旧影》，选编自宋至民国时期的南京古代地图，直观描绘自然、历史、人文等方面信息在不同历史时期的空间分布，形象展现数千年来南京地理环境、历史文化的变迁。

另外，本书还多方参照文人绘画、晚清照片、明信片等图像资料。

总结而言，本书正文由四章组成。

第二章从自然、人文与明末清初的社会文化方面铺垫研究对象的时空背景，其中自然与人文地理因素为园林建造提供基本物质条件，而社会文化方面则对园林建造提出需求。此后三章是对不同样本的讨论。因样本的不同，分析的角度略有差别。一致的是皆涉及文献写作年代的勘误及考证，因一旦确定了写作时间，文献作者当时的身份、经济、交游等诸多状况以及所处的时代背景也随之清晰，这对理解文献内容至关重要；同时也皆就文献或者园林本身来分析文献作者或园主对于园林的“观念”，并将所涉园林在南京城中“定位”制图。稍有差别在于，第三章考证 16 座公侯园的建造概况，通过与现留存的明清江南一带园林文献与实物的比对，以呈现晚明南京造园的一般特色；第四章论述城市的公共园林，囿于文献本身并未有涉及“构筑”方面的内容，有关这些园林的构筑只能缺失，其重点在展现各种类型的公共园林在当时城市生活中承担的不同功能，如何服务于市民并与当时的城市生活融为一体；第五章通过一个个案，对芥子园这个小型别业园的地理位置和具体建筑构造进行了细致考证，并结合李渔本人的经济、生活状况与造园理念来做深入了解。

最后，在三个样本研究的基础上，对明末清初南京的造园史给出“总结”，对建筑学领域造园史研究中有关文献材料的利用和可能的研究方法给出自己的意见，并回应“研究缘起”中所提及的建筑实践领域中所遇问题，最终得到关于“园林”这一概念的自己的观点。

第二章
明末清初南京造园的城市条件

自然环境
人文格局
社会：文人云集的政治文化中心
时代：造园风潮与“市居”盛行

第一节 自然环境

历史上被选为都城的城市，“在选址方面，都是以全国地域和当时的全局形势出发，考虑地位适中，交通运输便利，保障安全，经济实力雄厚，便于对全国实行有效的控制等等”[1]。从大的区域范围看来，南京位在长江三角洲之起点，又是长江三角洲与长江中游大湖经济区及华北大平原的交汇点：“自古以来，沟通南北的水陆要道与横贯东西的长江航运交聚于此。”[2]

缩小视野聚焦到南京城本身，其东依紫金山，西北临长江；江河是古代天然的军事屏障，故而南京虎踞龙盘，易守难攻，地理位置得天独厚：“六朝都城皆取背江临河之势，既远离长江，也距离秦淮河有 2.5 公里”[3]。南宋《景定建康志》的“龙盘虎踞图”，从风水角度展示了南京城负阴抱阳，背山面水的山川形势（图2-1）。

[1] 郭湖生．中华古都：中国古代城市史论文集 [M]．台北：空间出版社，2003：6.

[2] 徐泓．明初南京的都市规划与人口变迁 [J]．食货月刊•复刊，1980，10（3）：13.

[3] 南京市地方志编纂委员会．南京水利志 [M]．深圳：海天出版社，1994：2.

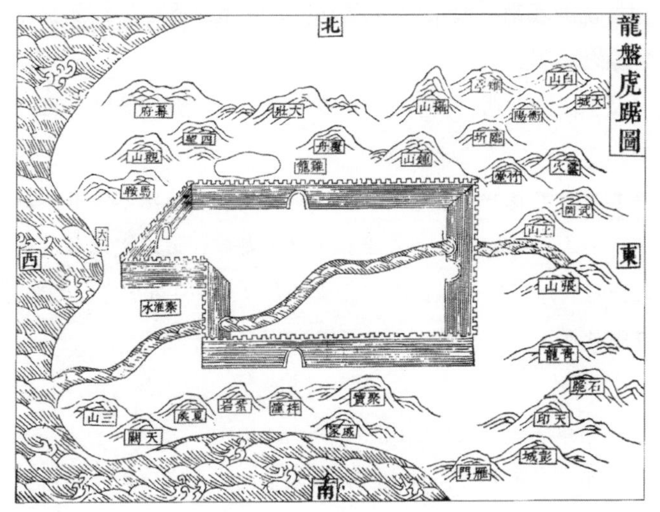

图 2-1 龙盘虎踞图

明代南京的都城规划，继承南唐以来的城墙，城南三面傍秦淮河，东北二面划富贵山、覆舟山入城，以后湖护城，西北划狮子山入城，“把旧城向北拓宽到江边，使六朝以来的背江之势为之一变。拓城把秦淮河、金川河、运渎、青溪、杨吴城濠皆包入城内。为使河水流通，筑城时预建进水涵洞 6、出水涵洞 15，河工技术精良，一些涵闸沿用至今”[1]。秦淮平原附近的山河之险亦全纳入城内。此一系列都城规划建设奠定了明清南京城市格局，依凭富饶的江南，南京“舟车便利，无险阻之虞；田野沃饶，则有转输之藉”[2]。

及至民国时期，孙中山（1866—1925）在《建国方略》（1917）中如此评价南京的地理环境：

其位置乃在一美善之地区。其地有高山、有深水、有平原，此三种天工，钟毓一处，在世界中之大都市，诚难觅此佳境也。而又恰居长江下游两岸最丰富区域之中心，……南京将来之发达，未可限量也。

1. 南京周边及城内的山

城外——东北方为钟山（亦名紫金山），南郊有雨花台和牛首山，东郊有汤山和方山，北郊为幕府山和燕子矶，东北郊为栖霞山等。

城内——城外东北方钟山余脉一直蔓延至城中，造成城内中部地势最高，“从中部最高部位，向南北两侧渐降，向河谷平原过

[1] 南京市地方志编纂委员会．南京水利志 [M]．深圳：海天出版社，1994：3.

[2] [清] 顾祖禹．读史方舆纪要 [M]．北京：中华书局，2005：898.

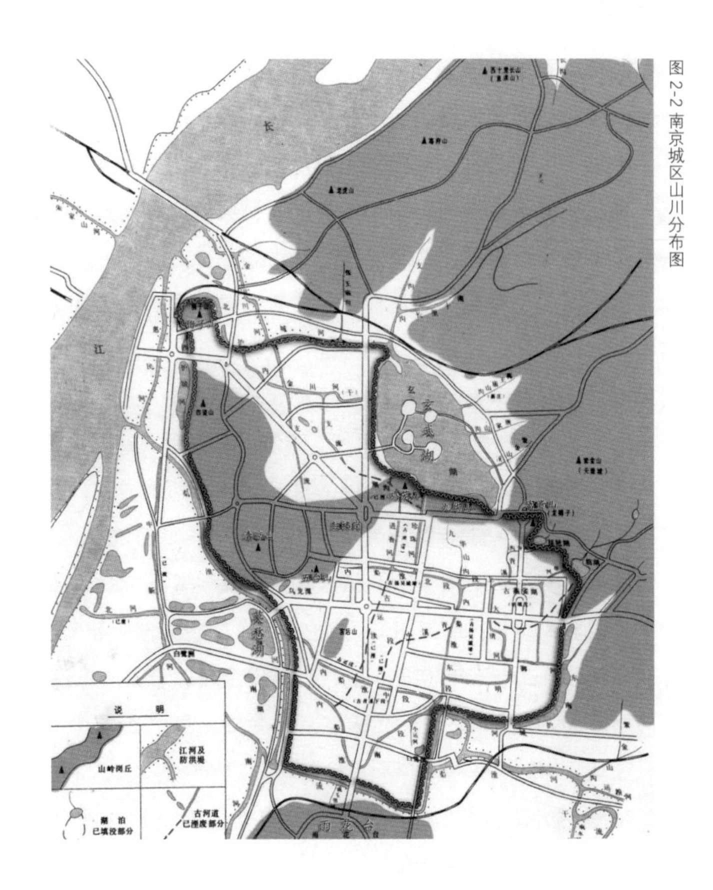

图 2-2 南京城区山川分布图

渡。北侧是金川河流域，南侧是秦淮河流域"[1]。城内中部山体自东向西有富贵山、覆舟山（现称九华山）、鸡笼山等，"而后西接鼓楼岗、五台山、清凉山等岗地，连成城区的南北分水岭。'钟山龙盘，石头虎踞'，就是指这一带山丘的气势"[2]。再往北有马鞍山和狮子山等山岭（图 2-2）。

[1] 南京市地方志编纂委员会．南京水利志 [M]．深圳：海天出版社，1994：12.

[2] 同 [1]：11.

2. 南京周边及城内的水

城外——城西南三山门外有莫愁湖，城北有玄武湖。

城内——城内东南有秦淮河，从城区南、西两侧流过，汇入城外长江。另有金川河、运渎、青溪、杨吴城濠等历代为漕运与军事防御所开挖的河道纵横。

因南京历史悠久，地位显著，古迹名胜颇多。文徵明之侄文伯仁（1502—1575）隆庆年间寓居南京，即作《金陵十八景图》（1572），绘承载着历史文化象征的十八处地景：三山、草堂、雨花台、牛首山、长干里、白鹭洲、青溪、燕子矶、莫愁湖、摄山、凤凰台、新亭、石头城、玄武湖、桃叶渡、白门、方山、新林浦等[1]，开启文人品赏"金陵胜景"的文化活动。

此后，文人士大夫游冶、品赏胜景的风潮盛行，"文人圈中一个比较明显的文化风尚是旅游活动的兴起"。南京人朱之蕃（1548—1624）为万历二十三年（1595）状元，绘《金陵四十景图像诗咏》，"在'六朝'情结的笼罩之下，品味与追忆'金陵王气'，而整个过程又带有极其浓郁的文人色彩"[2]（图 2-3）。

从"金陵十八景"到"金陵二十景"，再到朱状元"金陵四十景"，文人们纷纷以诗文、绘画的形式呈现南京的六朝文化、金陵王气与自然山水，逐渐构建出诸多历史文化地标，编织出南京这座古城独特的自然与人文景观。

[1] 周安庆．明代画家文伯仁及其《金陵十八景图》册页赏析 [J]．收藏界，2011（5）：101-105.
[2] 胡箫白．胜景品赏与地方记忆：明代南京的游冶活动及其所见城市文化生态 [J]．南京大学学报（哲学•人文科学•社会科学），2014（6）：76-90.

鍾阜晴雲

在府治東北漢末有秣陵尉蔣子文逐盜遇難吳大帝為立廟封曰蔣侯因避祖諱改鍾山之名曰蔣山南北垂連山嶺其形如龍故孔明稱為鍾山龍蟠自梁以前寺至七十餘所今為孝陵禁地不可復考惟日夕變態見王氣所鍾云

蟠龍夭矯遡江流毓瑞凝祥鬱未收地擁雄圖沿六代天留王氣鎮千秋迎將東旭朝光麗映帶明霞暮靄浮定鼎卜年綿曆祚龍蔥秀色繞皇州

石城霽雪

在府治西二里孫權于江岸必爭之地築城因石頭山軛鑿之陡絕壁立孔明稱石城虎踞是其處也當時大江環繞其趾今河流之外平衍若砥民居繁密十數里始達江滸陵谷之變遷此其徵驗也

城烏啼散曉光新迤邐千林皓彩勻虎踞蒼崖增白頭龍蟠金闕換銀鱗江天頓改尋常色廬井都無一點塵八表晶瑩疑合璧翩翩鶴馭集羣真

天印樵歌

在都城南四十里高百十六丈周回二十七里四面方如城故又名方山秦始皇鑿金陵此方是其斷者東南有水下注長塘流溉平陸入山至定林寺亦極幽简其巔最高曠不生雜樹惟蔓草遍布如茵上有石龍池下有葛仙公井

巨靈斧削青芙蓉覆斗棱棱印作峰曲徑逶迤凌陡壁山樵攀捫歷高墉丁丁木韻傳幽谷隱隱歌聲雜遠鍾四望砥平空翠合探奇何處覓行蹤

秦淮漁唱

在上元縣治東南三里秦始皇東巡會稽經秣陵因鑿鍾山斷長壠以疏淮本名龍藏浦上有二源自句容溧水來合方山埭西注大江因秦所鑿故名秦淮今與青溪合流自西水關出于江

疏鑿雖勞利永存清溪曲折貫重垣風和岸柳堪邀笛月滿蓮舟好泛樽自可乘流歌濯足何須曬網住江村綸竿寄興渾忘得為謝游鱗莫避喧

图 2-3 明•朱之蕃《金陵四十景图像诗咏》节选

第二节 人文格局

一、洪武（1368—1398）都城规划

洪武元年（1368），明太祖朱元璋（1328—1398）定都南京。

洪武都城规划结合自然地理环境，依山傍水，不拘一格，建城郭、皇城、宫城，“前后费时约三十年之久”，将南京“由一个军事基地”，规划建设“为当代最雄伟而美丽的都城”，“城内建筑无论城墙、宫殿或官衙，均甚宏壮”；除外形外，亦关注“都市土地利用和人文区域”，精心规划建成当时世界上最大的都城[1]（图2-4）。

我国古代都城是政治中心（核心为皇权）、军事重地、文化中心、宗教活动与管理中心，规划建设有别于地方城市[2]。明初南京亦是规划了多种功能，是复杂的综合性统一体。

作为帝都，南京城内建筑无论城墙、宫殿或官衙，在规划建造之初均甚宏壮。皇城是维护宫城的第二道城垣，为皇宫与中央政府官署所在，是表现南京为政治首都和军事指挥总部的行政区，也包含皇帝生活的宫殿。在平面设计、建筑配置上契合王都规划的理想：辨方正位，王城方形，门开十二，前朝后寝，左祖右社，左文右武；所有建筑群，左右对称，分置于一条从正阳门到玄武门的南北向中轴线两旁（图2-5）。

[1] 详见：徐泓．明初南京的都市规划与人口变迁[J]．食货月刊·复刊，1980（10）：12-46.
[2] 郭湖生．中华古都：中国古代城市史论文集[M]．台北：空间出版社，2003：6.

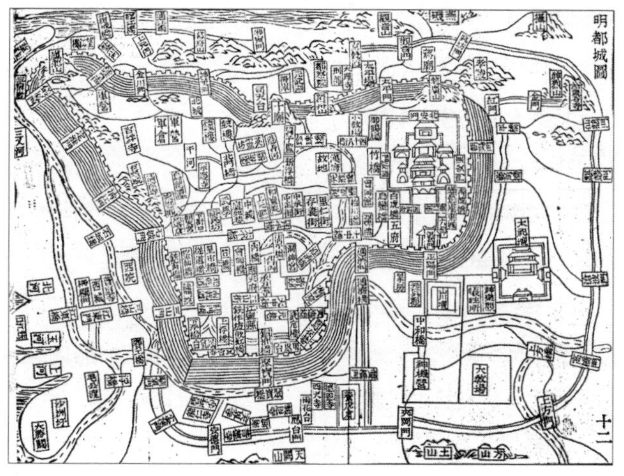

图 2-4 明 • 都城图

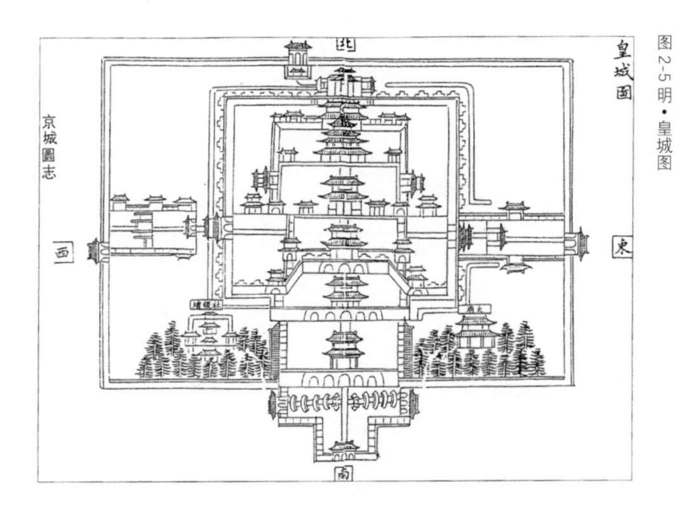

图 2-5 明 • 皇城图

都城有礼制需求，明初太祖在南京先后建造、改建过诸多祭祀坛庙，使坛庙礼制建筑及城垣、陵寝的建设逐步完备。这些建筑表现君权神授、皇权至上，其形制受元代影响，后又影响明北京城的建设。

明初设军政衙署五府以分其权，六部中央权力机构的各部门，按“左文右武”布局排列于承天门外御道两侧。御道东侧，自承天门向南，依次为宗人府、吏部、户部、礼部、兵部、工部；御道西侧，依次为中、左、右、前、后五军都督府。六部中的刑部位于太平门外，和都察院、大理寺合称“中央三法司”（图 2-6）。

都城需建立太学辟雍、藏书楼等。明初太祖下诏于鸡鸣山阳建国学——“京师国子监”，约在今成贤街、东南大学一带，为当时国家最高学府，规模庞大，气势恢宏（图 2-7）。

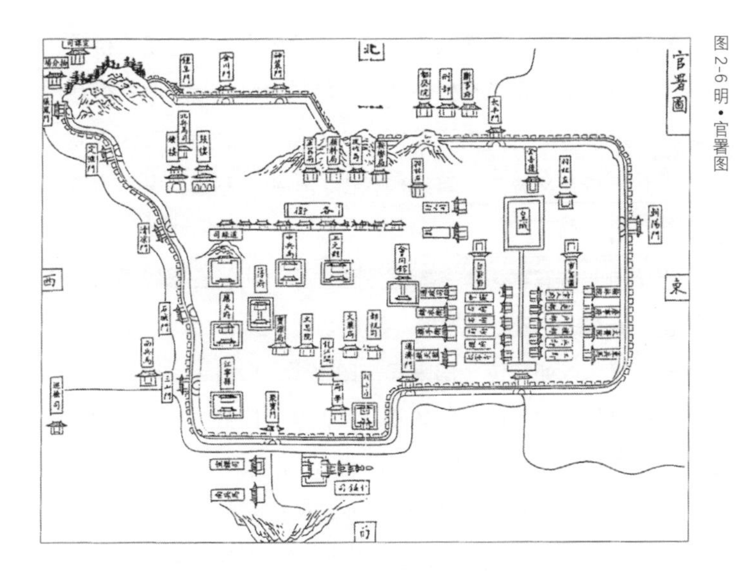

图 2-6 明 • 官署图

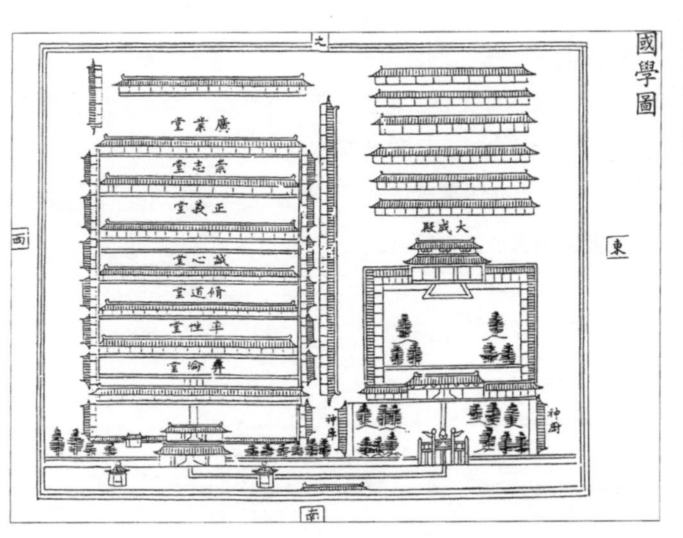

图 2-7 明 • 国学图

都城人口聚集，物质需求浩繁，需要建设大量道路、桥梁、漕渠，还有仓储传舍乃至外国使节商旅的府邸旅社。明初街巷桥梁纵横，水道是为运送物资最便捷的途径，当时南京市区内商市皆近水系。街巷又分三个等级：官街、小街、巷道，官街为城市主干道（图 2-8）。

为接待四方宾客，供各阶层饮酒作乐，明初在繁华闹市与交通要道，兴建 16 座大型酒楼，并置官妓（图 2-9）。“太祖于金陵建十六楼，以处官伎：曰来宾，曰重译，曰清江，曰石城，曰鹤鸣，曰醉仙，曰乐民，曰集贤，曰讴歌，曰鼓腹，曰轻烟，曰淡粉，曰梅妍，曰柳翠，曰南市，曰北市，盖当时缙绅通得用官伎，如宋时事，不惟见盛时文罔之疏，亦足见升平欢乐之象。”[1]

“南朝四百八十寺，多少楼台烟雨中”，南朝建康（南京）的寺庙盛况到了明代依旧不减，“宝刹琳宫，在在而足”（王世贞）（图 2-10）。“庙宇寺观图”中的“十庙”为鸡鸣祭庙，为明初集中建造：“纪念开国功臣和历史上的忠贞名臣。包括历代帝王庙、功臣庙、关羽庙、城隍庙、真武庙、蒋忠烈庙、卞壶庙、刘越王庙、曹武惠王庙、元卫国公庙等，号称‘十庙’。”[2]

除此而外，都城还需要集中相当数量的野战部队和卫戍部队、繁盛的商业、密集的人口等等。

---

[1] [明] 谢肇淛，撰．傅成，校点．五杂组 [M]．上海：上海古籍出版社，2012：46.

[2] 朱炳贵．老地图：南京旧影 [M]．南京：南京出版社，2014：129.

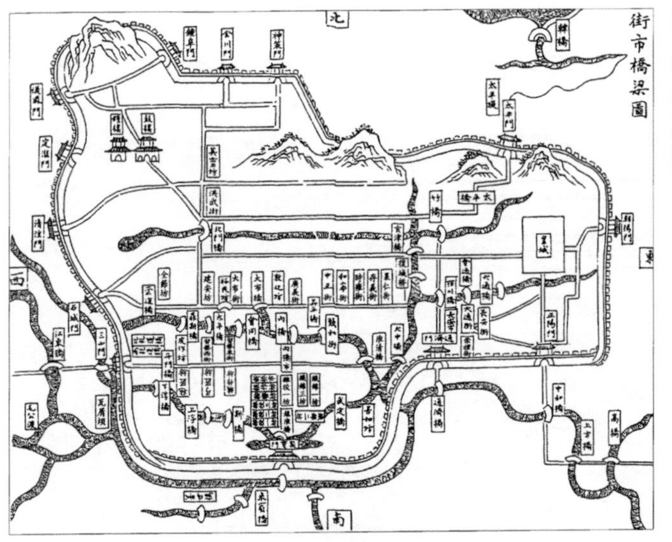

图 2-8 明・街市桥梁图

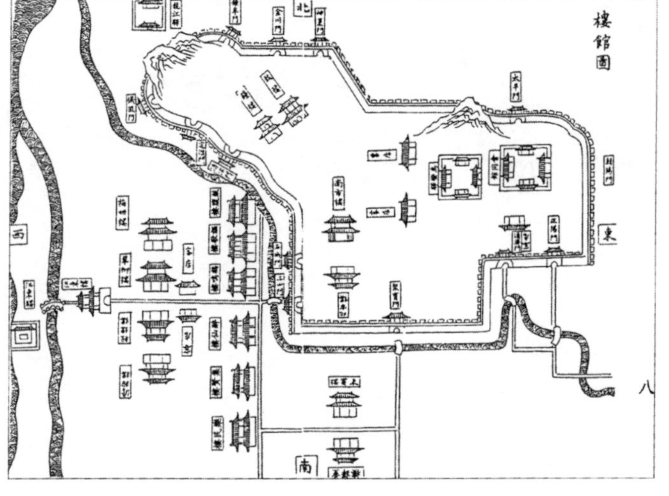

图 2-9 明・楼馆图

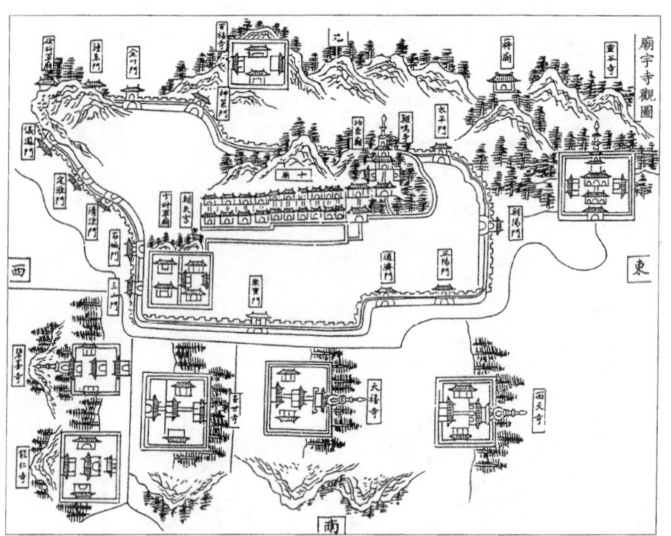

图 2-10 明 • 南京庙宇寺观图

这些军事、行政、文教、商业、手工业、交通、居住等各项土地利用区域犬牙交错，“不使孤立，以便利民生，与隋唐以前各区严格区分不同”，大体均在城墙范围内，可区划为：

1）行政区——城内东部的皇城、宫城；

2）军事区——城内西部、西北部；

3）手工业区——城内中南部；

4）商业与娱乐区——城内南部与城中心区、城外西部和南部；

5）文教与宗教区——城内北部、城外南部；

6）住宅区——城内南部、中部，城外北部、南部、西部[1]。

1595 年（万历乙未），意大利神父利玛窦（1552—1610）传教至此，在札记中以异域视角描绘当时的南京城：“在中国人看来，论秀丽和雄伟，这座城市（南京）超过世上所有其他城市；而且在这方面，确实或许很少有其他城市可以与它匹敌或胜过它。它真正到处都是殿、庙、塔、桥，欧洲简直没有能超过它们的类似建筑。在某些方面，它超过我们的欧洲城市。……在整个中国及邻近各邦，南京被算作第一座城市。它为三重城墙所环绕。……宫殿依次又由三层拱门墙所围绕，四周是濠堑，其中灌满流水。……至于整个建筑，且不说它的个别特征，或许世上还没有一个国王能有超过它的宫殿。第二重墙包围着皇宫在内的内墙，囊括了该城的大部分重要区域。它有十二座城门，门包以铁皮，门内有大炮守卫。……这重墙内，有广阔的园林、山和树林，交叉着湖泊……”[2]

[1] 徐泓．明初南京的都市规划与人口变迁 [J]．食货月刊 • 复刊，1980（10）：12-46.

[2] 利玛窦自 1582 年 8 月抵达澳门，后一直在中国传教、工作和生活，曾于 1595 年传教至南京，1610 年在北京去世。以上所引文字详见：利玛窦，金尼阁．利玛窦中国札记 [M]．何高济，王遵仲，李申，译．北京：中华书局，2010：286-287.

图 2-11 明《送朝天客归国诗章图》

《送朝天客归国诗章图》（首尔国立中央博物馆收藏）[1] 制作于明中期——景泰二年（1451）至 17 世纪前半期，以南都为背景记录朝鲜使臣在朝觐明朝皇帝后归国，明朝官员们为之饯行的场面：石城门外，官员与使臣临江惜别，一帆孤舟正欲起锚远航；报恩寺塔耸立于南门外，城内有山有水，庙宇、宫殿富丽堂皇，牌楼、桥梁密布，一如利玛窦神父笔下印象（图 2-11）。

二、万历（1573—1620）人文地理

1421 年明成祖朱棣（1360—1424）迁都北京，南京由京师降为留都，作为明都城历时五十三年。此后称“留都”或“南都”。《客座赘语》中《风俗》一文，生动地展现了万历年间南京城内的人文地理格局：“南都一城之内，民生其间，风尚顿异。”[2] 文中，作者顾起元将南京城内分为五个有显著特色的板块。

1. 城东行政区（留都皇城与衙署）

永乐十九年迁都北京后，南京降为留都，保留“五府六部”等中央军政机构，各部及官卿俱冠“南京”二字。故而城东依旧沿袭明初格局，为行政区所在地。外来游宦于南都的士大夫在此云集，“客丰而主啬，达官健吏日夜驰骛于其间”。

[1] 2014 年在大英博物馆“明朝：改变中国的 50 年”展览中展出，详见 http://www.nationalgeographic.com.cn/news/2580.html.

[2] [明] 顾起元．客座赘语 [M]．南京：南京出版社，2009：23-24.

自大中桥而东，历正阳、朝阳二门，迤北至太平门，复折而南至玄津、百川二桥，大内百司庶府之所蟠亘也。其人文，客丰而主啬，达官健吏日夜驰骛于其间，广奓其气，故其小人多尴尬而傲僻。

2. 城中商业区

城中商业区在两条淮水之间，与居住区混杂。明初南京的城市规划重水运，商业所需物资通过水运流转，“百货聚焉”。城中居民按职业集中居住，皮匠住皮作坊，铁匠住铁作坊，伎艺人员住伎艺坊厢；贫民住贫民坊，富民住富民厢。

自大中桥而西，繇淮清桥达于三山街、斗门桥以西，至三山门，又北自仓巷至冶城，转而东至内桥、中正街而止，京兆赤县之所弹压也，百货聚焉。其物力，客多而主少，市魁驵侩，千百嘈杂其中，故其小人多攫攘而浮兢。

3. 城南秦淮两岸的官绅居住区

官绅主要居住于城南。一是因为明初规划的水运交通与行政区划使然，“外地入南京，主要是由三山门（水西门）进城市，故皇城之长安门为必由之途，往来较多。官吏住宅亦沿此路分布，以便上朝及赴千步廊前六部五府”[1]。二是因为城南自然条件优越，历史积淀深厚，南唐的金陵城便位于此：“明应天府城在元代集庆路城基础上扩大加筑而成。集庆路城即南唐之金陵城，……经历宋元两代……形成了以旧宫城前御道为轴线的旧城区”[2]。并且居住区临近商业区，生活便利，“六院”在秦淮两岸，“游士豪客，竞千金裘马之风”。

[1] 郭湖生．中华古都：中国古代城市史论文集 [M]．台北：空间出版社，2003：108.

[2] 同 [1]：97.

自东水关西达武定桥，转南门，而西至饮虹、上浮二桥，复东折而江宁县，至三坊巷贡院，世胄宦族之所都居也。其人文之在主者多，其物力之在外者侈，游士豪客，兢千金裘马之风。而六院之油檀裙屐，浸淫染于闾阎，膏唇耀首，仿而效之，至武定桥之东西。嘻，甚矣！故其小人多嬉靡而淫惰。

4. 城北文教区

城北文教区的中心为鸡鸣山阳的"京师国子监"，择址之初很大原因是看中了此地山川形胜好风水："地基宽广，高爽平远，除向阳、幽静外，又具左联龙盘、右接虎踞的形胜，且有疏林层阜'山霏湖雾'的幽奇风景。是个远离市廛喧闹，环境幽静，适合读书之地。"[1] 国子监校园空间规划分为教学区、祭祀区、生活区三大区，也是师生日常生活的场所。迁都后虽北京也设国子监，然南京国子监依旧有非常重要的地位。此地"物力啬"，非享乐之所。

由笪桥而北，自冶城转北门桥、鼓楼以东，包成贤街而南，至西华门而止，是武弁中涓之所群萃，太学生徒之所州处也。其人文，主客颇相埒，而物力啬，可以娱乐耳目，膻慕之者，必徙而图南，非是则株守其处，故其小人多拘狃而劬瘠。

5. 城北军事区

城北地旷人稀，物资也较为匮乏，是为南都军队驻扎之地。

北出鼓楼达三牌楼，络金川、仪凤、定淮三门而南，至石城，其地多旷土。其人文，主与客并少，物力之在外者啬，民什三而军什七，服食之供粝与疏者，倍蓰于梁肉纨绮，言貌朴僿，城南人常举以相嘲哳，故其小人多悴而蹇陋。

[1] 详见：徐泓．传统中国大学：明南京国子监的校园规划 [C]// 赵毅，林凤萍．第七届明史国际学术讨论会论文集．长春：东北师范大学出版社，1999：561-576.

整理《风俗》一文中所涉城门、桥梁、街巷、古迹等如下:

1）城门：正阳门、朝阳门、太平门、三山门、南门、西华门、金川门、仪凤门、定淮门、石城门;

2）桥梁：大中桥、玄津桥、百川桥、淮清桥、斗门桥、内桥、武定桥、饮虹桥、上浮桥、笪桥、北门桥;

3）街巷：三山街、仓巷、中正街、三坊巷、成贤街;

4）古迹：冶城、东水关、贡院、鼓楼、三牌楼。

其中，除“百川桥”不知所踪外，余皆可于 1910 年的实测地图上准确定位，在此基础上，资借相关文献的左右互证，文中的五大区域可大致图示（图 2-12）。

由分布图可见明初规划对明末人文地理格局的影响，其所奠定的空间范围与城市格局至今依旧影响着南京的城市面貌。

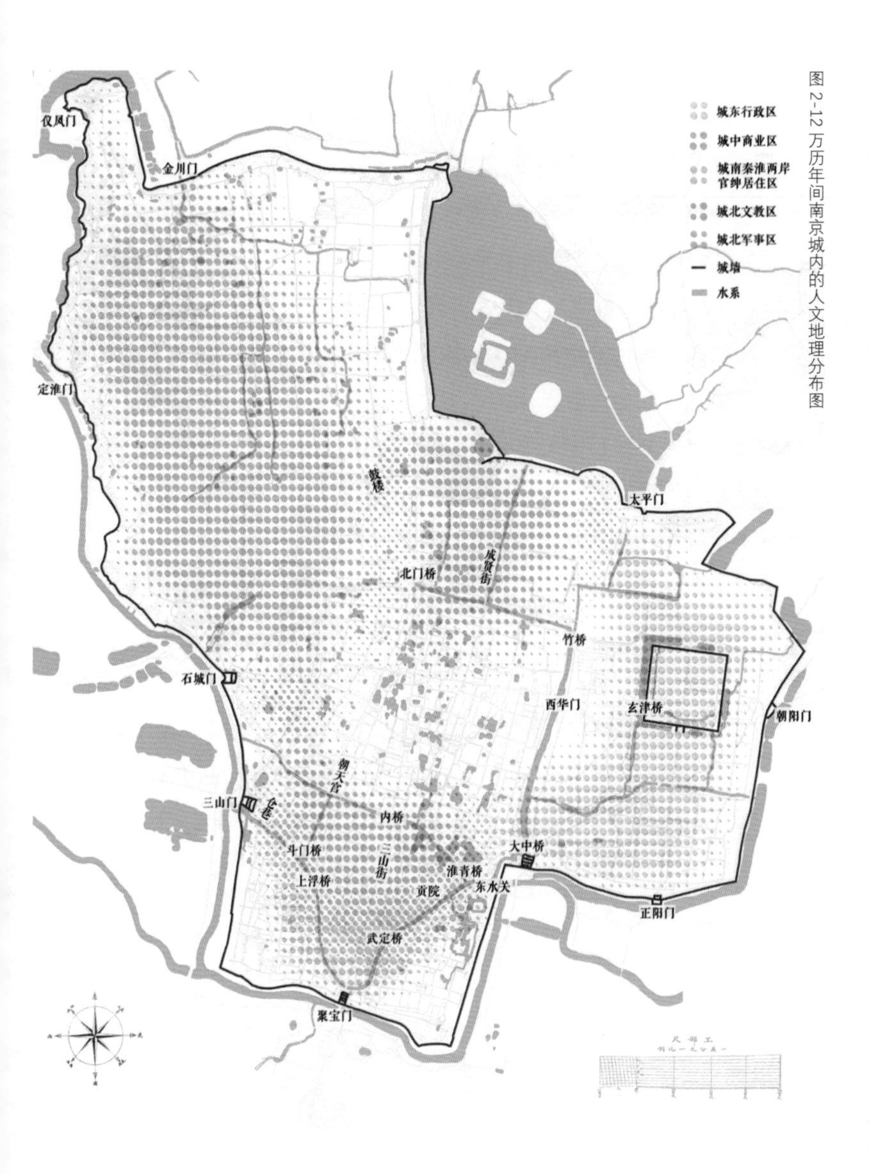

图 2-12 万历年间南京城内的人文地理分布图

第三节 社会：文人云集的政治文化中心

成祖迁都后，南京由国都降为留都，行政级别虽降低，然社稷百官皆在，仕宦云集。

科举制度至明代趋于完善，并深刻影响士人生活。乡试属省级考试，直隶地区分南北两京应试，南直隶乡试在南京，“范围涉及十四府、四个直隶州、十七个属州，共九十七个县”（图 2-13）。

南直隶各地方选拔的诸生集中于南京乡试，有数百人之多。录取举人定员为一百三十余人，为全国之最。明中叶后考试时间固定在八月九日、十二日和十五日，结束后由主考、同考用十天时间评阅放榜[1]。

科举制度催生士子的结社运动：“在明代末年，政治和社会里有一种现象，一般士大夫阶级活跃的运动就是党，一般读书青年人活跃的运动就是社。”[2] 明代科举取士作八股，有固定格式且有一时的文风导向，故士子们以“结社”的方式集合起来习举业；这样的交往亦是获得声望的捷径，“在社会交往中，通过彼此推引，尤其是获得名士的称誉提携来达到目的。而参加结社，并在社集活动中脱颖而出则是取得声望的最佳捷径”[3]。

---

[1] 参见：丁国祥．复社研究 [M]．南京：凤凰出版社，2011：70-71.

[2] 谢国桢．明清之际党社运动考 [M]．上海：上海书店出版社，2004：1.

[3] 王恩俊．复社与明末清初政治学术流变 [M]．沈阳：辽宁人民出版社，2013：34.

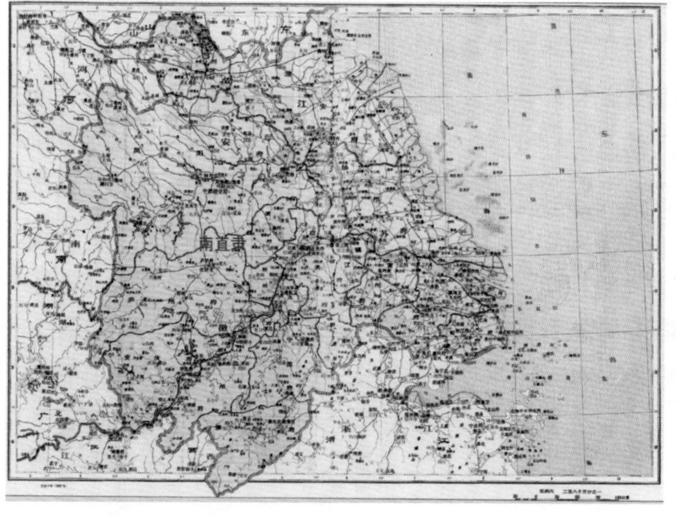

图 2-13 明朝万历十年（1582）南京（南直隶）辖区图

故读书人结社在明末渐成风气，不同于历史上的文人雅集，是以经学八股为研究课题，长期存在并经常开展活动的组织。如此需求下，加之江南繁荣的经济条件、便利的水陆交通，大量文社、诗社应运而生："他们结社会朋，动辄千人，白下、吴中、松陵、淮扬都是他们集会之所，秦淮河畔桨声灯影，虎丘池边塔影夕阳，桃叶问渡，小院留人。"[1]

故此，在留都的政治地位以及南直隶乡试考点的吸引力之下，南京当之无愧为明代江南政治、文化中心："在明代南京政治地位的带动下，一个以高级官员、致仕官员、公侯子弟及底层士绅构成的文化精英集团使南都成为江南文化中心。"[2] 尤其是明嘉靖中期及之后，随着江南整体经济的提升，南京本地、外来、长居、暂游之士大夫，参加乡试的普通士子，云集于此，诗歌雅集宴饮酬答，闲情逸致诗酒风流，堪称乐土："公侯戚畹，甲第连云，宗室王孙，翩翩裘马"(《板桥杂记》)。其对园林的需求亦可想而知。

[1] 谢国桢．明清之际党社运动考 [M]．上海：上海书店出版社，2004：7.

[2] 罗晓翔．城市生活的空间结构与城市认同：以明代南京士绅社会为中心 [J]．浙江社会科学，2010（7）：85-89.

第四节 时代：造园风潮与“市居”盛行

明初朱元璋定鼎南京，严限臣僚百姓于住宅周旁建造园池：“官员营造房屋，不许歇山转角、重檐重栱及绘藻井。……不许于宅前后左右多占地，构亭馆，开池塘，以资游眺”[1]。《大明律》还专设“服舍违式”条严惩违规者：“有官者杖一百，罢职不叙；无官者笞五十，罪坐家长；工匠并笞五十。”[2] 公卿庶民在这样严酷的风气下，营造房屋都谨守规式，官舍民居皆朴实无华。

国初以稽古定制，约饬文武官员家，不得多占隙地，妨民居住。又不得于宅内穿池养鱼，伤泄地气。故其时大家鲜有为园囿者……[3]

[1] [清] 张廷玉，等．明史．清乾隆武英殿刻本：卷六十八“舆服志四”。
[2] [明] 高攀．大明律集解附例．明万历间浙江官刊本：卷十二“服舍违式”。
[3] [明] 顾起元．客座赘语 [M]．南京：南京出版社，2009：140-141.

明王朝对江南的基本国策是维持稳定，并采取一系列有利于生产发展的措施。经明初休养生息，成化（1465—1487）后，江南从经济凋敝中复生；至嘉靖（1522—1566）末，市镇经济繁荣，加之宜居的地理气候，水源充足、河湖遍布的江南再度成为钟鸣鼎食之所、人文荟萃之地。明人《南都繁会景物图卷》描绘明代南京城市商业兴盛、社会生活的场面（图 2-15）。画面由郊区田舍开始，经城中的南市街和北市街，止于南都皇宫，纵横的街市，林立的市面店铺，林林总总的标牌广告，摩肩接踵的车马行人，呈现一片熙熙攘攘、热闹非凡的城市景象[1]。

图 2-14 明 • 佚名《南都繁会景物图卷》

[1] 原为“常熟翁氏旧藏”，签署“明人画南都繁会景物图卷”，尾署“实父仇英制”，现藏中国历史博物馆。

商业发展连带着土地市场买卖兴盛，城内土地交易的可行性与频繁化，为城市园林的兴起提供了基本条件；“赋出于田，役出于身”的赋役制度也有所转变，“一条鞭法”的实施，减少了土地投资的顾虑，解放了对人口流动的限制，匠籍制度亦渐渐消弭，为园林的大量营造提供了自由匠人。明清江南城市商业化发展，政治、经济（土地 / 赋役）制度的改变，建筑技术的提升，凡此种种，使得园林这种耗资耗时的昂贵艺术风靡江南 [1]。士大夫潘允端（1526—1601）修上海豫园，历时十八载，倾囊尽资。绍兴祁彪佳（1602—1645）建寓山园，“摸索床头金尽，略有懊丧意，及于抵山盘旋，则购石庀材，犹怪其少，以故两年以来，囊中如洗”（《〈寓山注〉序》），整个园林耗资之巨可想而知。明史专家谢国桢（1901—1982）认为明代资本主义萌芽生长缓慢，是因为商业资本全流到园林中消耗殆尽。

南京尚俭风气自迁都后逐渐式微，随着造园活动在明中叶江南的勃兴，造园、游园、品园之风亦在南京城中盛行。嘉靖末年南京普通的百姓之家，也都往往“重檐兽脊如官衙然，园囿僭拟公侯”，甚至“勾阑”中也不例外。

[1] 明前期富人不敢兴建园林，除消费力有限外，也与赋役制度有关，中产之家不敢露富怕被选徭役；而明中后期制约奢侈消费的赋役制度改变，士绅阶层有优免的特权或逃避徭役的相关手段。另外建造技术发展、砖墙的大量运用等等，也是园林大量兴建的技术背景。

详见：巫仁恕．江南园林与城市社会：明清苏州园林的社会史分析 [J]．“中央研究院”近代史研究所集刊，2008（10）：4-6.

正德已前，房屋矮小，厅堂多在后面，或有好事者画以罗木，皆朴素浑坚不淫。嘉靖末年，士大夫家不必言，至于百姓，有三间客厅费千金者，金碧辉煌，高耸过倍，往往重檐兽脊如官衙然，园囿僭拟公侯。下至勾阑之中亦多画屋矣。[1]

明中叶江南城市生活越发优越便捷，城中园林因兼顾市居的便利与园居的清雅繁荣发展。虽“园林惟山林最胜”，但倘若真居于山水间却有诸多不便，即便为闲时居住的别业，也难免往返劳顿之苦。腰缠万贯的达官贵人、富商大贾，既追求远避市嚣、四时有景的赏心乐事，却又不想脱离城市的社交圈及承受车马劳顿，故乐于在城内罗致奇石，植花木修篁，于城市住宅旁隙地建造傍宅园，或在城中偏僻处且与自己“市居”不远处择址建别业，以求足不出户也能得享林泉之乐：“不离轩堂而共履闲旷之域，不出城市而共获山林之性。”（沈德潜，《复园记》）

如，清马曰璐（1701—1761）住扬州城内，选择在城内住宅街南的空地建造招待客人用的“小玲珑山馆”，虽在城市喧嚣中，却为闹中取静之所，且往返便利，所谓“市隐犹胜甚巢居，能为闹处寻幽，胡舍近方图远；得闲即诣，随兴携游”（《园冶》）。

予家自新安侨居是邦，房屋湫隘，尘市喧繁。予兄弟拟卜筑别墅，以为扫榻留宾之所。近于所居之街南，得隙地废园，地虽近市，雅无尘俗之嚣，远仅隔街，颇适往还之便。[2]

[1] [明] 顾起元．客座赘语 [M]．南京：南京出版社，2009：147.

[2] 陈从周，蒋启霆，选编．赵厚均，注释．园综 [M]．上海：同济大学出版社，2004：105.

明清江南城市人口增长，居住密度增大，建筑密度相应增加，城内宅第基址规模较前朝不能同日而语。“地权转移的高频率，意味着农业的自然经济色彩的渐褪，商品经济色彩的渐浓；土地买卖愈频繁，土地畸零现象就愈突出。相反地，在自然经济条件下，土地占有在空间上就易于连片。”[1] 土地买卖频繁令土地畸零化严重，城中宅基地犬牙交错，隙地难寻也日趋昂贵，“甲第入云，明园错综，交衢比屋，阛阓列廛，求尺寸之旷地而不可得”[2]。

以明南京为例，《金陵琐记》载有徐天赐[3] 想扩建其大功坊内的宅第，然因其后接府学无法扩充，便贿赂官员想以民间地换府学空地，遭生员周膏的嘲讽继而宣告失败的佚文，说明宅旁造园在日益繁华的城市中是需要有相应条件的[4]。再如清初李渔迁居南京建“芥子园”，便是购得他人城内偏僻处的宅地改建而成（见第五章）。《履园丛话》中记清代嘉定张丈山造“平芜馆”，花费万余金买城南“隙地”筑而为园[5]。城市化进程对于造园提出新的限制条件，为在有限的城中“隙地”营造园林，将“江山昔游，敛之邱园之内”[6]，“天生自然”向“人为自然”的转变是顺理成章也是势在必行。

[1] 胡钢．明清时期土地市场化趋势的加速 [J]．古今农业，2005（2）：88-96.

[2] [清] 叶梦珠，撰．来新夏，点校．阅世编 [M]．北京：中华书局，2007：235.

[3] 第六代魏国公徐俌幼子，详见第三章“徐氏家族世系考”。

[4] [明] 周晖，撰．张增泰，点校．金陵琐事，续金陵琐事，二续金陵琐事 [M]．南京：南京出版社，2007：36：“徐天赐魏国公之第，宅在大功坊内，后与府学相接，不能扩充尺寸地。因谋于京兆蒋公、督学赵公，复贿武断生员任芳辈数人，约以尊经阁后民间之地，换学宫右边空地。生员周膏，作《非非子》一篇，粘于学壁，极言孔子贫厄，门人售地。语侵上官，督学闻之，畏公论不容，遂已其事。”

[5] [清] 钱泳，撰．张伟，点校．履园丛话 [M]．北京：中华书局，1979：539：“平芜馆（嘉定）……邻家有小园，欲借以宴客，主人不许，张恚甚，乃重价买城南隙地筑为园，费至万余金，……遂大开园门，听人来游，日以千记。”

[6] [明] 顾大典的《谐赏园记》，详见：陈从周，蒋启霆，选编．赵厚均，注释．园综 [M]．上海：同济大学出版社，2004：154.

小 结

本章从自然地理环境、人文地理格局、社会背景与时代背景四方面来考察明末清初南京的造园背景。

南京山水形胜，环境优越。明初都城规划顺应自然地势与水系，城墙走向主要沿地形和水道："水运条件是决定城垣位置的重要条件"[1]。三十余年的都城建设奠定了南京城市的总体格局，并至今影响着南京的人文地理风貌，相对稳定的城市空间也为本书所涉园林的空间定位提供了基础。南京的山川地貌与自然水系为园林的建造提供了最根本的条件，名胜古迹为园林提供了丰厚的人文基础，自然与人文地理的格局共同影响园林在城中的分布。作为明代江南政治、文化中心的南京，经济发展平稳、权贵文人聚集，在明末造园风潮盛起的时代背景之下，既有建设园林的优越条件，也有营建园林的大量需求，"吾国凡有富宦大贾文人之地，殆皆私家园林之所荟萃"[2]，园林的勃兴是自然之事。

作为江南政治与文化中心的明末留都，名园云集，堪称明代江南园林的缩影。

[1] 郭湖生．中华古都：中国古代城市史论文集 [M]．台北：空间出版社，2003：99.

[2] 童寯．江南园林志 [M]．北京：中国建筑工业出版社，1984：3.

第三章
1588—1589 年 16 座公侯士大夫园林

背景
空间定位
人工构筑
社会需要
观念

南京自明成祖迁都北京（1421）后由京师降为留都，留都官员“品秩俱同北京”[1]，享受与京都同样的官品与俸秩，然管辖范围小，亦无实权，“除了正德皇帝（1491—1521）一度在此驻跸以外，从来没有举行过全国性的大典。这里的各种中央机构，实际上等于官员俱乐部”[2]。

《游金陵诸园记》一文，记录1588年3月王世贞官至南都后与南都官员一同以游客身份宴游的16座公侯士大夫园林，笔触所及，除园景而外，事实上更是描绘了一幅万历年间南京城中士大夫的游园图景，是万历留都文人士大夫们再熟悉不过的日常：“宴集聚会、讲德赋诗成为高级官员生活的重要组成部分。”[3] 本章以此游园记为主体文本，考察文中16座供士大夫宴游、作为士大夫社交空间的城市园林。

[1] [清] 张廷玉，等．明史 [M]．清乾隆武英殿刻本：卷七十五“志第五十一”

[2] 黄仁宇．万历十五年 [M]．北京：中华书局，2006：146.

[3] 罗晓翔．城市生活的空间结构与城市认同：以明代南京士绅社会为中心 [J]．浙江社会科学，2010（7）：85-89.

第一节 背景

一、王世贞：文人士大夫

王世贞（1526—1590），字元美，号弇州山人，江苏太仓人。1547年，他与“万历首辅”张居正（1525—1582）为同榜进士，由此入仕，官至南京刑部尚书。不同于权臣张居正，他对自己的文人身份及独立性颇为看重，积极参与文人活动，曾独步明中期文坛二十余年，是复古流派“后七子”[1]中重要的人物，“中年以后更是当时士人群体的领袖”，可以说是文人士大夫的典型[2]（图3-1）。

王世贞一生，所游所记，“不惟数量之巨，而且所作往往自出手眼，兴寄都深”，他的“《游金陵诸园记》《游泰山记》《游东林天池记》《游张公洞记》《游善权洞记》等俱是明代游记文中的名篇”[3]。1588年3月，他履任南京兵部右侍郎，1590年3月以南京刑部尚书的身份，“上疏告休，准回籍调理”，宦居南京约两年；其间登临不倦、笔墨兴酣，《游金陵诸园记》即写于这段时间，南京公侯士大夫园林当时的规模及园中景致于文中大略可见[4]。该文在后世有关南京的园记或志书中屡被提及，不惟有文学上的价值。

---

[1] “后七子”为明嘉靖、隆庆（1522—1572）的文学流派，成员有李攀龙、王世贞、谢榛、宗臣、梁有誉、徐中行、吴国伦、余日德、张佳胤。文学主张强调文必秦汉，诗必盛唐。

[2] 孙卫国．16世纪两类士大夫的代表：文人王世贞与相臣张居正[J]．中国社会历史评论，2005，6（0）：187-205．

[3] 郦波．王世贞文学研究[M]．北京：中华书局，2011：15.

[4] 本书日期为农历，不做换算；不标明出处的引文皆引自《游金陵诸园记》。王世贞年谱方面参见：郑利华．王世贞研究[M]．上海：学林出版社，2002.

图 3-1 王尚书像

二、 相关文献梳理与考证

本章以《弇州山人四部续稿》（清文渊阁四库全书本）中《游金陵诸园记》全文（附录一）为基本文本。1983 年出版的《中国历代名园选注》节选收录此文，删除了游记中活泛的人物交游，“略有叙述同游者及与主人酬酢语，删不录”，只重点关注文中对园林物质空间的描绘[1]。现行出版物均延续《中国历代名园选注》的删减版本。在被通行出版物删减的文字中，包含着这 16 座园林的所属、方位、游园时间、交游人物及游园时的活动等信息。

除游记全文外，本章同时参照王世贞同时期所作诗文，主要有《弇州山人四部续稿》卷十八（诗部•七言律）、卷十九（诗部•七言律）、卷二十一（诗部•五言律）、卷二十五（诗部•绝句）、卷一百六十（文部•杂文跋）的《莫愁湖园诗册后》、卷一百七十八（文部•书牍）的《与元驭阁老》等（附录二）。另，顾起元在《游金陵诸园记》文三十余年后所写《金陵诸园记》一文，该文对《游金陵诸园记》中诸园的所属与地点一一校正并做现状补充，亦是本章的重要参考[2]。

[1]《钦定古今图书集成》之《经济汇编考工典》中录《游金陵诸园记》，有删减，且将“西园”与“凤凰台”两园合而为一，并将顾起元的《杏村园》并入该文（自“遯园”始）；2000 年出版的《园综》亦然，并据陈植先生的《中国历代名园选注》有增补；2005 年《中国历代园林图文精选》亦节选收录。

[2]《金陵诸园记》选自：[明] 顾起元．客座赘语 [M]．南京：南京出版社，2009：138.

1. 成文时间考

《游金陵诸园记》中言，王世贞游四锦衣“丽宅东园”：“己丑（1589）春四月七日，（四锦衣）忽要余与大司寇陆公游焉。……回首恍惚若梦境，命笔记之。”故此推断该文成于 1589 年四月七日之后，所记事自 1588 年三月王氏至南京游园始。

王世贞与同乡张幼于、周公瑕游“市隐园”，《游金陵诸园记》中记述此事，曰：“今年五月且尽，吾乡张幼于与公瑕俱至都，幼于与薛鸿胪者邀余游焉。”可知游“市隐园”当在 1588 年或 1589 年的五月底。

王世贞游“市隐园”后也曾作诗，《弇州山人四部续稿》“诗部”收录七言律《雨中过姚氏故园，与周公瑕张幼于詹东图戚不磷分韵得春字，时公瑕旧游之地将五十年矣》，该诗在七言律《步魏公西园小酌时公已捐馆矣》之前，故断其游市隐园的时间当早于游西圃，在魏国公去世之前。

《游金陵诸园记》中言王世贞在魏国公去世后应世子之邀游魏公西圃并替魏国公写墓志铭。

非久，……公亦继卒。会公之世子继志等以志铭见属，……余乃强往。

当时的魏国公为徐邦瑞（详见下文考证），卒于 1588 年九月。

戊子万历十六年……九月……南京守备署中军都督府事魏国公徐邦瑞卒。[1]

---

[1] [清] 谈迁．国榷．清钞本：卷七十四。同时文中还有一参考信息：兵部尚书阴武卿，即文中“大司马阴公”者，万历十六年（1588）七月卒于官，文中有：“非久，公（魏公）病矣，阴公卒，公亦继卒”。由此可知魏公在 1588 年七月不久去世。清 • 张廷玉等所编的《明史》及网络资料中认为徐邦瑞去世于 1589 年，误。

综合以上信息可知，王世贞游“市隐园”在1588年5月底。

另，《游金陵诸园记》中以“今年”指代1588年，则可判定该文是两年内断续写就，于1589年4月后抄录整合而成，非一气呵成之作。

2. 徐氏家族世系考

明代留都南京公侯子弟中，以魏国公徐达（1332—1385）的后裔地位最为显赫，《游金陵诸园记》中载园16座，11座属徐达后人所有。

明初徐达被封魏国公，卒后追封中山王。长子辉祖一派，留南京世袭“魏国公”；四子增寿一派，永乐后居北京袭封“定国公”：“洪武诸功臣，惟达子孙有二公，分居两京”（《明史·徐达传》）。《游金陵诸园记》中的徐氏后人为辉祖一派后人，“魏国公”封号由冢子袭封，其余子孙，多在南京都督府所属锦衣卫指挥司任职，即《游金陵诸园记》称“锦衣”者。

陈植《中国历代名园记选注》中言，《游金陵诸园记》中有10座徐氏园，误；称文中“魏公”指“徐维志”，并给出“徐氏家族世系”，亦误。然被汪菊渊在《中国古代园林史》中一一延用[1]。

除“同春园”等外，所记属于徐氏的园十所……[2]

魏国公为倩之曾孙邦瑞。是年邦瑞卒（据世贞撰《墓志铭》：“卒于戊子”，《明史·功臣表》作十七年卒，盖误）。王作《游金陵诸园记》在邦瑞卒后，袭封魏国公的是邦瑞子维志，《游金陵诸园记》称“魏公”。[3]

[1] 汪菊渊．中国古代园林史[M]．北京：中国建筑工业出版社，2006：681.

[2] 陈植，张公弛，选注．中国历代名园记选注[M]．合肥：安徽科学技术出版社，1983：157.

[3] 同[2]：158.

第八代魏国公徐邦瑞1588年9月去世。《游金陵诸园记》所记事始于1588年3月王氏至南京游园始，文中所记大部分游园事件发生在1588年徐邦瑞去世前，《游金陵诸园记》中“酬酢语”中的“魏公”，多指代徐邦瑞而非其子徐继志（一作维志）。

综合《游金陵诸园记》文、《弇州山人四部续稿》中相关诗文及其他资料，将书中所涉徐氏后人的关系与其所有园林整理如图3-2所示。

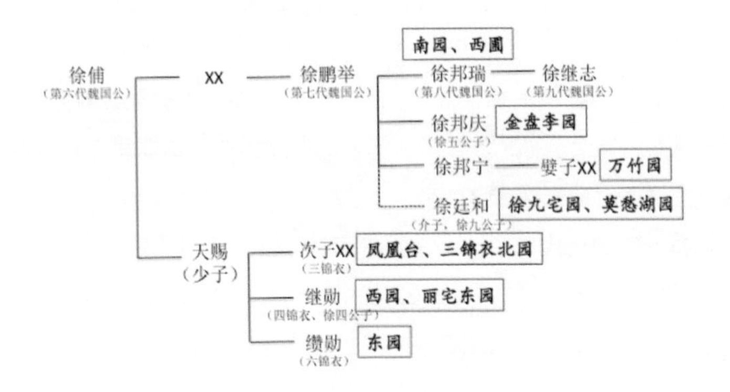

图3-2《游金陵诸园记》中徐氏世系关系及所属园林

3. 交游人物考

王世贞宦居南京的两年间，以游者身份游园，与之往来诸公，亦皆身份、声望与其相近的老臣或名士。每游一园，均记同游者与相关活动，有“主之者”与“客与者”之分，因游园时常备“酒脯以佐其胜”，有花费，“主之者”是筹备场所、置办酒食的组织者；游园时常雅集作诗，或游园后以诗记其事。

综合《游金陵诸园记》文及同时期王氏诗词，梳理相关交游人物如表 3-1 所示[1]。

由表可见：与王世贞同时期游园的人物，年岁基本与其相当（王世贞时年 62 岁），均 50 岁以上；多为南都官员，品秩普遍较高（王世贞时任南都兵部右侍郎，正三品；后任南都刑部尚书，正二品）。作为江南政治与文化中心的留都，人际资源丰富，交游于精英的社交空间对于提高、巩固文人士大夫的文化与社会声望至关重要。王氏《游金陵诸园记》中的游园活动正是此类交游的真实记录。

[1] 文中人物借助古籍文献和网络搜索，品秩等级参考：王超．中国历代中央官制史 [M]．上海：上海人民出版社，2005.

表 3–1 《游金陵诸园记》中交游人物考

序号	人物	官职（品秩）/身份	时年/1588	文中称谓
1	杨成（1521—1600）	吏部尚书，正二品	68	“太宰吾郡杨公”“太宰杨公”
2	王国光（1512—1594）	前户部尚书	77	“前大司徒王公”
3	王友贤（待考—1600）	户部尚书，正二品	—	“大司徒宁乡王公”
4	姜宝（1513—1593）	礼部尚书，正二品	76	“大宗伯姜公”
5	阴武卿（1527—1588）	兵部尚书，正二品	62（卒）	“大司马内江阴公”“大司马阴公”
6	吴文华（1521—1598）	兵部尚书，正二品	68	“大司马吴公”
7	陆光祖（1521—1597）	刑部尚书，正二品	68	“大司寇平湖陆公”“大司寇陆公”
8	赵志皋（1524—1601）	吏部侍郎，正三品	65	“少宰赵公”
9	李长春（待考）	礼部侍郎，正三品	—	“少宗伯富顺李公”
10	方弘静（1516—1611）	户部侍郎，正三品	73	“少司徒歙方公”“少司徒方公”“方司徒”
11	待考	刑部侍郎，正三品	—	“少司寇张公”
12	待考	刑部侍郎，正三品	—	“少司寇武安李公”“少司寇李公”
13	王楠（待考）	鸿胪寺卿，正四品	—	“鸿胪卿无锡王公”
14	赵用贤（1535—1596）	国子监祭酒，从四品	54	“赵司成”
15	沈节甫（1532—1601）	通政司右参议，正五品	57	“通政参议乌程沈公”
16	王执礼（待考）	光禄寺少卿，正五品	—	“宗人少卿执礼”
17	王同休（待考）	光禄寺少卿，正五品	—	“王光禄”“宗人光禄”“华松光禄”
18	待考	鸿胪寺少卿，从五品	—	“薛鸿胪者”“鸿胪江阴薛生”
19	王鉴（王继山）	鸿胪寺少卿，从五品	—	“继山鸿胪”
20	汤聘尹（待考）	吏科给事中，从七品	—	“汤吏部元衡”
21	徐汝宁（待考）	刑部司官	—	“徐比部”
22	待考	刑部司官	—	“汤比部”
23	詹景凤（1532—1602）	翰林院孔目	57	“詹翰林东图”
24	待考	太学	—	“陆太学端御”
25	张献翼（1534—1604）	监生，同乡	55	“幼于”“张幼于”
26	周天球（1514—1595）	书画家，同乡	75	“公瑕”
27	待考	待考	—	“沈比曹”
28	待考	待考	—	“袁左军”

4. 16 座园林概况梳理

综合以上信息，并结合网络与其他相关方志文献，综合考证而得表 3-2。

表格中梳理了这 16 座园林的所属及王世贞对之的评语、有关园林位置的信息点（园林的大小与理水状况也是其相对位置的辅助参照信息）、园中人工构筑及其功用（文字中关于人工构筑的描述往往夹杂描述其功能）。根据全集中同种体裁文字按年代顺序编排的惯例，表格同时梳理了王世贞的游园时间与当时的活动，顾启元《客座赘语》的对比参照既可补充修正《游金陵诸园记》中的信息，也可得知这 16 座园林三十年后令人欷歔不已的变迁。

表 3–2《游金陵诸园记》中 16 座园林概况

序号	园名	所属・评语	时间・活动	《金陵诸园记》	近况
1	东园 （太傅园）	六锦衣徐缵勋 徐天赐子 最大而雄爽 壮丽为诸园甲	（1588 年三月）两次游：前游作《徐参议邀游东园有述》《咏徐园瀑布流觞处》；后游作《同群公宴徐氏东园二首》。 ……若乃席于“一鉴”，改于亭，泛于溪，则前后两游同之。前游以花事胜，后游以月胜。其清襟雅谑、飞白卷波于轻烟淡景中，复前后同也。 （同年六月）再游，作《徐二公子邀与陆司冠吴司空游东园》	一曰东园，记称近聚宝门，稍远，园在武定桥东城下，西与教坊司邻。今废坯	白鹭洲公园
2	西园 （凤台园）	四锦衣徐继勋 徐天赐三子 清远	（1588 年三月）游，作《过徐锦衣西园二首》	二曰西园，在城南新桥西、骁骑仓南。记称凤台园，误，其隔弄者乃凤台园也。今再易主，属桐城吴中丞	愚园
3	凤凰台	三锦衣徐？ 徐天赐次子	（1588 年三月） 啜主人茶一盌而出。 （1589 年）再游，作《再游凤台园》	三曰凤台园，记止称凤皇台。此中旧有一巨石，为陈廷尉载去，今废为上瓦官寺	—
4	南园	魏国公徐邦瑞 次小而靓美	（1588 年三月）游，作《饮魏公南园作》 得亭楼一，小饮其中八九行，而客俱至……主人肃客，大合三部乐，轰饮，至一鼓乃罢去……酒数行，不胜西州之感，乃起……飞数大白，乃别	四曰魏公南园，本徐八公子所创，后转入魏公，在府第对门	—
5	丽宅西园 （西圃）	魏国公徐邦瑞 华整	（1588 年九月）游，作《步魏公西园小酌时公已捐馆矣》 世子……治具于西圃而请……公居平日必一游，游必以声酒自随，取欢适而后罢去……小饮而出	五曰魏公西园，在赐第之右，多石而伟丽，为诸园之冠	瞻园

续表

序号	园名	所属・评语	时间・活动	《金陵诸园记》	近况
6	丽宅东园	四锦衣徐继勋 徐天赐三子 次大而奇瑰	（1589年四月七日）游，作《坐徐四公子锦衣东园中楼即事》《游徐四公子宅东园山池》。 主人为具甚丰，大合乐以飨，酒二十余行，散殽以馁从者……危楼……而登……相与咏赏，佐以酒炙，久之乃下……所至皆有酒脯以佐其胜，寻暝色起，弦管发，主人布几于楼之下，再张宴于堂，酬酢久之，街鼓动矣	六曰四锦衣东园，在东大功坊下	—
7	万竹园	徐邦宁孽子	（1588年三月）游，作《汤比部詹内翰邀同少司徒方公游徐公子万竹园，时主人以疾不见》。 主者…辞疾不出，使人具茗焉……汤詹皆能饮，詹酒后耳热谈天……老而能作洛生咏，呜呜动人，皆浮白之一助也，酩酊始别	七曰万竹园，在城西南隅，地大皆种竹，今为王计部、张太守、许鸿胪分有之	—
8	三锦衣北园	三锦衣徐? 徐天赐次子 次小而靓美	（1588年五月二十五日）游，作《魏府三锦衣北园同方司徒宴游作》。 主人严服肃客荐茗……置酒堂中，十余行，三饭皆有侑……得一楼而憩……复泛大白十余行	八曰三锦衣北园，在府第东弄之东	—
9	金盘李园	魏五公子 徐邦庆 大较魏氏诸园此最宽广而不为伦列，得洛中遗意	（1589年三月十二日至四月七日间）游，作《游徐五公子金盘李故园》	九曰金盘李园，在下忠贞庙西，今废圮	—
10	徐九宅园	魏公叔徐廷和	（1589年三月十二日）游，作《徐九公子园亭即事》。 邀余……为牡丹之会……五日之内，为会者三……主人小设酒茗而已，俄复肃客……登楼而饮……主人俱席于堂	十曰九公子家园，在府第对门	—

续表

序号	园名	所属·评语	时间·活动	《金陵诸园记》	近况
11	莫愁湖园	魏公叔徐廷和 景为最胜	（1588年闰六月十八日）游，作《游莫愁湖徐氏庄》。 ……置酒于中，楼……纵目无所碍……呼酒甚畅。 （1589年）再游，作《游徐氏莫愁湖故园》	十一日莫愁湖园，在三山门外莫愁湖南，今圮	莫愁湖公园
12	同春园	属故齐藩之孽孙 自中山诸邸之外独同春园可称附庸	（1588年三月）游，作《同乡诸君宴朱王孙同春园》 多牡丹、芍药，当花时烂漫百状，大足娱目	十二日同春园，齐王孙所创，在南门内沙窝小巷，今为他人分据	—
13	武定侯故园	武定侯郭英 园竹在万竹园上	（1588年五月二十五日）游，作《武定侯故邸竹园》	十三日武定侯竹园，在竹桥西、汉府之后	—
14	市隐园	姚淛（元白）	（1588年五月底）游，作《雨中过姚氏故园，与周公瑕张幼于詹东图戚不磷分韵得春字，时公瑕旧游之地将五十年矣》。 一轩中颇敞，出古画墨迹之类……评骘少时，苦茗佐胜……坐阁中，雨复琅琅……主人酒炙乃不时至……余与薛各有所携壶榼，且酌且谈，移时而主人之俱至，则颇腆相与尽，适而别，得诗一章。 后作《追补姚元白市隐园十八咏》	十四日市隐园，在武定桥油坊巷，即姚元白所创者。今南半为元白孙宪副允初拓而大之，北半为故侍御何仲雅，改名足园矣	—
15	武氏园	宪副武君之弟太学某	（1588年五月六日）游，作《端阳后一日，薛鸿胪邀宗伯二司寇司农游武氏园即事》。 姜公、陆公谈，余与李公饮，方公湛然其间，两不违性，近暝而散	十五日武氏园，在南门内小巷内。记称武宪副之第，非，乃宪副之叔名易者，今数更主	—
16	杞园	王贡士	（1588年四月）游，作《赵司成邀同王光禄赏王贡士园芍药，前是已醉牡丹下矣，芍药尤盛丽可爱，赋此与之》 《宗人光禄、华松鸿胪王继山邀余于王贡士园看牡丹，后复同光禄看芍药，戏成一绝》	十六日王贡士杞园，在聚宝门外小市西之弄中，其北门俯城壕，贡士官县令	—

第二节 空间定位

《游金陵诸园记》中园林为明末南京城市景观的一部分，王世贞作为游览者，常据自己由城市入园林的行进路线，介绍园在城中的位置，如“在郡城南稍西，去聚宝门二里而近”，“去石城门可一里而近”，“出三山门，不数百步而近其园”，“在聚宝门之西可半里，度委巷转至其处。门对大河，河之北为帝城”。园记的字里行间，也会透露园林与其他景观或园林之间的方位关系，如“‘万竹园’与‘瓦官寺’邻，……不百武抵园”，“主人之右方园尤丽，即鬻于魏公所谓南园者也”等。在此，资借相关文献的左右互证，文中的 16 座园林可约略定位。

现将文中所涉古迹的方位考证文字录于下。

凤凰台（骁骑仓、瓦官寺）：

凤凰台，晋瓦官阁之南，其地在秦淮南，连小长干，阁在骁骑仓内，台在其右，凤游寺之南。[1]

明初夺寺（瓦官寺）基为骁骑仓，半入徐中山王园。万历中僧圆梓募赎其地，复创刹宇，寺旁有集庆庵。嘉靖中，诏毁私刹，僧以瓦官扁其庐得免。土人因其在山下谓之下瓦官，而以本寺为上瓦。官殿左有凤凰台，焦竑更名曰凤游寺，以在中山王西园中，遂为徐氏家庵。[2]

---

[1] [明] 易震吉．秋佳轩诗余．明崇祯刻本：卷九．

[2] [清] 刘世珩．南朝寺考．清光绪三十三年刻聚腋丛书本：卷二．

大功坊（赐第）：

大功坊东抵秦淮，西通古御街。[1]

中山王相传乃关云长后身，大功坊内赐宅，在胜国时是关庙地基。[2]

古御街，在内桥南，直抵聚宝门（上元、江宁以此街分界）。[3]

徐达宅在上元县南大功坊，左带秦淮，右通古御街，明洪武初赐第于此。[4]

卞忠贞庙：

卞忠贞庙在鸡鸣山之阳。[5]

汉府：

汉府者，洪武初封陈友谅子理为汉王，建府西华门外，后徙高丽。永乐中封子高煦为汉王，亦居之。旋以反诛。清初改为织局。[6]

另有"沙窝小巷""小市西"待考。

同春园因"沙窝小巷"待考，只能暂定位于城西南隅。

顾氏文中言"王贡士杞园在聚宝门外小市西之弄中"，"小市西"疑为"小市口"。《肇域志•卷四》曰："小口市在聚宝门外，来宾桥西，当安德驯象街口，一名小市口。"在《金陵四十景图像诗咏》中的"长干春游"中可见"小市口"（图 4-9）。

---

[1] [明] 陈舜仁．万历应天府志 [M]．明万历刻增修本：卷十六．

[2] [明] 周晖，撰．张增泰，点校．金陵琐事，续金陵琐事，二续金陵琐事 [M]．南京：南京出版社，2007：22.

[3] [清] 顾炎武．肇域志 [M]．清钞本：卷五．

[4] [清] 穆彰阿，等．大清一统志 [M]．四部丛刊续编景旧钞本：卷七十四．

[5] [明] 李贤．明一统志 [M]．清文渊阁四库全书本：卷六．

[6] [清末民初] 陈作霖，[民国] 陈诒绂，撰．金陵琐志九种 [M]．南京：南京出版社，2008：380.

另，武氏园位置有上下矛盾之处。从行文来看，武氏园在城西南隅，位于瓦官寺西南里许："……从瓦官寺……乃西南行里许，得武氏园"，然文中又言："菉竹外护，滮延袤不能数十尺，……盖青溪所借流也。"又涉及青溪，不知是否为误记，暂存疑。

综合以上信息，诸园在南京 1910 年实测地图上定位如图 3-3 所示。

由分布图可见，莫愁湖园与杞园分别在三山门、聚宝门外不远，武定侯园与金盘李园在城中部，余皆位于城南。

明清南京本地精英多居城南，"秦淮烟月尊前映，钟阜晴雪掌上看"，绅士阶层对这一区域青睐，并形成特定社交圈，所谓"游士豪客，兢千金裘马之风"。亦与顾起元《风俗》一文所言的城南秦淮两岸的官绅居住区相合，是为"世胄宦族之所都居也"。

大功坊一带 5 座中山王园，其中 2 座为魏国公所有（傍宅园"西圃"与宅第对街的"南园"），其余 3 座亦属傍宅园。大功坊为徐达明初赐第之所，其后人宅第聚集于此。

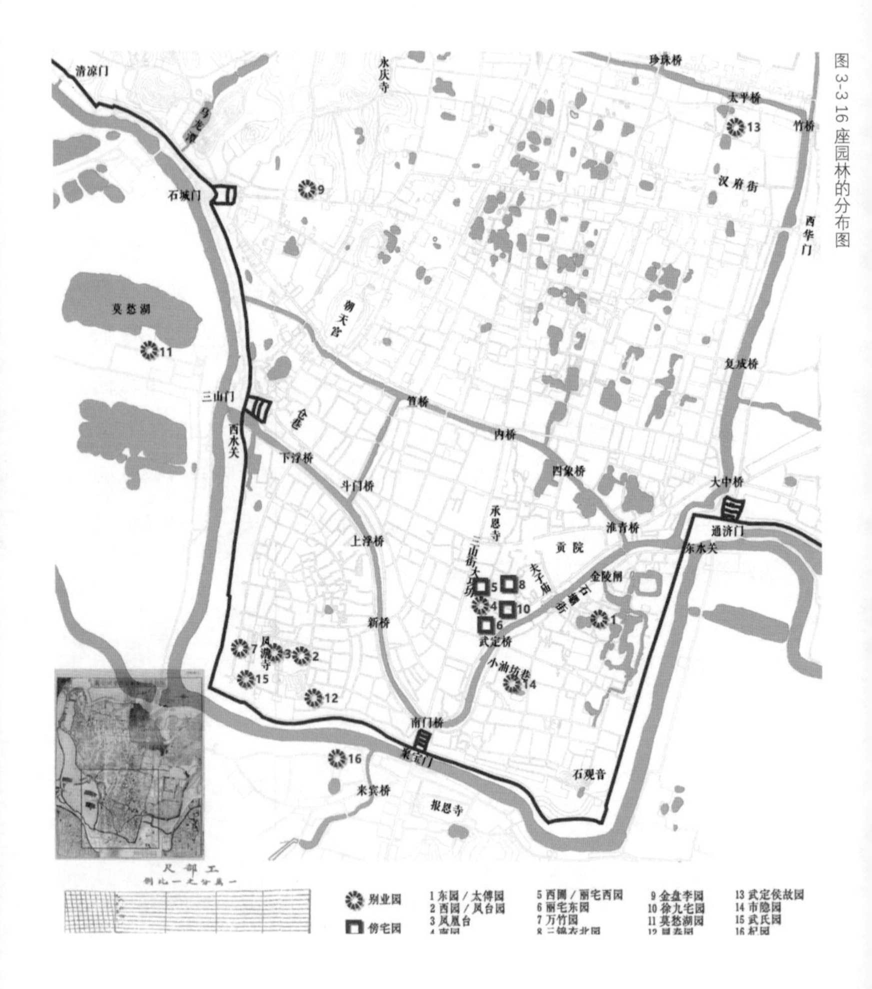

图 3-3 16 座园林的分布图

图 3-4 门西地区现状高程分析图

城西南（即今日俗称的“门西”地区）集中了 5 座园林。“门西”地区有高岗（花露岗，图 3-4），有名胜（凤凰台、瓦官寺等），是难得的自然与人文俱佳之所，成为达官贵人的聚居区和游览胜地。“园地惟山林最胜，有高有凹，有曲有深，有峻而悬，有平而坦，自成天然之趣，不烦人事之工。”（《园冶》）门西山林地于筑园宜，有“杏花村”，万历年间山园云集：“杏花村方幅一里内，山园据其什九。虽奥旷异规，小大殊趣，皆可游也”（顾起元，《杏村园》）。

第三节 人工构筑

“园林之胜，惟是山水二物”（《愚公谷乘》）。《游金陵诸园记》中的 16 座园林，14 座位于南京城内，不能身处自然享受风景，则只能退而求其次，从饱览山川疏阔转而追求人造自然，“一卷代山，一勺代水”，叠山理水应运而生。

在具体构筑层面，因南京明代园林实物除目前瞻园中留存一部分外，其余几乎不存。故在考证过程中，辅以明清江南园林实物留存与绘画中的园林作比对与参照。

一、叠山

（一）材料

山石的采集、运送、堆叠，均所费不赀，惟财力雄厚方能成就规模可观的叠山作品。经济能力欠佳的贫士，如李渔建议，可以不做假山；若一定要做，则可以选择以土代石之法，土的占比越多，花费亦相较愈少[1]。

[1] 《闲情偶寄》曰：“贫士之家，有好石之心而无其力者，不必定作假山，……用土代石之法，既减人工，又省物力，且有天然委曲之妙。”

11 座中山王园，除凤凰台（形胜）、万竹园（竹胜）、莫愁湖（湖景胜）这三座园林，本身自然环境优越，余皆叠石为山成为园景之一；其余 5 座士大夫园林，仅提及同春园有土石山一座（“**垒土石为山，逶迤下上，有亭台馆榭之属**”）。王世贞品评所述的这 16 座园林，认为“自中山王邸之外，独‘同春园’可称附庸”，园中叠山的有无、好坏应当亦是王氏品评园林高下的标准之一。

《游金陵诸园记》中所述叠山，石多土少为主流。现存苏州园林亦是以石多土少的假山数量居第一，“其结构可分为三种：第一种，山的四周与内部洞窟全部用石构成，而洞窟很多，山顶的土层比较薄……第二种，石壁与洞虽用石，但洞较少，山顶和山后的土层亦较厚……第三种，四周及山顶全部用石，但下部无洞，成为整个的石包土”[1]。

[1] 刘敦桢．刘敦桢全集：第八卷 [M]．北京：中国建筑工业出版社，2007：15.

关于石山的叠石材料：西园有太湖石、宣石、锦川石、武康石（垒洞庭、宣州、锦州、武康杂石为山）；西圃有太湖石、武康石、玉山石。余未提及。

1. 太湖石

产于洞庭山，"以高大为贵，惟宜植立轩堂前，或点乔松奇卉下，装治假山，罗列园林广榭中，颇多伟观也"（《园冶》）。

2. 宣石

产于安徽省南部宣城、宁国一带山区，"其色洁白，多于赤土积渍，须用刷洗，才见其质。或梅雨天瓦沟下水，冲尽土色。惟斯石应旧，逾旧逾白，俨如雪山也"（《园冶》）。

3. 锦川石

产于辽宁省锦州市城西，"斯石宜旧。有五色者，有纯绿者，纹如画松皮，高丈余，阔盈尺者贵，丈内者多"（《园冶》）。

4. 武康石

"武康石大而近粗，青石出黄山桥，蛮石出乔木山。"[1]

5. 玉山石

产于江西省上饶市玉山县。《云林石谱》："石出溪涧中，色清润，扣之有声，采而为研，颇锉墨。比来裁制新样，如莲杏叶，颇适人意。"

[1] 湖州府志 [M]. 明万历刻本：卷三.

（二）风格

中山王园理山者，东、西二园于池上理山，水石并胜；余亦皆于山址凿曲池微沼，宛曲环绕于其间，并设“峰、峦、洞壑、亭榭之属”，呈现以水、洞结合为特色的叠山风格。与计成《园冶》的“池山”条目相合[1]。

《游金陵诸园记》详细描绘了丽宅东园、三锦衣北园、金盘李园中的三座假山。

1. 丽宅东园

“兹山周幅不过五十丈，而举足殆里许”，按明代营造尺制，每尺合今 0.3178 米，十尺一丈，约略算得该山占地面积近三亩[2]。假山内设“石洞”“水洞”，有“亭”。

而所尤惊绝者，石洞凡三转，窈冥沉深，不可窥揣，虽盛昼，亦张两角灯导之乃成步，罅处煌煌，仅若明星数点。吾游真山洞多矣，未有大逾胜之者。水洞则清流泠泠，傍穿绕一亭，莹澈见底。朱鳞数十百头，以饼饵投之，骈聚跃唼，波光溶溶，若冶金之露铓颖。兹山周幅不过五十丈，而举足殆里许，乃知维摩丈室容千世界，不妄也。

[1]《园冶•池山》：“池上理山，园中第一胜也。若大若小，更有妙境。就水点其步石，从巅架上以飞梁；洞穴潜藏，穿岩径水；峰峦飘渺，漏月招云；莫言世上无仙，斯住世之瀛壶也。”
[2] 李燮平，常欣．元明宫城周长比较 [J]．故宫博物院院刊，2000（5）：43-48.

1）石洞与水洞

在这约三亩大的假山中，石洞大至三转，窈冥沉深需“张两角灯导之乃成步”，并与水洞相结合，而水洞“傍穿绕一亭”，如此组合设置，亦可想见此山之大。

现存苏州园林中的假山通常设一洞，石洞与水洞相连仅有恰隐园这一孤例：“恰隐园的小林屋洞，洞中积水为池，有曲桥导入洞内，较为别致。”[1]

文中言丽宅东园“次大而奇瑰”，作为一傍宅园，面积仅次于“最大而雄爽”的东园，乃“东园公”徐天赐爱子徐继勋“尽损其帑，凡十年而成”，其奢费可想。山的体量倒也与园相称：“吾游真山洞多矣，未有大逾胜之者”。王氏游后又作《游徐四公子宅东园山池》，诗云：

侯家楼馆胜神仙，况尔烟峦四接连。

平临绝壑疑无地，忽蹑危梯别有天。

虬洞转深能瞑昼，鱼波竞皱欲赪渊。

支颐政尔耽幽赏，无奈笙歌引画筵。

“烟峦四接连”一句再印证石洞三转后又接水洞的设置。

2）亭与山水结合

有亭的叠山于现存江南园林中常见。如扬州个园筑于山水之间的清漪亭及筑于叠山上的亭。

[1] 刘敦桢．刘敦桢全集：第八卷 [M]．北京：中国建筑工业出版社，2007：11.

2. 三锦衣北园

山有磴道（“蹑级而上，宛转数十武”）、“石桥二”“曲洞二”，山上有楼，山尽有水亭。

始由山之右，蹑级而上，宛转数十武，其最高处得一楼而憩。……自是东其实，下上迤逦，皆有亭馆之属；伏流窈窕穿中；石桥二，丽而整；曲洞二，蜿蜒而幽深。益东，则山尽而水亭三楹出焉。

1）磴道

假山设磴道，有转折。其做法在江南园林中属常见：“假山无论高低，其磴道的起点两侧，每用竖石，一高大，一矮小，以产生对比作用。竖石的体形忌尖瘦，轮廓以浑厚为好。磴道转折处，其内转角亦用同样方法处理。”具体如留园中部涵碧山房西侧磴道，或拙政园内的磴道。

2）石桥

假山中的桥在现存江南园林里有两种做法：或于“谷上架空”，如个园秋山、环秀山庄假山；或“于绝壁下建低压水面的曲桥……衬托石壁使之显得更为高耸”[1]，如艺圃的假山曲桥、瞻园北部假山曲桥（图 3-5）。

1960 年代刘敦桢整修南京瞻园（即《游金陵诸园记》中“西圃”者），认为“园中北池周围的湖石石岸、石矶及北山部分叠石均有较高水平，可能仍为明代之旧物，……（北山）上砌陡峭石壁，下建临水低桥，都是当时造园中的优良手法”[2]。

[1] 刘敦桢．刘敦桢全集：第八卷 [M]．北京：中国建筑工业出版社，2007：16-17.
[2] 同 [1]：67.

图 3-5 瞻园北部假山及曲桥

3）山上筑楼

山上筑楼的做法亦于江南园林中常见。楼本身的高度加上地势的优势，登高望远，景致不殊。具体如豫园湖石假山上的楼阁，或拙政园建于土石相间的假山上之浮翠阁。

4）水亭

所谓水亭，当指筑于水中的亭。《游金陵诸园记》中“水亭三楹”的做法在现存苏州古典园林中不及见，明代绘画中倒是常有。如画家周臣（1460—1535）的《水亭清兴图》，图中水波荡漾，茅亭三楹筑于水上，中有一人凭榻而坐。

现存江南园林中，如个园清漪亭、狮子林里的水亭建于水中；拙政园的塔影亭则临水而筑，休憩于亭内，如置身山水间，且亭富有特色的造型与水中倒影相映成趣。

3. 金盘李园

假山设于堂后，高 2.5 米至 3 米间（“寻丈”泛指八尺到一丈，笔者按），许是考虑与堂的距离近而不宜过高。假山依墙而建，并且绵延至墙的另外一侧；山址有曲水流觞，山麓为亭，亭下设一小洞。如《园冶》言：“（洞）上或堆土植树，或作台，或置亭屋，合宜可也。”

堂之阴，叠石为山，高不寻丈，具体而已；其址皆凿小沟，宛曲环绕，可以流觞，而不知水所从出处；山之麓为亭，亭下为洞，洞不能五六尺。倚墙而窦，竹扉蔽之。或云墙后复有山，山之中有池，当是流觞之水之委也。

扬州小盘谷中假山雄奇峭拔，素有“九狮图山”美誉，与金盘李园中的描述颇为相类：小盘谷园基为南北长、东西窄的长条形，假山与建筑各自依东西墙，中设水池；靠东墙而建的假山上设平台，建六角亭，山内建石洞，曲桥可达。

综上所述，《游金陵诸园记》中园林的叠山特色与大约同时期的《园冶》《闲情偶寄》等文献中所载的有关造园堆山的文字相合，与目前留存的江南园林有可对照之处，当然也有个别地方或时代的特殊做法。因文中园主人皆为权贵，地位显赫，且经济实力雄厚，园中叠山繁复，规格较高，“维摩丈室容千世界”，代表了明末江南一带的较高水准，以致宦游多年的王世贞也发出“吾游真山洞多矣，未有大逾胜之者”的感叹。

刘敦桢考证瞻园北山为明代遗物，制高点 5 米余。1961—1964 年的瞻园整修工作，对“山南西侧贴近池面的四折石板平桥，东侧峭拔的石壁和壁下的石径，东南角缓缓伸入池面供游人亲水的两层三角形石矶，山中的数条错落的磴道，山巅的平台和旱桥，山腹内幽深峡谷和‘盘石’‘伏虎’洞穴”，均严加控制，保存了其原真性[1]在。此期间所做调研笔记中，刘敦桢认为瞻园“北山下临水建石矶二层。除上层供交通往来，其下层石矶于水位低落时即露出池面，高低参错，不一其伏。而水位高时则可隐约掩见于波光水影之中，极富景观变化与自然情趣。此种手法，在我国各地园林中尚属罕见”[2]（图 3-6、图 3-7，现状俯瞰图中，中下部的水面与假山石即为明代留存）。

1588 年 9 月魏国公徐邦瑞去世，世子徐继志请王氏写墓志铭，“以志铭见属”，王氏应邀“强往”游西圃；意不乐而游匆匆，假山亦简略带过。从上下文看，西圃假山在当时 11 座公侯园中不属突出，其目前留存叠山规模与手法，足令后人想象明中期南京公侯园中的叠山盛况。

[1] 叶菊华．刘敦桢•瞻园 [M]．南京：东南大学出版社，2013：51.

[2] 刘敦桢．刘敦桢全集：第五卷 [M]．北京：中国建筑工业出版社，2007：67.

图 3-6 瞻园假山之石矶

图 3-7 瞻园现状俯瞰

（三）石峰

现存江南一带的园林中，石峰一般罗列山上，亦可置于厅前、院内、道侧与走廊旁，结合古树、杂卉，成为一景。《游金陵诸园记》中重点提及两座园林中的三座石峰。

1. 西园

西园内有"紫烟"与"铭石"二古石，历史皆可追溯至宋朝。其中"紫烟"为北宋遗物，又称"鸡冠"，色苍白，最高"垂三仞"。"仞"为周尺八尺或七尺（周尺一尺约合 23 厘米），算得"紫烟"约 5 米高。

（栝子松）下覆二古石，曰"紫烟"，最高垂三仞，色苍白，乔太宰识为平泉甲品曰"鸡冠"，宋梅挚（994—1059，宋仁宗时进士，笔者按）与诸贤刻诗，当其时已赏贵之，曰"铭石"；有建康留守马光祖（约 1201—1270，与范仲淹、王安石齐名的宋朝名相，笔者按）铭二，石痹于"紫烟"，色理亦不称。

"吾国旧时文人爱石成癖，远在春秋时代即已开端。……文人对顽石师友神游，至北宋已无顾忌。"[1] 北宋杜绾的《云林石谱》汇载石品 116 种，是流传颇广的奇石专著，记录并展示了传统文人士大夫对于天然奇石的审美情趣。宋徽宗赵佶（1082—1135），倾竭人力物力搜罗天下奇石异卉，建御苑艮岳，政和七年（1117）兴工，宣和四年（1122）竣工。其所绘《祥龙石图卷》，湖石玲珑剔透，凹凸有致，体现其对石峰的审美趣味，亦很可能为"艮岳"中的实物。

[1] 详见：石与叠山 [M]// 童寯．童寯文集（一）．北京：中国建筑工业出版社，2000：205.

图 3-8 瞻园『仙人峰』

图 3-9 瞻园『倚云峰』

目前瞻园（西圃）中依旧留存有宋代花石纲遗物——“仙人峰”与“倚云峰”（图 3-8、图 3-9）。其中“仙人峰”置于现瞻园的入口庭院处，“倚云峰”设在“桂花院”内 [1]。

---

[1] 叶菊华．刘敦桢•瞻园 [M]．南京：东南大学出版社，2013：46.

2. 丽宅东园

丽宅东园中的石峰，高可比"到公石"，"玲珑莫可名状"，运费即已惊人。

（广庭）前亦有月榭，以安数峰，中一峰高可比"到公石"，而不作殭嵌空，玲珑莫可名状。问之主人，目余："此故公郡中物也，往年公郡中人艰食，而吾幸有余米，故亟得之，然道路之费已不赀矣。"

到溉（477—548）为南朝梁代文学家，居第斋前山池中置奇石，梁武帝与其赌石，溉输，帝取石置于御园中，所谓"到公石"即此也。"一丈六尺"，约有 5 米多高[1]。

现存苏州园林中著名石峰有苏州原织造府内的瑞云峰（现在苏州第十中学校园内），位于小池中，高 5.12 米。留园中的冠云峰亦为北宋遗物，秀媚雄浑，高度为目前留存的江南园林中湖石之最，高 5.7 米[2]。由此二者，可想见西园与丽宅东园三座石峰的规模、态势。

---

[1] [唐] 李延寿．南史．清乾隆武英殿刻本：卷二十五列传第十五"到溉传"："溉第居近淮水，斋前山池有奇礓石，长一丈六尺，帝戏与赌之，并《礼记》一部，溉并输焉……石即迎置华林园宴殿前。移石之日，都下倾城纵观，所谓到公石也。"

[2] 冠云峰底高 0.8 米，总高 6.5 米，重约 5 吨。

二、理水

明代南京城内水系纵横，桥梁密布。《游金陵诸园记》中诸园除万竹园“不能凿池引水”，余皆有或大或小的水面，类型有：“大池”“小池”“溪”“泉”“小沟”“曲池”“微沼”等等。其中涉及两种特殊做法：瀑布与方池。

1. 瀑布

东园中设瀑布。

王世贞游东园时曾作七言律《咏徐园瀑布流觞处》（详见附录二），诗曰：

得尔真成炼石才，突从平地吐崔巍。流觞恰自兰亭出，瀑布如分雁荡来。

瀑布做法，《长物志》提及两种。一是利用竹子等设施收集建筑屋面排水，预埋于假山，在雨天造成瀑布的意象；二是在高处设置水槽蓄水，客人来时即可开闸放水。第二种做法不受气候局限。

园林中欲作此（瀑布），须截竹长短不一，尽承檐溜，暗接藏石罅中，以斧劈石迭高，下凿小池承水，置石林立其下，雨中能令飞泉喷薄，潺湲有声，……亦有蓄水于山顶，客至去闸，水从空直注者。[1]

[1] [明] 文震亨，著．海军，田君，注释．长物志图说 [M]．济南：山东画报出版社，2004：105.

《园冶》所述与《长物志》第一种相类。清初李渔在南京营建芥子园，园中书房“浮白轩”后假山亦设瀑布，“雨过瀑布喧”，其做法亦为第一种[1]。

这两种瀑布做法在苏州园林中均有发现。狮子林中，“问梅阁屋顶置水柜，其北累石为瀑布四叠”，是为第二种。环秀山庄两种兼备：“环秀山庄西北角假山，利用屋顶雨水，流注池中，略有瀑布之意，……东南角假山上，于石后设水槽承受雨水，由石隙间宛转下泄”[2]。

叠石瀑布当为明中后期至清初江南一带的普遍做法。

2. 方池

16 座园中唯一一处方池，在武氏园；轩前设方池，上架平桥。

园有轩，四敞，然无所避日；其阳为方池，平桥度之，可布十席。

园主武氏于园中设“精舍，启鐍而入，堂序翼然”；又设楼，“陈张颇丽，而中供吴伟所画仙像”，是信奉佛教且好道教之人，“武静敛不涉外事，而奉佛，亦好长生之道”。

[1] 参考本书第五章考证。

[2] 刘敦桢．刘敦桢全集：第八卷 [M]．北京：中国建筑工业出版社，2007：13.

佛家奉佛与道家修炼之所皆可称“精舍”[1]。佛寺中常设方池，精舍与方池亦常组合。唐诗《题辨觉精舍》有“花阁空中远，方池岩下深”句；明诗有“竹坡先生剩幽暇，种竹成林绕精舍。舍傍引水作方池，竹底泠泠细泉泻”[2]；史载 1802 年大经学家阮元（1764—1849）曾将一奇石移立其“澹宁精舍方池中”[3]；麟庆（1791—1846）时期的半亩园中，亦可见面积很小的方池，而麟庆父子另一鲜为人知的身份为全真龙门道徒[4]。

“方池”在造园史上由来已久，有研究认为道教和风水术是宋代皇家园林中方池流行的原因之一[5]。也有研究表明，17 世纪后江南理水方式逐渐以曲水为主流，“经过张南垣和计成的创新和推动，……方池的形式被认为‘不自然’而逐渐不流行，原先同方直并存的自由式‘曲’的形态则受到特别尊崇，并更趋向自然化处理，成为当时园林理水的主流方式”[6]。

园的风格与园主的审美品位、精神理想息息相关，方池的不时出现或许应视为园主的个人选择，其背后体现的文化与宗教意涵亦值得做进一步研究。

---

[1] [明] 张萱．疑耀．明万历三十六年刻本：卷六：“晋孝武帝奉佛，立静于内殿，引沙门居之，是佛家所居，当名静舍，惟吾儒乃得名精舍及清庐耳。……干吉来吴立精舍，烧香读道书，制作符水疗病，则道家亦称精舍矣。”

[2] 诗为 [明] 鲁铎．陈竹坡寿诗分题得竹径琅玕合 //[明] 曹学佺．石仓历代诗选．清文渊阁四库全书补配清文津阁四库全书本：卷四百六十之明诗词集九十四．

[3] [清] 阮元．揅经室集．四部丛刊景清道光本：四集 • 诗卷六．

[4] 李养正．清代完颜麟庆父子与白云观：《新编北京白云观志 • 珍闻轶事志》片段 [J]．中国道教，2001（4）：13-15.

[5] 鲍沁星．两宋园林中方池现象研究 [J]．中国园林，2012，28（4）：73-76.

[6] 顾凯．重新认识江南园林：早期差异与晚明转折 [J]．建筑学报，2009（S1）：106-110.

三、建筑与布局

《游金陵诸园记》为王世贞的游园记，自是不同于现代的园林导览手册，文中描述其于游览路线、宴饮休憩停留点之所见所感，带有强烈的个人视角与主观感受，其间不存在纯粹、完整的园林景致。其描述于后人最可贵而真实的是其间描述的场景感，在具体构造层面既不完备，也不可尽信。

本节主要从王世贞游览宴饮的视角考察行文中涉及的场所。“凡园圃立基，定厅堂为主”（《园冶》）。堂是园中最主要的建筑及活动场所，王世贞作为游者，“堂”为其逗留的主要场所，《游金陵诸园记》也呈现明显的以堂周边景致为描绘重点的行文特点。以此，以堂为中心设置对景的造园规则本就是源于园林中所发生的行为而定。

（一）以“堂”为中心的组景类型

《游金陵诸园记》文中，“堂”常与“台”“月台”“坐月台”“月榭”等构筑物相组合，现将以“堂”为中心的组景类型归纳如下。

1. 堂与台

——堂前设台：

（万竹园）园有堂三楹，前为台，台亦树数峰。

（徐九宅园）厅事……益壮。前有台，峰石皆锦川、武康。

——堂后设台：

（金盘李园）门俯大街，有堂三楹……后为台。

——堂居高台：

（凤凰台）傍阜之高者曰“凤麓台”，为堂以冠之。

——堂前庭院，设台，堂后设叠山为对景：

（金盘李园）堂三楹，堂之阳为广除，其南为台，列湖石四五……堂之阴，叠石为山，高不寻丈……其址皆凿小沟……可以流觞……山之麓为亭，亭下为洞，洞不能五六尺。倚墙而宾，竹扉蔽之……云墙后复有山，山之中有池……重堂复阁可以眺而数，然不可即。

2. 堂与月台

——堂前设月台，后设山池对景：

（东园）华堂三楹……曰“心远”。前为月台数峰，古树冠之。堂后枕小池，与“小蓬山”对，山址潋滟没于池中，有峰峦洞壑亭榭之属。

——堂前庭院，设月台：

（同春园）辟广除豁然，月台宏敞，峰树掩映，“嘉瑞堂”承之。

——堂前庭院，设月台，后设亭、竹为对景：

（西园）（凤游堂）差小于东之“心远堂”，广庭倍之，前为月台，有奇峰古树之属……堂之背，修竹数千挺，“来鹤亭”踞之。

3. 堂与坐月台

——堂前设坐月台

（南园）得二门而堂，凡五楹，颇壮，前为坐月台，有峰石杂卉之属。

4. 堂与月榭

——堂前庭院，设月榭：

（三锦衣北园）五楹翼然，广除称是，为月榭以承花石。

——堂前设月榭，后设院落：

（丽宅东园）堂甚丽，前为月榭。堂后一室，垂朱帘，左右小庭，耳堂翼之。后加鐍焉，计奉其九十老母以居者也。

5. 其他组景方式

——堂前设池，以池中亭为对景：

（东园）堂五楹……曰：“一鉴”，前枕大池；中三楹，可布十席；余两楹以憩从者。出左楹，则丹桥迤逦，凡五、六折，上皆平整，于小饮宜。桥尽有亭翼然，宛宛水中央，正与一鉴堂面。其背一水之外，皆平畴老树。

——堂前庭院，设池：

（南园）堂，凡三楹，四周皆廊。廊后一楼……堂之阳，为广除，前汇一池。

（徐九宅园）厅事……前为广庭，庭南朱栏映带，俯一池，池三隅皆奇石，中亦有峰峦、松、栝、桃、梅之属。

（二）“台”“月台”“坐月台”“月榭”词义辨析

“堂”与“台”“月台”“坐月台”“月榭”等组合布置，从设计上来说，增加了空间的层次与景致的深度；从使用上来说，这类过渡空间连接着室内与自然，扩大了人活动的范围。在此，涉及这四个名词的词义辨析。

一般而言，“台”指单独构筑的高台，后叠山上的平地、与建筑前后相连的平台，也都称台，或称“月台”。台上一般无屋，即没有遮盖物，而“榭”一般指的是台上、水边、花畔的“屋”。

土方而高曰台，有屋曰榭。[1]

十年，巡海副使刘坷命增建月台于明伦堂之前。[2]

《释名》云：“台者，持也。言筑土坚高，能自胜持也。”园林之台，或掇石而高上平者；或木架高而版平无屋者；或楼阁前出一步而敞者，俱为台。[3]

《释名》云：榭者，藉也。藉景而成者也。或水边，或花畔，制亦随态。[4]

“榭”亦可指无屋之台。如《扬州画舫录》中称建筑两边起土为台，无遮蔽，称“阳榭”。

（堂、阁）两边起土为台，可以外望者为阳榭，今曰月台、晒台。[5]

[1] [晋] 郭璞，注．王世伟，点校．尔雅 [M]．上海：上海古籍出版社，2015.

[2] [明] 陈道．[弘治] 八闽通志．明弘治刻本：卷四十五“学校”.

[3] [明] 计成，原著．赵龙，注释．园冶图说 [M]．济南：山东画报出版社，2010：91.

[4] 同 [3]：95.

[5] [清] 李斗，著．潘爱平，评注．扬州画舫录 [M]．北京：中国画报出版社，2014：305.

“台”上亦可有屋。如《八闽通志》中记一高台“养和亭坜”，后改名为“翫月”，台上构屋后更名“月榭”，重修后更名“坐啸台”。

坐啸台，在逍遥堂之比，旧养和亭坜也。宋熙宁二年，郡守程师孟筑，初名翫月。宣和五年，提刑俞向以得象亭材，构屋其上，更名月榭。绍兴二年，郡守程迈重修，改今名。[1]

由此，文人行文中，“台”“月台”“坐月台”“月榭”基本无严格定义与形制，只代表一种称谓，可混用。《游金陵诸园记》中的“台”“月台”“坐月台”，皆设小型峰石于其上。词义本身的含混兼文人行文的随意，现已无从判断《游金陵诸园记》中三者是否为同一种构筑物，以及其与“堂”的具体空间关系，是相连还是相离？是否有顶覆盖？

现存苏州园林中的台一般处理为与堂相连，无顶。如拙政园“远香堂”前的平台，台上可植树（图 3-10）。

魏公西圃在后世称“瞻园”，清宫廷画家袁江（1662—1735）有界画《瞻园图》，绘“台”两种（图 3-11）。图中，中部的土石山将园分为左右两部分，图左侧“堂”前庭院的“花台”，上设峰石杂卉；图右侧，于今日瞻园“静妙堂”所在位置，有堂一座，堂后隔一段距离，临水处另起平台，台上置盆花小景。两座“堂”均为观景中心，与“台”正对。

[1] [明] 陈道．[弘治] 八闽通志．明弘治刻本：卷七十三“宫室”.

图 3-10 拙政园『远香堂』

图 3-11 清·袁江《瞻园图》中『台』的两种做法

《游金陵诸园记》中小型石峰一般结合古树、杂卉，置于堂前的“台”“月台”“坐月台”“月榭”之上，做法当与《瞻园图》中第一种花台做法相类：

（东园）（堂）前为月台数峰，古树冠之……

（西园）（堂）前为月台，有奇峰古树之属……

（南园）（堂）前为坐月台，有峰石杂卉之属……

（丽宅东园）前亦有月榭，以安数峰……

（万竹园）（堂）前为台，台亦树数峰……

（三锦衣北园）为月榭以承花石……

（金盘李园）（堂）南为台，列湖石四五……

（徐九宅园）（厅事）前有台，峰石皆锦川、武康……

（同春园）月台宏饬，峰树掩映……

花台的设置在苏州现存的历史园林中运用甚广，“常见于厅前屋后，轩旁廊侧，山脚池畔”[1]；多由湖石或黄石叠成，形式自然，如怡园藕香榭后以湖石叠出的花台（图 3-12）。

《瞻园图》中第一种用砖石砌成规则“花台”的做法，苏州园林中较为少见，现留园内明代遗留的牡丹花台与之相类（图3-13）。

仇英的《人物故事图册》，取材于历史故事、文人轶事等，在立意、形象和笔墨等方面注入自己的才思和技巧，图册的场景不会超越绘者身处的时代，是基于明代实物基础上的想象。其中的《贵妇晓妆》以殿庭为背景，画幅右下角有一规则花台，上设峰石杂卉（图 3-14）。

《瞻园图》中第二种平台做法，在现存苏州园林中不及见。规则花台、与建筑相离的平台，或许是明代园林中的一般做法。

---

[1] 刘敦桢．刘敦桢全集：第八卷 [M]．北京：中国建筑工业出版社，2007：36-37.

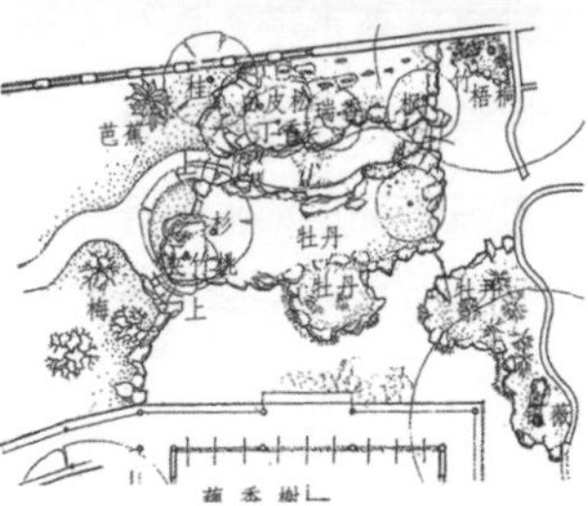

图 3-12 怡园的湖石花台

图 3-14 明·仇英《贵妇晓妆》中的规则花台

图 3-13 留园内的明代花台

第四节 社会需要

《游金陵诸园记》中王氏每游一园，记同游者，有"主之者""客与者"之分，游园时常备"酒脯以佐其胜"，有花费，"主之者"该是筹备场所、置办酒食的组织者。游园活动之中常伴雅集，游园后亦会以诗文方式详加记录。

就其游园的时间看来，综合同时期王氏游园所记的诗词文章考，以游览者身份游园的大司寇王公，其游园时间集中于农历三月至六月（暮春至季暑），仅三月所记游园者凡八次。暮春时节气温转暖，花事正盛，于室外宴游为宜；第三章第五节中探讨的别业园一般也在此时开放。园主则无所谓特定的游园时间，尤于傍宅园而言，春夏秋冬皆宜游园，具体视园中景物设置而定，其间读书评画、烹茶坐话、载酒携琴、征歌度曲等文人韵事不一而足。如魏国公世子徐继志游其宅内"西圃"，"公居平日必一游，游必以声酒自随，取欢适而后罢去，即寒暑雨雪无间也"。

"高级官员、致仕官员、公侯子弟及底层士绅构成的文化精英集团使南都成为江南文化中心。对于士大夫而言，这个城市的吸引力来自其丰富的人际资源，而获取人际资源的关键在于进入精英的社交空间以提高或巩固自己的文化与社会声望。"[1] 南京的公侯士大夫园林便是此类空间的绝佳载体，下文将从"宴饮与社交空间"的角度来考察《游金陵诸园记》中的16座园林，其间承载的活动内容对空间产生需求，影响甚至决定着园林的物质空间。

[1] 罗晓翔．城市生活的空间结构与城市认同：以明代南京士绅社会为中心 [J]．浙江社会科学，2010（7）：85-89.

一、明代南都宴集概况

1. 宴集的盛起

文人仕宦宴饮以乐助兴为传统，从南唐《韩熙载夜宴图》开宴行乐的场景中可见一斑。饮宴妓唱在明中后期为平常乐事[1]。

神父利玛窦在札记中描述万历年间国人宴饮时以乐助兴的传统之兴盛："我相信这个民族是太爱好戏曲表演了。……凡盛大宴会都要雇用这些戏班，听到召唤他们就准备好上演普通剧目中的任何一出。通常是向宴会主人呈上一本戏目，他挑他喜欢的一出或几出。客人们一边吃喝一边看戏，并且十分惬意，以致宴会有时要长达十个小时，戏一出接一出，也可连续演下去直到宴会结束。戏文一般都是唱的，很少是用日常声调来念的。"[2]

明初因政治与经济各方面原因，南都宴饮之风并不盛行。明中后期，官员多事游宴，蔚成一时风气，且以乐助兴成为常态。顾起元写《南都旧日宴集》，言南京明代初期宴集之简朴，"如六人、八人，止用大八仙棹一张"；后渐渐流行以几为席，"始设开席，两人一席"，每两人并坐一席；到了正德（1506—1521）、嘉靖（1522—1566）年间，开始以乐助兴并有仆役，"至正德、嘉靖间，乃有设乐及劳人之事矣"[3]。

---

[1] [明] 何俊良．四友斋丛说 [M]．北京：中华书局，2007：125-126："许石城言，介老请东桥（顾璘，1476—1545）日，许亦在座。堂中……后上席。戏剧盈庭，都坊乐工约有六七十人。……后数日，介老即请北京六部诸公，亦有教坊乐与戏子。"

[2] 利玛窦，金尼阁．利玛窦中国札记 [M]．何高济，王遵仲，李申，译．北京：中华书局，2010：24.

[3] [明] 顾起元．客座赘语 [M]．南京：南京出版社，2009：195.

2. 昆曲的流行

明太祖时期，南京宫内设教坊司，是专掌乐舞戏曲的演出机构；建十六楼，“以处官伎”；秦淮河南岸设“富乐院”，为倡优聚居之处。

迁都后教坊司保留，称“南教坊司”。南教坊本司官妓的职司除了承应朝廷命官的演出活动，还随时接受文人士大夫的召唤[1]。如顾璘（1476—1545）晚年致仕归里，在南京城南筑息园，“喜设客，每张宴，必用教坊乐工以弦索佐觞，最喜小乐工杨彬，常诧客曰蒋南泠所谓消得杨郎一曲歌者也”（《江宁府志》）。又如《客座赘语》：“黄琳美之元宵宴集富文堂，大呼角伎，集乐人赏之”，而徐霖（1462—1538）“七十时于快园丽藻堂开宴，妓女百人，称觞上寿，缠头皆美之诒者”。发展到后来，为方便宴客与自娱，聚集在南京的大批擅长戏曲创作且热爱观戏的仕宦文人，纷纷豢养家乐蓄起家班。潘之恒（1556—1622）《鸾啸小品》记南京西园主人家班盛况：“西园主人精于赏音，凡金陵诸郡部士女游冶，咸集其门。……客至，张屏进剧，殆无虚日。”[2]

[1] 张影．历代教坊与演剧 [M]．济南：齐鲁书社，2007：204-205.

[2] 吴晟．明人笔记中的戏曲史料 [M]．南昌：江西人民出版社，2007：224.

昆曲原为元末的昆山腔，是元明南戏四大声腔之一。明中期经戏曲音乐家魏良辅（1489—1566）的改良革新，并在梁辰鱼（1519—1591）、张凤翼（1527—1613）等剧作家的努力下，昆曲于明中后期逐渐盛行，成为戏曲中最流行的声腔，“四方歌曲必宗吴门”（徐树丕《识小录》），并延续二百余年。顾起元“戏剧”一则，描述万历前公侯、缙绅及富家宴集时唱曲演戏的情形，“凡有宴会、小集多用散乐，……大席，则用教坊打院本”，及至万历，昆山腔逐渐取代北曲、海盐腔，在南京的上层社会流行[1]。

---

[1] [明] 顾起元．客座赘语 [M]．南京：南京出版社，2009：261：“南都万历以前，公侯与缙绅及富家，凡有宴会、小集多用散乐，或三四人，或多人，唱大套北曲，……若大席，则用教坊打院本（即演杂剧），乃北曲大四套者，……后乃变而尽用南唱，歌者只用一拍板，或以扇子代之，间有用鼓板者。今则吴人益以洞箫及月琴，声调屡变，益为凄婉，听者殆欲堕泪矣。大会则用南戏，其始止二腔，一为弋阳，一为海盐。……今又有昆山，……士大夫禀心房之精，靡然从好，见海盐等腔已白日欲睡，至院本北曲，不啻吹篪击缶，甚且厌而唾之矣。”

3. 作为宴集社交场所的园林

士大夫举行宴集的场所，除公署、私室之外，更多在名刹、园林中[1]。明初宫廷画院代表人物谢环（1346—1430）绘《杏园雅集图》，雅集参加者均为当时朝廷大臣[2]。士大夫有正襟端坐，也有在湖石、幽篁和花木掩映中饮茗、观画、博古，仆从或伫立而侍，或环伺周围。

嘉靖六年（1527）文徵明与陈沂等人雅集东园，后绘《东园图》（1530）。此东园即王氏《游金陵诸园记》中的“东园（太傅园）”，在王氏游园半个世纪之前。画卷中的东园松柏苍翠，花草芳馨，亭台榭阁错落，湖石点缀其间。画卷右段，灰衫与红衫两文人在通往园门的鹅卵石径上相会，一仆携琴尾随。画卷中段，堂内四文人品诗赏画，一童手捧卷轴恭候侧旁，堂外一仆手托茶盘。画卷左段，倚岸水榭中两文人对弈；对岸竹篁小径，一仆持盘送茶（图 3-15）。

明代中晚期政治、经济、文化激变，文人这一有闲阶层社会交往活动空前频繁，显宦名流纵情娱乐、交游消遣。宴饮、品茗、听歌度曲、谈诗论文等成为文人社会交往生活的日常。园林是这类活动地点的不二之选。1588—1589 年间王世贞笔下的这 16 座名园，正是承载文人士大夫这类文化精英社交与娱乐的空间场所。而于园主人而言，尤其是公侯士大夫阶层的园主，将精心设计的园林供“外人”游览，是其人际网络中的重要一环，“更具有文化象征意义与社会功能”[3]。

---

[1] 参见：雷子人．“雅集图”与明代文人 [J]．美术研究，2009（4）：30-32.

[2] 详见：卢志强．名臣巨制：谢环《杏园雅集图》研究 [J]．国画家，2015（4）：61-62.

[3] 巫仁恕．江南园林与城市社会：明清苏州园林的社会史分析 [J]．“中央研究院”近代史研究所集刊，2008（9）：7.

图 3-15 明 • 文徵明《东园图》

1588 年闰六月，赴南京任职百余日后，王世贞作绝句云："侯门犹自斗豪华，一宴中人产一家"，又云："长夏辕门解甲时，轻衫十万羽林儿。不知一半耕农死，饱饭城头日日嬉"[1]。

历史上的万历十六年（1588）为全国性的灾荒年，黄河以西因饥饿暴发流行病，留都开春亦是瘟疫流行。戏曲家汤显祖（1550—1616）时任南京詹事府主簿，作诗云："钟陵今若何，帝都非可问。白骨蔽江下，赤疫骈门进"（《寄问三吴长吏》）[2]。

如此，亦表明园林这类场所在其时城市生活中鲜明的阶级性。

[1] 详见《弇州山人四部续稿》卷二十五"诗部"之《余自三月朔抵留任，于今百三十日矣，中间所见所闻有可忧可悯可悲可恨者，信笔便成二十绝句，至于适意之作十不能一，亦见区区一段心绪况味耳》。

[2] 龚重谟．汤显祖大传 [M]．上海：上海人民出版社，2015：119-120.

二、宴集的空间需求

1. 饮酒

王氏《游金陵诸园记》中士大夫游园，或因“花事”，或因“月”，或游“山池”，或咏赏胜景，清襟雅谑之余，皆“佐以酒炙”，美食佳酿几为游园必备。文中“小饮八九行”“酒数行”“酒二十余行”“轰饮”“呼酒甚畅”“飞数大白”等语频出，直至“小饮而出”，或至“酩酊始别”。

文人雅集大致始自魏晋时代，雅集筵宴以酒饮为多。宋《夜宴图》取材唐代十八学士夜宴的典故。图中以园林为背景，学士们围坐八仙桌旁，秉烛夜饮，或不胜酒力，或酒兴未尽，仆从们环侍四周。

“从饮酒习惯上看，国人喝黄酒时，大都喜欢热饮，就是喝烧酒，通常也会把酒烫热。”[1] 茶、酒的热饮习惯对器具、场所提出了相应的要求。清沈复《浮生六记》记文人贫士“菜花黄时”游园，苦于“携盒而往，对花冷饮，殊无意味”，为求“对花热饮”，众人集资，“各出杖头钱”，并由沈复妻“以百钱”雇卖馄饨者担其担同往，“烹茗”“暖酒烹肴”，最后“杯盘狼藉，各自陶然，或坐或卧，或歌或啸”，尽兴而归[2]。张岱在《西湖七月半》中记载在船上看月的文人雅士，携暖炉、茶铛等器具温热酒、茶：“小船轻晃，净几暖炉，茶铛旋煮，素瓷静递，好友佳人，邀月同坐……”[3]

---

[1] 王赛时．中国酒史 [M]．济南：山东大学出版社，2010：341.

[2] [清] 沈复，等著．金性尧，金文男，注．浮生六记 [M]．上海：上海古籍出版社，2000：63-64.

[3] [明] 张岱，著．夏咸淳，程维荣，校注．陶庵梦忆．西湖梦寻 [M]．上海：上海古籍出版社，2001：111.

图 3-16 明•谢环《香山九老图卷》局部

士大夫阶层的游园规格，无论器具、场所还是仆从，都远在此之上。在谢环另一幅描绘文人园中雅集的画中，四文人于轩内吟诗，轩外的湖石假山旁放置一食盒，石凳上堆叠餐具，仆从正在打理茶炉、侍奉茶酒（图 3-16）。

2. 品茗

王氏《游金陵诸园记》中游园，茶也不可少，“啜主人茶一碗”（主者）使人具茗”“肃客荐茗”“小设酒茗”“苦茗佐胜”等等。

明代文徵明嗜茶，“吾生不饮酒，亦自得茗醉”。《惠山茶会图》描绘正德十三年（1518）清明，文徵明同好友蔡羽、汤珍、王守、王宠在无锡惠山的一次茶会[1]。画幅左侧古松下为备茶处，茶几上摆放着各式精致茶具，茶灶上正在煮茶，两小童一摆茶一烹茶。

明代文人雅士流行茶寮之制，即在园居主要建筑旁开辟侧室，以便随时与友人饮茶畅谈。陆树声（1509—1605）《茶寮记》曰：

园居敞小寮于啸轩埤垣之西，中设茶灶，凡瓢汲罂注濯拂之具咸庀。择一人稍通茗事者主之，一人佐炊汲。客至则茶烟隐隐起竹外。其禅客过从予者，每与余相对，结跏趺坐，啜茗汁，举无生话。

“构一斗室，相傍山斋，内设茶具，教一童子专主茶役，以供长日清谈，寒宵兀坐；幽人首务，不可少废者。”（《长物志·茶寮》）文徵明《茶事图》（图3-17）再现这种明代流行的“茶寮”式饮茶方式。图中绘青山脚下两间茅屋，左边主屋中，主人与友人饮茶畅谈，几案上摆放着茶壶、茶碗等茶具；右边侧屋中，一仆蹲在炉前吹火煮茶，其身后案台上茶具隐约可见。

[1] 高敏．三幅传世茶题材绘画赏析[J]．东方收藏，2012（3）：28-29.

图 3-17 明 • 文徵明《茶事图》局部

综上，茶寮（侧室）设于厅、斋、轩等建筑旁，其内器具讲究（茶灶、茶盏、茶注、茶臼、拂刷、净布、炭箱、火钳、火箸、火扇、火斗、茶盘、茶橐等等）[1]，有仆“专主茶役”，此种园居布置实为明代文人生活方式的直观体现。

[1] [明] 高濂，著．王大淳，李继明，戴明娟，等整理．遵生八笺 [M]．北京：人民卫生出版社，2007：201：“侧室一斗，相傍书斋，内设茶灶一，茶盏六，茶注二，余一以注熟水。茶臼一，拂刷净布各一，炭箱一，火钳一，火箸一，火扇一，火斗一，可烧香饼。茶盘一，茶橐二，当教童子专主茶役，以供长日清谈，寒宵兀坐。”

3. 昆曲

《游金陵诸园记》中宴饮常以乐助兴，如"主人肃客，大合三部乐""大合乐以飨""寻暝色起，弦管发"等，并和韵作诗。

"三部乐"原为词牌曲调，"此调见宋苏轼《东坡词》。《唐书·礼乐志》：明皇分乐为二部。堂下立奏，谓之立部伎。堂上坐奏，谓之坐部伎。又酷爱法曲，选坐部伎子弟三百，教于梨园为法曲部。三部之名，疑出于此"[1]。宋画《十八学士图》中绘文人在园林中宴饮赏曲的场景。

明中后期伴随着昆曲流行，文人士大夫积极参与昆曲创作，征歌度曲成为这一阶层的一种生活方式，也成为宴集时的主要选择。王世贞被认为是著名昆曲剧本《鸣凤记》的作者。综合以上信息，可推测《游金陵诸园记》文中的弦管应该是当时流行的昆曲。昆曲音乐主要以宋词音乐为基础，此处的"三部乐"为昆曲曲牌[2]。

[1] 严建文．词牌释例 [M]．杭州：浙江古籍出版社，2012：300.

[2] 曲牌牌名来源不一，有以地名命名，有以曲牌节拍或节奏特点命名，有以乐曲曲式结构命名，有以来源命名，"三部乐"是以乐曲曲式结构命名曲牌牌名。详见：葛玉莹．青少年应该知道的昆曲．济南：泰山出版社，2012：31.

三、园中的宴集场所

园中宴集场所的选址需要考虑向外的景观，其内部的空间则需考虑设宴、观剧等活动需求，《游金陵诸园记》中所涉的宴集场所主要有：

1. 堂

参考前文所引顾起元的《南都旧日宴集》，王世贞所处时代，宴饮以几为席，酒茗皆备，并设乐助兴。《游金陵诸园记》中“堂”（“轩”）是为设置宴饮的主要场所：“张宴于堂”“置酒堂中”“具席于堂”。《长物志》亦曰：“堂之制，宜宏敞精丽，前后须层轩广庭，廊庑俱可容一席”。

《游金陵诸园记》中王世贞对“堂”的关注点往往不在其外形，而在其可布几席，亦即宴饮空间的大小，如他描述东园的“一鉴堂”，提及大小为“五楹”，中间三开间，可布“十席”，两侧两开间可供侍从们休息：

（东园一鉴堂）中三楹，可布十席；余两楹以憩从者。

（万竹园）堂左厢三楹，亦可布席。

（武氏园）轩，四敞，然无所避日；其阳为方池，平桥度之，可布十席。

作为园林中主要的宴饮场所，对堂内往外的景观有要求，以“堂”为中心的组景设置是必然。

2. 楼

除“堂”外，文中宴饮场所还有“楼”。园中楼阁，更因其高度独具景观优势。

（南园）得亭楼一，小饮其中八九行。

（丽宅东园）布几于楼之下。

（三锦衣北园）得一楼而憩……复泛大白十余行。

（徐九宅园）登楼而饮。

3. 亭

园中亭，因其多变的造型本身便成园景，设于山水间，“亭翼然……水中央，正与一鉴堂面”“叠石为山，高可以俯群岭，顶有亭”等，亭内景观亦佳。

（东园）若乃席于“一鉴”，改于亭。

4. 桥

园中桥，一般设于水面较窄处，梁板式石桥常作“折”的处理并贴水而过，具亲水特性。

（东园）丹桥迤逦，凡五、六折，上皆平整，于小饮宜。

这些视野开阔、景观绝佳处自然成为宴饮、休憩之地，或这些场所本就因宴饮、休憩而设。

第五节 观念

王世贞出身“太仓王氏”家族，世世显贵，富裕有声望，本人亦拥有多座园林，并自造著名的“弇山园”，作《弇山园记》。钱穀（1508—1572）《小祇园图》所绘即为王世贞的弇山小祇园，以俯视的视角展现园中景致。

身为文学家兼造园家，王世贞深谙园的营造、品评之道，更了解其得以流传的关键：欲使后人“目营然而若有睹，足跃然而思欲陟者”，惟有通过园记，“得之辞而已”[1]。故在“金陵诸园尚未有记者”之时，“幸而得一游，又安可以无记也”？如此，写就《游金陵诸园记》一文。王世贞的园林观念涉及诸多其他材料，需另作文研究。本小节将从王世贞《游金陵诸园记》中所涉私家园林的公共属性、开放程度与宅园关系以及王世贞行文中园林的选择与排序标准三个方面，探讨其间展示出来的园林观，以此一窥当时文人对园林的普遍观念。

一、私家园林对外开放之概述

王世贞在《太仓诸园小记》中尝言，构筑园林当先于构筑宅第，因相较于宅第的居住功能与私人属性，园林则可供游乐并惠及外人：“独余癖迂计必先园而后居第，以为居第足以适吾体而不能适吾耳目，其便私之一身及子孙而不及人。”[2] 王世贞与诸公以游客

[1] 详见：《古今名园墅编》序 [M]// 王世贞．弇州山人四部续稿・卷四十六・文部．

[2] 载《弇州山人四部续稿・卷六十・文部》。

身份宴游的 16 座南京城市园林，均属私人营建，其本身具有一定的公共属性，是为自己与他人提供娱乐服务的场所。

（一）开放与收费

私人园林开放并非至明始。

宋邵伯温（1055—1134）记“洛中”花期繁盛时，都人士女在城中园亭载歌载舞，“不复问其主人”；另记游人若想去某园池中岛上看刚刚出的“魏花”，需给园吏钱，“园吏得钱，以小舟载游人往”[1]。宋代“洛中”园林有“开园日”“闭园日”之说，通行的惯例是园吏在开园日收游客所谓“茶汤钱”，类似于今日的门票钱，收入所得于闭园日与园主人平分：“洛中例，看园子所得茶汤钱，闭园日与主人平分之”。司马光（1019—1086）在国子监旁营建“独乐园”，因本人名望颇高，春时游人甚多，独乐园园子吕直在开园之日兼做门人，得茶汤钱十千欲分与司马光，司马光不受，吕直便以此钱在独乐园中盖一井亭，传为佳话[2]。

园林收费之制发展至清更为普遍。如：

北园在马鞍之阴，……每至山间，辄往游焉。园丁犹必索钱，然后入。[3]

---

[1] [宋] 邵伯温．闻见前录．清文渊阁四库全书本：卷十七：“（洛中）于花盛处作园囿，四方伎艺举集，都人士女，载酒争出，择园亭胜地上下池台间，引满歌呼，不复问其主人。……（魏花）出五代魏仁浦枢密园池中岛上，初出时，园吏得钱，以小舟载游人往，过他处未有也。”

[2] [宋] 胡仔．苕溪渔隐丛话前后集．清乾隆刻本：卷二十二：“先生于国子监之侧得故营地，创独乐园，……独乐园子吕直者，……有草屋两间，在园门侧，然独乐园在洛中诸园最为简素，人以公之故，春时必游。洛中例，看园子所得茶汤钱，闭园日与主人平分之。一日，园子吕直得钱十千，肩来纳。公问其故，以众例对。……十许日，公见园中新创一井亭，问之乃前日不受十千所创也，公颇多之。”

[3] [清] 龚炜．巢林笔谈．清乾隆三十年蓼怀阁刻本：卷四．

晚泊玉虚道院，游名园欲观海棠，园丁索钱不得入，怅然放舩。[1]

清代苏州城内名园如珠，钱泳记春二三月苏州城内，园林开放盛况，“每当春二三月，桃花齐放，菜花又开，合城士女出游，宛如张择端《清明上河图》也”[2]。顾禄记三月城内士女“游春玩景”盛况，只需付园丁少许“扫花钱”即可入园，而这些园林也为开放做好准备，添种名花，亭观台榭皆装点一新[3]。更有甚者，扬州“桥西草堂”印园票，“长三寸，宽二寸，以五色花笺印之，上刻‘年月日园丁扫径开门’”，买票入园已然成规制[4]。

有关园资一事文献所记不多，或因钱财之物于文人雅士而言终究太俗，这也是文献资料局限于时代文化而导致文字历史的某种缺失。然从以上零星记载也可略知大概，私家园林毕竟属于私人产业，必然设有门禁便于打点与管理，开放与否取决于园主的个人意愿，也受地方惯例影响，收费制度亦是如此。

只需付园资便可入园，是对游园者身份没有特别要求；然亦有园林选择性地对人开放，如钱泳访杭州皋园，“园主人托故不纳”，后又偶携友至，“访之……园丁出报云，有官眷游园不便入也”[5]。

---

[1] [清] 吕留良．吕晚村诗．清御儿吕氏钞本．

[2] [清] 钱泳，撰．张伟，点校．履园丛话 [M]．北京：中华书局，1979：523.

[3] [清] 顾禄，撰．来新夏，王稼句，点校．清嘉录，桐桥倚棹录 [M]．北京：中华书局，2008：89：“春暖，园林百花竞放，阍人索扫花钱少许，纵人浏览。士女杂沓，罗绮如云。园中畜养珍禽异卉。静院明轩，挂名贤书画，陈设彝鼎图书。又或添种名花，布幕芦帘，堤防雨淋日炙。亭、观、台、榭，装点一新。”

[4] [清] 李斗，著．潘爱平，评注．扬州画舫录 [M]．北京：中国画报出版社，2014：179.

[5] [清] 钱泳，撰．张伟，点校．履园丛话 [M]．北京：中华书局，1979：541.

（二）开放用途

园林开放或半开放，除特殊时节供人赏景游乐，也有其他用途。以清代钱泳《履园丛话》所记为例，有住宿（借寓友人）、宴饮（借办酒席）、书塾（供子弟读书）等功用。

1. 住宿

吴县西脊山脚下的逸园，梅花为其一景，“每当梅花盛开，探幽寻诗者必到逸园，……入山探梅，辄留宿园中”[1]。吴县的灵岩山馆，钱泳也曾邀请一干友人“载酒携琴，信宿其中者三日，极文酒之欢”[2]。常熟城北门内的燕谷，内有戈裕良叠石一座，钱泳入常熟亦常寓居此园：“园甚小，而曲折得宜，结构有法，余每入城亦时寓焉”[3]。

2. 宴饮

嘉定城南的平芜馆建造起因是张丈山原想借邻家小园宴客，遭拒绝后一怒之下自造平芜馆，并与邦人共享：“嘉定有张丈山者……邻家有小园，欲借以宴客，主人不许，张恚甚，乃重价买城南隙地筑为园，费至万余金，……遂大开园门，听人来游，日以千记。”[4]

3. 书塾

仪征的朴园，则是园主修建为子弟读书所用：“巴君朴园、宿崖昆仲以其墓旁余地，添筑亭台，为一家子弟读书之所，凡费白金二十余万两，五年始成。”[5]

---

[1]~[5] [清] 钱泳，撰．张伟，点校．履园丛话 [M]．北京：中华书局，1979：527，528，530，539，534.

二、《游金陵诸园记》中园林开放程度与宅园关系

《游金陵诸园记》中有 11 座园林属中山王徐达后人，其中魏国公、魏公叔、三锦衣、四锦衣各自拥有两座园林，皆一为傍宅园，一为别业园。

1. 服务于家人的傍宅园

《游金陵诸园记》中，魏国公的"西圃"、徐廷和的"徐九宅园"、三锦衣的"北园"、四锦衣的"丽宅东园"均属傍宅园。

依私人宅邸旁建造的傍宅园因与宅邸的关系密切，便于闲暇时玩乐，亦可起护宅作用："宅傍与后有隙地可葺园，不第便于乐闲，斯谓护宅之佳境也。"（《园冶》）如四锦衣徐继勋为徐天赐爱子，"所授西园为诸邸冠"，然西园在城西南，继勋居城东南，"以远不时往"，遂又于宅旁营"丽宅东园"，"益治其宅左隙地为园，尽损其帑，凡十年而成"。

傍宅园的正园门常设于宅第内，与住宅联系紧密，"留径可通尔室"（《园冶》）。如魏公西圃（今日之"瞻园"），"出中门之外，西穿二门，复得南向一门而入，有堂翼然，又复为堂，堂后复为门，而圃见"；三锦衣北园，"穿中堂，贯复阁两重，始达后门"。

傍宅园中景色宜人，方便照料，有时也供居住。或住年幼家眷，如《红楼梦》中大观园；或奉养老人，如四锦衣丽宅东园中，"堂后一室，垂朱帘，左右小庭耳，堂翼之折，……计奉其九十老母以居者也"。

故此，傍宅园的私密性强，游览者在身份和数量上均有限制。如魏公西圃，一般人不得进入，有幸得以一游的都是位高权重的贵人”：

公之第西圃，其巨丽倍是，然不恒延客，客与者唯留守中贵人、大司马及京兆尹丞耳。

丽宅东园主人四锦衣“以病足多谢客，客亦无从迹之”，惟园主本人提出邀请且在其引领下才能得游；王氏游三锦衣北园，先“得主人刺”（名帖，笔者按），而三锦衣亦“盛其供张，扫门以候……严服肃客荐茗”；四锦衣邀王氏游宅旁东园，园中奉母以居的堂后小院则“加鐍焉”（锁，笔者按）。

所以，傍宅园基本上是服务于家人的私人场所。

2. 半开放的别业园

除上文所提四座傍宅园，《游金陵诸园记》中其余园林皆为别业园。

所谓“别业”，“是与‘旧业’或‘第宅’相对而言的，业主往往原有一处住宅，而后另营别墅，称之为别业。……与住宅园林的异同，则在于前者是以家宅为主体，居住于园林之内，而后者则常于家宅用地外，以另一部分用地专作园林游憩布置，与家宅有所分隔”[1]。与主人所居宅第相隔的别业园，则可看作半公共性的娱乐场所。

士大夫游别业园，园主多未出现，偶使人“具茗”、备“酒炙”以待客。前文中所述在特定时节开放给游客赏玩的基本属这类别业园，其开放后对园主的日常生活不会造成任何影响，且往往因游人甚众而名声亦广，成就名园之名。另外，更有别业园因园主“疲于力，不暇饬”或离世而彻底成为城市中的开放空间，如《游金陵诸园记》中的“同春园”，“主人今逝矣，故不恒扃闭，群公时时过从”。

作为人造景观的园林，时时需人精心维护打点；与宅第相隔较远的别业园相较宅旁园林，更易因疏于打理而荒废，或湮没于荒烟蔓草间，或转换为其他功能。如明末南京“小有园”，“主人死，而其孙列为茶肆”[2]；《游金陵诸园记》中“西园”者，清代亦有段

[1] “别业”词条为朱有玠为《中国大百科全书 建筑 • 园林 • 城市规划》所写，详见：朱有玠．岁月留痕：朱有玠文集 [M]．北京：中国建筑工业出版社，2010：98.

[2] [明] 吴应箕，[清] 金鳌，撰．留都见闻录 [M]．南京：南京出版社，2009：17.

时间为茶肆[1]；《游金陵诸园记》中“东园”，清末“有酒肆，曰浣花居，以卖野味得名”[2]。刘敦桢在1950年代主持考察苏州城中当时尚存的私家园林，研究成果汇编于《苏州古典园林》，其中所记录的基本为傍宅园及宅内庭园，或也与其便于维护不易荒废不无关系。

所谓“园以人传”“园以文传”，园的名气与流传仰仗园主声望或文人笔墨。历史长河中侥幸留名的园亭少之又少：或因园主的不好客，“主人避客如仇，至今遂无谈记者”[3]；或是不方便“延客”的傍宅园，“至于人家居第之中，亦有林池木石，雅足赏对者，以其不堪登临，故不录也”[4]。

故除园主自记，文献中所载大多为半开放的别业园。

三、《游金陵诸园记》中园林的取舍与排序

1. 取舍

顾起元在《金陵诸园记》中最后言：“当弇州官南都时，诸园如顾司寇之息园、武宪副之宅傍园、齐王孙似碧之乌龙潭园，皆可游可纪，而未之及也。”事实上，《游金陵诸园记》中所录的

[1] 铭道注：“魏园在新桥西者，今为茶肆，峣岩老树，尚存一二。”详见［明］吴应箕，［清］金鳌，撰．留都见闻录［M］．南京：南京出版社，2009：15.

[2]［清末民初］陈作霖，［民国］陈诒绂，撰．金陵琐志九种［M］．南京：南京出版社，2008：116.

[3]［明］吴应箕，［清］金鳌，撰．留都见闻录［M］．南京：南京出版社，2009：14.

[4] 同［3］.

这 16 座园林并非王世贞在南京游玩之全部，例如《弇州山人四部续稿》中录有同时期七言律《李临淮竹园》。那么，王世贞选择所记园林的标准是什么？

《游金陵诸园记》中所选园林，除两座公侯园（西园、武氏园）外，皆详细记录游园活动的参与者及相关交游；文中最后记王贡士“杞园”，对园本身规模、格局、建筑鲜有描述，却对前后三次游园的人物详加交代。

吾至白下，凡三过王贡士杞园。……时宴余者继山鸿胪、华松光禄也，与余皆王姓，主亦王姓。……后二旬许，复游焉。主之者赵司成也。……明日复游焉，主之者宗伯姜公、少司寇李公也，则兴已阑矣。

2. 排序

如前文已证，《游金陵诸园记》为两年内断续写就，并于 1589 年 4 月后抄录整合而成，故文中这 16 座园林，其排列顺序为文章整合时作者精心组织，而非按游览之先后。那排列的次序依照何种标准而定？

从文中对各个园林的评语来看，排列顺序亦非完全按照园林的大小或者品位高下，而是参照园主的身份再综合园本身的因素加以排序，前 13 座为公侯园（前 11 座属于徐氏后人），后 3 座园林分属三位士大夫。

由《游金陵诸园记》中对园林的“取舍”“排序”来看，园主身份、游园过程中与同游者的交游活动是考量园林雅俗的重要因素，简言之，与“人”相关。

陈继儒（1558—1639）在《园史序》中言，倘若园林“主人不文”，则园林“易俗”，“即使榱桷维新，松菊如故，而拥是园者为酒肉伧父，一草一木，一字一句，使见者唠而欲呕，掩鼻蒙面而不能须臾留也”。园林成为园主人格的外化，其雅俗的区分最终取决于园主的人生态度、价值判断、文化涵养等等，而非园林的物质形态，与“山不在高，有仙则名；水不在深，有龙则灵”异曲同工。中国传统文化背景下，文人眼中园主与园的关系及园中承载的精神内涵可见一斑。

清人钱泳《履园丛话》中“造园”一节，论述明清文人眼中园与人的关系，颇具典型性。钱泳认为能称上“名园”者，首先园主本身格调要高，其次往来其间的不能为“庸夫俗子”，再次园内发生的行为亦需不俗，如此方可称得上是名园。故而各地城隍庙中园亭即便格局“不俗”，然因“乡佣村妇，估客狂生”在其间“杂沓欢呼，说书弹唱”，不可谓之名园[1]。

王世贞在《游金陵诸园记》中所选择的16座南京名园及其排序，想来也是出于同样的考虑。这既透露出园林在古人眼中精神层面的重要意义，同时也提醒后人，历史文献中所呈现出来的园林史都经过文人视角的剪裁取舍，不全面也不尽真实，这是园林研究者对待研究材料所必须具有的眼光和意识。

[1] [清] 钱泳，撰．张伟，点校．履园丛话 [M]．北京：中华书局，1979：545-546：“园即成矣，而又要主人之相配，位置之得宜，不可使庸夫俗子驻足其中，方称名园。……各县城隍庙俱有园亭，亦颇不俗。每当春秋令节，乡佣村妇，估客狂生，杂沓欢呼，说书弹唱，而亦可谓之名园乎？吾乡有浣香园者，……有浣香园唱和集，乃知园亭不在宽广，不在华丽，总视主人以传。”

小 结

《游金陵诸园记》文四百余年后，东园基址上建成白鹭洲公园，依莫愁湖建莫愁湖公园，魏国公的傍宅园西圃历经变迁整修扩建成为城南的“名胜景点”，西园园址上亦复建愚园，无论其四至范围或其间的自然山水、人工构筑，都历经变迁，与文中所述迥异。其余 12 座名园则在光怪陆离的现代都市中无迹可寻，存名而已。

《游金陵诸园记》以李格非[1]《洛阳名园记》开篇，“李文叔记洛阳名园，凡十有九”，并指出南京为“我高皇定鼎之地”，论“江山之雄秀与人物之妍雅，岂弱宋故都可同日语”，故园林亦“必远胜洛中”；文末记王贡士“杞园”，将之拟作李氏笔下的天王院花园子，“于洛中拟‘天王院’花园子，盖具体而微”，以此作结呼应开篇。李氏以笔下十九座园林象征时代更迭，是离乱之序曲：“繁华胜丽过尽，一时至于荆棘。天下之治乱，候于洛阳之盛衰而知。洛阳之盛衰，候于园囿之兴废”。王世贞此文深意为何需结合其心路历程与年代背景做细致分析。然而无论如何，《游金陵诸园记》为后人描绘了现今久已不存也难以凭空想象的晚明南京园林之盛况。“洛中之园久已消灭，无可踪迹，独幸有文叔之《游金陵诸园记》以永人目”，与《洛阳名园记》一样，《游金陵诸园记》是为晚明南京园林之幸，亦是今日园林研究者之幸。

[1] 李格非（1045—1105），字文叔，北宋文学家，宋神宗熙宁九年（1076）中进士，词人李清照之父。洛阳是北宋“四京”之一的西京。宋哲宗绍圣二年（1095）李格非被召回东京任职，写《洛阳名园记》。

本章首先考证《游金陵诸园记》文所述内容在1588—1589年间，抄录整合于1589年4月后；并勘误前人研究中关于《游金陵诸园记》中所涉徐氏家族世系，以此为基础判定文中公侯园之所属（也是傍宅园与别业园的判定基础）。通过对其"空间定位""人工构筑""社会需要""观念"四个方面的分析，可得以下结论。

1. 这16座园林的分布状态与明初南京都城规划中的南部与中部住宅区相合。其中大功坊一带为徐达明初赐第之所，集中了徐达后人的傍宅园；"门西"地区有高岗、名胜，亦集中了5座别业园，由此可见南京明初规划、人文因素及山水条件对园林择址的一个综合影响。

2.《游金陵诸园记》中园林的人工构筑与理景特色与大约同时期的《园冶》《长物志》《闲情偶寄》等文献中所载的有关造园文字互证。叠石以石多土少为主流，呈现水、洞结合的叠山风格："石洞""水洞""磴道""石桥""水亭""楼阁"等组合，"峰、峦、洞壑、亭榭"兼备。大部分园林凿池引水，有"大池""小池""溪""泉""小沟""曲池""微沼"等等，并涉及瀑布与方池两种特殊做法。园多以堂为中心，结合"台""月台""坐月台""月榭"等组合布置。因文中园主人皆为权贵，地位显赫且经济实力雄厚，园林中的人工构筑代表着明中后期南京造园的较高水准。比对苏州现存明清园林实物，《游金陵诸园记》中的这16座园林也代表了江南一带园林的较高水准。

3. 明中后期南京官员多事游宴，城中园林成为提供此类活动的主要场所，《游金陵诸园记》中园林亦是如此。士大夫在咏赏胜景，清襟雅谑之余，以乐助兴，美食佳酿几为必备。"堂"（"轩"）是为设置宴饮的主要场所，故以"堂"为中心的组景设置是考虑到人的活动的必然。

园林作为社交空间载体的同时，也是展现园主品位与财力的舞台，园中奢华靡费的叠石盛况与明末园林所承载的这些社会需要呼应，并与当时城中繁盛的筑园风气相辅相成。对园中构筑及理景的理解，除考虑“悦目、藏身”的基本功用外，更不能忽视园主对园中活动的设定及对园林所能起的社会影响的期待。也正因此类游宴功能的存在，别业园林向茶楼酒肆等的转变属顺理成章，园亦以此由特殊阶层之专属而渐融入城市与普通百姓的日常生活。

4. 园林的开放与否，取决于与园主人居住之间的关系。傍宅园是服务于家人的私人场所，游览者在身份和数量上均有限制，而与园主住宅相离的别业园则可看作半公共性的娱乐场所。然而无论傍宅园还是别业园，其内容上均为惠及“人”之“耳目”。《游金陵诸园记》中王氏综合考量园主与同游者身份、游园过程中的活动，精心选择并排序组织 16 座园林，可见“人”的重要性要远高于园林自身的物质实体空间；同时也表明，研究文献中所呈现出来的园林史都经过文人视角的取舍剪裁，不光所载大多为半开放的别业园，对园林本身的评价也具有相当的主观性而不尽真实，这是园林研究者对待研究材料所必须具有的眼光和意识。

第四章
1639—1642 年间的城市开放园林

明代江南南直隶地区的乡试设在南京，称南闱。三年一次的科举考试与频繁的结社交游，引来士子文人聚集南京，对住宿、娱乐交游场所提出相应要求，也刺激、影响着城市的商业与文化。南京城中旅馆、茶社、酒楼、书肆兴盛，文具、古玩市场发达，城市园林繁盛，皆与此不无关系。吴应箕的《留都见闻录》成稿在此背景下，记述他在明朝末年南京的经历与见闻，以文字勾勒出明末士子在南京生活、游览、交友、集会的地图，其中涉及诸多类型的城市园林，在城市生活中各自承担着不同的社会功能。

第一节 背景

一、吴应箕：秀才与复社领袖

吴应箕（1594—1645），字次尾，号楼山，安徽贵池兴孝乡人，以忠节名世，参加以“嗣响东林”相标榜的复社，是“复社五秀才”之首[1]（图 4-1）。

复社成立于明崇祯二年（1629），介于文社与政党之间，“由当时江南地区若干著名文人社团合并而成，成员遍布全国各地，对明末清初的政局变化、学术变迁产生了重大影响，……是中国古代文人结社的巅峰”[2]。作为复社领袖，吴应箕在南京参与起草发布讨伐奸臣阮大铖（1587—1646）罪状的著名檄文——《留都防乱公揭》，“石城轰动，人心大快”；清兵南下后，他在家乡起兵抗清，所领导的抗清部队是复社人士抗清斗争中最辉煌、惨烈的一支[3]。读书人通过童试取得入学资格，成为生员，俗称秀才（相公），由此跻身绅衿阶层并取得乡试资格，在社会生活中享有部分特权；一旦乡试考中举人，便可以取得任官资格。而吴应箕科举之途颇坎坷，读书、应考、交游，贯穿一生。自 1615 年始，他每三年来南京参加科举考试，“八试南都”，直至崇祯十五年（1642）第九试置乡试副榜，在 49 岁之时结束科举生涯，终其一生徘徊于“乡试”阶段，未能授官任职进入仕途而仅以诸生终老，可谓终生不得志。

---

[1] 纪昀称：“明末称复社五秀才，应箕为首。其克全晚节，尤不愧完人。”

[2] 王恩俊．复社与明末清初政治学术流变 [M]．沈阳：辽宁人民出版社，2013：1.

[3] 南都不守，佥都御史金声（1589—1645）乙酉（1645）闰六月起兵绩溪，吴应箕于池州响应，一度占领福建、东流，并进攻池州。金声九月兵败被捕，吴应箕亦战败遇害。

图 4-1 吴应箕像

二、相关文献梳理与考证

本章以《留都见闻录》为基础文本，参照《楼山堂集》中相关文献（附录四至六）及章建文《吴应箕研究》一书。此外，《金陵梵刹志》详细记载明代南京各佛寺的历史沿革、殿堂分布、房田公产、山水古迹等，所绘珍贵版画直观地展现几大寺庙的景观状况[1]。《金陵四十景图像诗咏》与吴应箕《留都见闻录》年代相隔不远，同是文人对南京景观的游赏吟咏，书中图像亦为《留都见闻录》中描绘提供了直观参照。余怀《板桥杂记》记录明末河房的内容，其对河房生活的描绘是对《留都见闻录》的重要补充。

1. 成文时间考

《留都见闻录》的出版及版本详见南京出版社出版的《留都见闻录》"导读"。原稿十三目，为"山川""人物""园亭""官政""科举""书画""器用""交游""服色""寺观""时事""宴饮""音乐"，吴应箕生前未刊出，稿本散佚于乱中。目前找到并刊印九目，分上、下卷出版。"山川""园亭""科举"为上卷，余为下卷。下卷是吴应箕的孙辈吴铭道于雍正庚戌（1730）偶得，"河房疑即原目之音乐，公署疑即在原目人物中，盖未成之帙云"。文中有"自戊午至今，历场屋者八次矣" 之句，可推测该文应成于吴应箕第八次乡试之后，第九次乡试之前，即 1639—1642 年。"导读"中说该书"写成于明崇祯壬午癸未间（1642—1643）"，不知论从何出，存疑。

[1] [明] 葛寅亮（1570—1646）著。详见：葛寅亮，撰．何孝荣，点校．金陵梵刹志 [M]．南京：南京出版社，2011.

2. 吴应箕往来南京的信息梳理

吴应箕因应考及社团活动之需，频繁前往南京，或短期或长期寓居于此，其间不免游览名胜。现据《吴应箕研究》中的“吴应箕年谱”并参照《楼山堂集》中的相关文献，梳理如表 4-1 所示。

吴应箕如此频繁来南京并在此生活，居住方面：

1）借宿寺庙：天界西廊；

2）借宿公署：福建司公署；

3）合租旅社：沈寿民寓；

4）借宿友人家：邹满字阁等。

游览方面：游清凉山、清凉寺、石头城、雨花台、高座寺、甘露阁、灵谷寺、下关三宿岩、赤石矶、鸡鸣寺、木末亭、秦淮、刘鱼仲河房等，或赏观风景，或文人聚会，或观看戏曲等。

晚明读书人数量激增，竞争激烈的同时考试成本亦增。据康熙十六年（1677）江西道监察御史何风岐的一份奏折透露：“一个童生仅参加县府两试的费用，就要用去 10 两银子。……在清初 10 两银子通常可以买到 10 石粮食，相当于一个 3 口之家农民的全年口粮，甚至是全部家产。”[1]

清初与明末时间相距不远，吴应箕年代士子考试的花费可想见。而参加乡试则所费更加，“一个从县学被推荐参加举人考试的诸生，一次考试的花费约为十五两银子，相当于一个普通自耕农全年经济收入的三倍”[2]。

[1] 张杰．清代科举家族 [M]．北京：社会科学文献出版社，2003：69-70.

[2] 丁国祥．复社研究 [M]．南京：凤凰出版社，2011：72.

表 4–1 吴应箕与南京

年代	时年 / 岁	举 业	游 历
1615	22		赴南都试，未入场而归
1618	25	一试不第	八月二十日，至南都，寓天界西廊； 游清凉、石头、雨花、灵谷、近城诸葛亮名胜、下关三宿岩
1621	28	二试不第	
1624	31	三试不第	寓王达卿比部福建司公署； 试毕，约友人李达、刘城游览南都名胜
1627	34	四试不第	落第后，游赤石矶，半月之久
1629	36		从高田出发至南京
1630	37	五试不第	九月，在南京，送别刘城
1633	40	六试不第	寓沈寿民寓中；秋试毕，作《南都社集》； 九月，与杨友龙等诸子集于雨花台甘露阁（在家乡建"暂园"）
1635	42	—	秋，在南京，与陈子龙订下国玮之选； 与许承钦在鸡鸣寺邂逅，并至其旅舍流连痛饮
1636	43	七试不第	五月，在南京，雨多有涝且天气寒冷，作《南京雨中遣兴》； 秋，徐虞求招其与张自烈饮于南京方孝孺祠堂旁的木末亭，作《书木末亭酒间语》
1638	45	—	九月二十日，在南京
1639	46	八试不第	五月末，与陈定生、顾子方、侯朝宗、方密之、冒辟疆游秦淮； 六月，乘舟游南京聚宝门外赤石矶； 秋，与从弟吴应筵寓于城中邹满字阁，作《寓邹满字竹居记》； 刘城、吴应筵在先生寓中度岁
1640	47	—	游清凉寺作《清明前一日清凉寺登台作》；五月，游金陵归
1641	48	—	夏，移家金陵
1642	49	九试 中副榜	夏，问学于寓居南京石城桥的黄道周，达半月之久； 夏秋时，同社中诸子集于刘鱼仲河房看阮大铖《燕子笺》； 八月九日，九试南都（中副榜）； 九月初九，与侯方域等楚豫友人会于南京雨花台高座寺
1643	50	—	春，至南都
1644	51	—	初春，与张自烈在南京相遇； 三月初三，与陈衍虞等人聚会雨花台； 八月从家乡赶至南京与陈定生商量救周镳，九月回

故士人来南京乡试所选择的居住地点与考试前后的聚会游赏方式，取决于个人情趣，受制于经济条件。如1630年陈子龙（1608—1647）与黄宗羲（1610—1695）应试南京，前者寓居佛舍中，后者借宿复社领袖张溥（1602—1641）寓所（“合租”），考试前后的闲暇与友人同览名胜[1]。

第二节 概述及空间定位

《留都见闻录》现九目，涉及园林的有“山川”“园亭”“河房”“公署”“寺观”共五目。“寺观”条目因吴应箕足迹所及，仅有“天界寺、碧峰寺、报恩寺”三个寺庙，然这几个寺庙都建在“雨花台”山脉附近。故本书按区域位置介绍《留都见闻录》中所涉及山川与寺庙园林。“公署”条目中涉及公署园林。“河房”条目有河房园林与庭院布置。

[1] [清] 陈子龙，著．施蛰存，马祖熙，标校．陈子龙诗集 [M]．上海：上海古籍出版社，2006：附录《年谱》：“（庚午）六月……游南都，寓谢公墩佛舍，专治举子业。暇则游城中名胜及近郊山林、陵园、坛（土遗）、观阁、台榭，靡不历焉。”[清] 黄宗羲．黄宗羲全集．杭州：浙江古籍出版社，1985：“庚午，（与张溥）同试南都。为会于秦淮舟中，皆一时同年：杨维斗、陈卧子（陈子龙）、彭燕又、吴骏公、万年少、蒋楚珍、吴来之（尚有数人忘之）。其以下第与者，沈眉生、沈治先及余三人而已；余宿于天如（张溥）之寓。”

[2] [民国] 陈乃勋，[民国] 杜福堃．新京备乘 [M]．南京：东南大学出版社，2014：48.

一、山川与寺庙园林

1. 钟山、后湖、覆舟山

钟山、后湖、覆舟山一带位于城东北。“钟山”即城外紫金山，城内富贵山、覆舟山、鸡笼山连绵一体，为紫金山在城内余脉。其间人工理景设置《留都见闻录》少有提及，因祖陵（明孝陵）所在，钟山在明为禁地，“凡旧志所称诸名迹，今不敢搜讨矣”。《金陵四十景图像诗咏》中涉及此区域的有“钟阜晴云”（图 4-2）、“灵谷深松”，其中“灵谷深松”中的灵谷寺位于钟山东麓，“明因卜其地建孝陵，乃移寺于东麓，赐额灵谷寺”[1]。

然《留都见闻录》中未有涉及，也印证吴应箕文中所选之景仅为其所涉足之处，远非当时南都景观之全部。

“后湖”指玄武湖，“钟山之水所汇”。玄武湖中的“五洲别岛”，是明代收贮全国赋役档案的中央档案库——“册库”所在地；湖南岸有“三法司”，在下文“衙署园林”中也有涉及，其“近岸皆种荷花，亦清漪满目”。钟山距湖之左人工修筑了堤坝，因常有犯人过此堤去三法司，俗称“孤恓埂”，除实际蓄水功能外，也成为一道景观，漫步其上，“山光水色遥相掩映，……左山右湖，树荫成列，虽不及十里六桥，而瞰上阳斜，可以延观纵步”。《金陵四十景图像诗咏》中的“平堤湖水”中所绘平堤即为此埂（图 4-3）。

[1][民国]陈乃勋，[民国]杜福堃．新京备乘[M]．南京：东南大学出版社，2014：48.

图 4-2 钟阜晴云

图 4-3 平堤湖水

覆舟山一带古迹甚多，《留都见闻录》中提及的有国子监、鸡鸣寺、观象台。前文已述国子监在明初规划择址于此是看中了此地山川形胜的好风水，有“疏林层阜”“山霏湖雾”的幽奇风景，而校园的空间规划分为教学区、祭祀区、生活区三大区，其间也有园林设置。鸡鸣寺位于鸡笼山东麓，始建于西晋，明初扩建，朱元璋题其额为“鸡鸣寺”。《金陵梵刹志》“鸡鸣寺”图中，《留都见闻录》中所述的覆舟山一带景观尽收眼底：后湖中有册库，下覆舟山有国子监，迤行过鸡笼山，观象台在山顶，“见国学梵宫，高下尽势；登观象台观浑天仪，叹元人制作之精”（图 4-4）。

2. 清凉山、乌龙潭、谢公墩

清凉山、乌龙潭、谢公墩位于城中部偏西，近清凉门、石城门，在地势上绵延一处。《金陵四十景图像诗咏》中涉及此区域的有“清凉环翠”“谢墩清兴”（图 4-5、图 4-6）。清凉山自然环境优越，故而私人园林、祠堂、寺庙皆乐衷择址于此，“前后左右，为亭园祠院者不一，纵步所之，景物具给”。山顶的古翠微亭年代久远，最初由南唐后主所建，旧名“暑风亭”[1]。历经朝代更迭，屡废屡建，为历史性观景设置：“今圮矣，虽更有作之者，亦未几辄废”。吴应箕作文之时也已废颓，清代复建，乾隆十六年（1751）曾御书“翠微亭”额，后亦毁于咸丰年间[2]。在清凉山山顶北望，可见“长江一线，帆影如鸦，而六合诸峰，直可提契”；而回望城中，“嵯峨凤阙，烟树万家，指点分明”。

[1] [民国] 陈乃勋，[民国] 杜福堃．新京备乘 [M]．南京：东南大学出版社，2014：25.

[2] 同 [1].

图 4-4 鸡鸣寺

图 4-5 清凉环翠

图 4-6 谢墩清兴

“清凉寺”一图可见清凉山、乌龙潭之景物关系：清凉台在清凉山顶，北可望长江帆影；清凉寺依清凉山而建，山下可见乌龙潭，灵应观在其侧，“从灵应观山上玩之，则林轩环于潭岸，而一碧泓然，俨一小西湖也”（图 4-7）。乌龙潭“为两山之水所汇”，远离市喧，“水可荡舟为奇，近皆种荷”。《留都见闻录》中的谢公墩位于“冶城之北，永庆寺之南，去北门桥尚有数里，最为城中僻处”。谢公墩史载有数处，《留都见闻录》中谢公墩是因传说中东晋宰相谢安（320—385）与王羲之（321—379）曾在此登临而得名，地以人重[1]。吴应箕游赏时“只余松树一丛耳”，天气晴朗、风和日丽之时，“与游屐最便”。

3. 雨花台、赤石矶、天界寺、碧峰寺、报恩寺

雨花台、赤石矶属于城外的高岗，赤石矶是雨花山的分支，“杨吴筑城时，断而为二”（《东城志略》）。天界寺、碧峰寺、报恩寺择址其间。《金陵四十景图像诗咏》中涉及此区域的有“雨花闲眺”（图 4-8）、“长干春游”（图 4-9）、“报恩灯塔”。

雨花台有东、中、西三岗，东岗又称梅岗[2]。“长松弥于冈阜，每栖息其间，觉天风海涛近生几席。”山势连绵，环境优越，古迹众多，山麓甘露阁，“故李太白游处也”，另有“张氏祠堂”“木末亭”“方正学祠堂”。《留都见闻录》中“寺观”一目中涉及的三个寺庙都集中于此一区域。

---

[1] [民国]陈乃勋，[民国]杜福堃．新京备乘[M]．南京：东南大学出版社，2014：17：“综合研究表明，金陵谢公墩故址至少有五处：一在冶城附近；二在土山附近；三在半山寺附近；四在五台山附近；五在杏花村附近。这五个地方，都叫谢公墩。”《留都见闻录》曰：“世说谢公与王右军共登冶城，谢公悠然远想，有高尚之志，故名。”

[2] 东晋初期外敌南侵，豫章太守梅赜带兵英勇抵抗，屯兵于此。后人为纪念梅将军，在岗上建梅将军庙，并广植梅花，梅岗之名逐渐传开。

图 4-7 清凉寺

图 4-8 雨花闲眺

图 4-9 长干春游

天界寺依山而建，可远望雨花台（图 4-10）。下属有“名庵三十余处”，其中：西庵“邃窅”，南庵“幽静”，小万松庵后园“可以坐啸”。大、小半峰庵“庭前玉兰二株，大合抱，花时甚盛”，引得官宦纷纷前来观游，寺庙僧人无法拒绝，只能砍伐了事（“苦贵官游赏，遂伐之”）。晚明天界寺下属小庵约有一半“癖废”，庵内的园林与僧人的宿舍大多租给外人使用（“竹园僧舍，多为外人赁典也”）。

碧峰寺在天界寺旁。碧峰寺右竹园的石头庵是僧人温璞的旧居，“板桥曲栏，可以相见其风致”。

报恩寺以报恩塔为其最大特色，“报恩寺浮图甲于天下，登三级而览尽城中矣，至顶而苍茫窅冥，如与云气相接”。这也是城中多处园林引以为傲的“借景”（图 4-11）。明代大报恩寺和天界寺山门左右廊房为官房，租赁给外人使用。故而“比屋接檐，高其墙宇，亦如人家居，排牌贸易，而清修远寄之意都尽”。

此区域近城南居住区，山势绵延一处，人文古迹众多，加之几大寺庙集中于此，市民旅游兴盛，“春秋之间，游人最众。布幔茶炉，不移而具，翠袖红妆，亦时掩映其间”，“长干春游”一景所绘即此。

4. 莫愁湖

莫愁湖在三山门外，江东门内，《金陵四十景图像诗咏》中“莫愁旷览”者。王世贞《游金陵诸园记》中亦提及，是园为魏国公徐鹏举之魏九公子徐廷和所有，王世贞 1588 年闰六月游，“置酒于（楼）中……纵目无所碍……呼酒甚畅”，虽园中楼台、水阁、花榭“以泽水故，多摧塌”，然其景“最胜”，“隔岸陂陀隐隐，不甚高而迤逦有致”。半个世纪后，吴应箕“尝秋深过之，殊觉瑟冽，而湖曲亦萑苇萧然，大有江汀泽畔之意”，也是因园林在不同的时间季节呈现不同的面貌。

图 4-10 天界寺

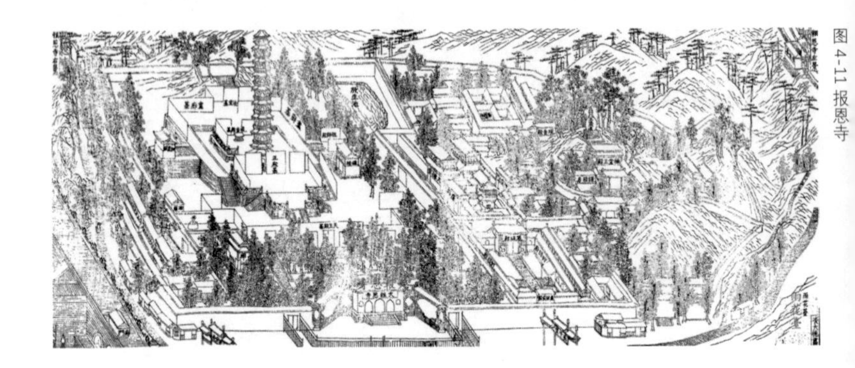

图 4-11 报恩寺

5. 青溪

明代青溪“皆不可复识”，故而只是约略判断[1]。《金陵四十景图像诗咏》中的“青溪遊舫”取武定桥、文德桥一带的繁华之所。《留都见闻录》中详细描绘所谓青溪横塘一带清客画师居所，“今随塘直曲皆列篱垣，面有数屋瞰水者，柳重藤蔓”。画师郑典（字满字）家于此，“瞰水编篱者，植柴为门，门皆种竹，穿竹入屋，仅数楹”。1639 年吴应箕应试南都，曾寓居其家堂右阁中凡三月。临竹、水而居，如坐卧人间，给他留下极为深刻的印象：“雨声月夕，无一不与竹之声影相酬。荅至夏水暴涨，往来径绝，则如在海岛中。有时朝暮之间，极眺苍茫，襟带云气……其坐卧人间也。”（详见附录六）

6. 摄山

吴应箕称其“甚幽，南中之第一胜境也”，乃《金陵四十景图像诗咏》中的“栖霞胜概”者，《金陵梵刹志》中亦有绘“栖霞寺”一图（图 4-12）。《留都见闻录》中提到的人工景致有残碑旧塔、石磴流泉、修篁古木、紫峰阁、天开岩等。吴应箕“独不喜凿石为千佛岭耳”，认为“凿佛伤天巧”，体现典型的文人对于自然的审美。

[1] [民国] 陈乃勋，[民国] 杜福堃．新京备乘 [M]．南京：东南大学出版社，2014：14：“为六朝鼎族夹居之地，……吴赤乌四年凿东渠所名”，历经流变，“自明填前湖（即燕雀湖），于是青溪之流，内外俱绝，仅存半山寺一渠”。

7. 燕子矶

《金陵四十景图像诗咏》中“牛首烟峦”者，吴应箕的文字成为其图画的文字注解：“从江上望之，真如一燕翔空耳。登山距顶，直视大江，见波涛汹涌，……使人气壮。”燕子矶近弘济寺，从观音门入，左为寺庙，右为燕子矶，布置一系列人造景观，建观景亭。因近寺庙，特定时节会有善男信女往来其间，“尝于五月十三日往观关会，见士女上下山者，势如蚁织，炎蒸气秽，令人作恶”。《金陵梵刹志》绘“弘济寺”图可资参照（图 4-13）。

8. 牛首山

铭道注“此条乃未尽之文”。牛首山有弘觉寺，《金陵四十景图像诗咏》中“牛首烟峦”者。

二、衙署园林

衙署是古代官员办公与居住之所。明代官员处理日常公务的地方为“公署”，公务之暇的宴息之所称“廨舍”，二者常合二为一称“署廨”：“凡治必有公署，以崇陛辨其分也，必有官廨，以退食节其劳也，举天下郡县皆然”[1]。

[1] [明]沈榜．宛署杂记：二十卷[M]．北京：北京古籍出版社，1980：15.

图 4-12 栖霞寺

图 4-13 弘济寺

晚明政治家朱国祯（？—1632）《涌幢小品》中载明初朱元璋为“大官人”造宏大壮丽的“样房”供其居住，并依此造各部衙门。及至明末，南京各个衙署自造官房，官民杂处，其间亦营“水竹园亭”；除此而外，也有官员租赁或购买民房，内部供下属居住，外部出租给百姓，成为当时南京一地风气[1]。明施沛《南京都察院志》中有“太平门内各署图”，从其图中亦可见“官所”“私宅”混于一处，有人居住，自然便有“水竹园亭”之需求（图 4-14）。

衙署园林又称“郡圃”，是在州县衙后堂设置山地林木以为官吏宴集、待客及游观之所，如著名的隋代园林“绛守居园池”。衙署园林与私家园林相比，在功能上有显著的公共性质，形式上并无差别。两者常杂处，且权属关系相互转换频繁。

如第三章中的魏国公一般不接待宾客的“西圃”，入清后魏国公次第籍没入官，魏国公府改为江南布政司衙司，康熙六年（1667）改安徽布政司衙署，乾隆二十五年（1760）又改江宁布政使司衙署，原府第旁的“西圃”即成为衙署园林，并在乾隆二十二年（1757）被御赐“瞻园”二字；而乾隆帝亦在长春园内仿瞻园形制原样建“如园”，又成为皇家园林的一部分[2]。再如苏州拙政园，从私人别墅转为衙署园林再转为民居，后又一分为二成为私家园林[3]。

---

[1] [明] 朱国祯，撰．王根林，校点．涌幢小品 [M]．上海：上海古籍出版社，2012：73：“自来京朝官必僦居私寓，惟南京三法司，国初官创，太祖谓大官人须居大房子，名曰样房，极宏壮，盖欲依样遍造各衙门也。近日南京如吏、户、礼、兵、工堂上及列署，自以物力置官房，亦可居。国子监两厢，极水竹园亭之美，亦公私辏合而成。当李九我自南少宰转北少宗伯，仿南例，买房供堂属居住。外征民租，如治家然，诚非体。”

[2] 叶菊华．刘敦桢•瞻园 [M]．南京：东南大学出版社，2013：14-15.

[3] [清] 顾禄，撰．来新夏，王稼句，点校．清嘉录，桐桥倚棹录 [M]．北京：中华书局，2008：“北街拙政园，明王献臣别墅，后归徐氏，再易主为海昌陈相国之遴别业。既籍官，为廨署。署废，为民居。乃东偏归蒋棨，名复园。西偏归叶士宽，名书园，今为吴松圃协揆瞰宅。”

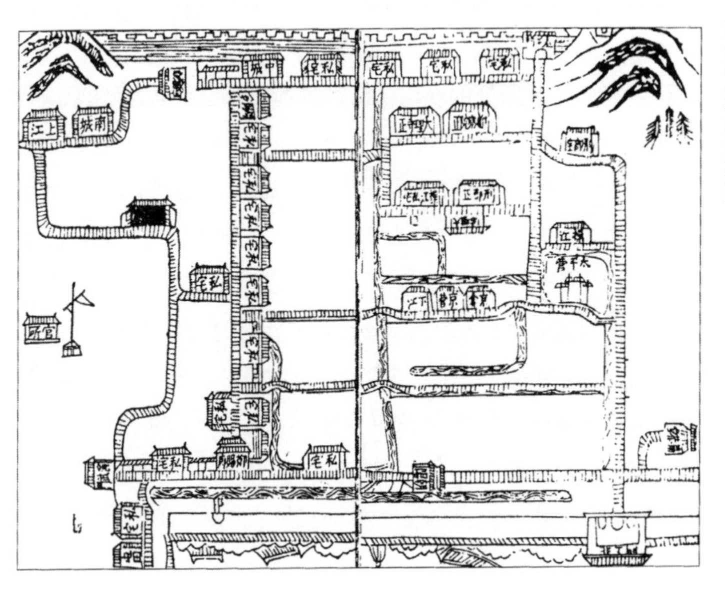

图 4-14 太平门内各署图

《留都见闻录》中言南京六部的园林约兴建于嘉靖年间："六部各有园，皆为之不及百年"，与晚明江南园林兴起时间相合。吏部的文园、兵部的衎园、工部的藏春园、礼部的瀛洲园等，主要是为提供官员集会宴饮游乐的场所。

南都各部，皆有花园，凡公会宴饮，于是乎在。吏部名文园，兵部名衎园，工部名藏春园，独礼部无之。后孔玉衡贞毓为宗伯时，亦建园，先名瀛洲会，后题其名曰"嗤嗤"……[1]

到了吴应箕所处的晚明，留都的衙门都已经败落不堪，"已大非国初之旧，……六部司属零星狭隘，若刑部诸司，几不蔽风雨矣"。六部园林都接城市水系理水，却是"疏凿不得法"；因为由公家提供，官员们往往视为临时居所，"以传舍视之"，并不爱惜，所以"园中竹树时为堂官斫取"，园林也多半废圮。

《留都见闻录》涉及的衙署园林有：1）礼部（敞亭可憩）；2）户部（高楼可眺）；3）三法司。本书重点讲述三法司中的园林。六部中的刑部与都察院、大理寺合称"中央三法司"，位于太平门外，故比城中的衙署要"巍侈"。地处山水之间，造园环境优于城内，其后园墙曾经几乎"包蔽后湖"，然而在吴应箕所处的明末"皆圮"。

[1] [清] 刘献廷，撰．汪北平，夏志和，点校．广阳杂记 [M]．北京：中华书局，1957：43-44.

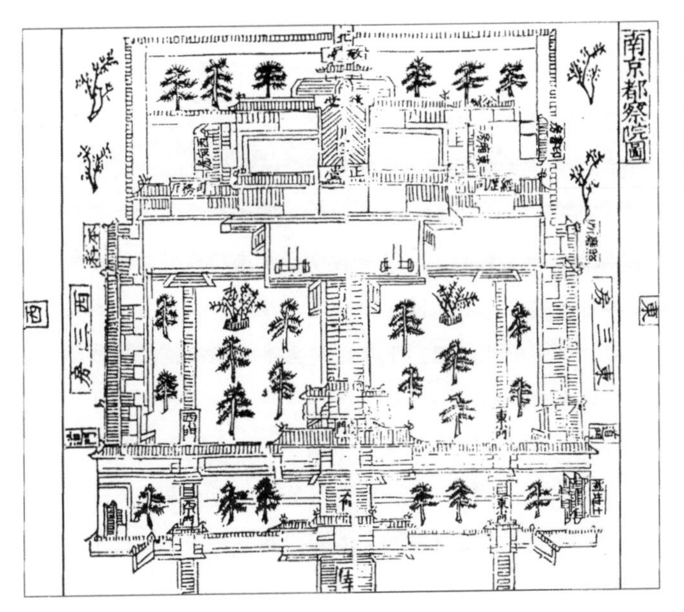

图 4-15 南京都察院图

在“南京都察院图”，院落中均点以植物，以暗示园林布置（图 4-15）。吴应箕曾借居刑部福建司署，在道察院赏桂花，“观京畿道察院中，桂花亦有开者”，并且“往都察院看牡丹”（详见附录四）。三法司中的刑部园林为“白云高处”，地处钟山余脉一支。刑部大堂“阶前古柏森郁，厅事后双桂合抱，秋时花香绕室”，人称“白云司”；十三司“阶前多腊梅”；都察院河南道中，“牡丹称独盛”；出三法司，“有后湖之莲可观，觉人间园亭直盆沼中物耳”，是山水园的自然优势。

三、别业园林

《留都见闻录》中除河房园林外，别业园林涉及公侯园、士大夫诸园与一般别业园林。提及王世贞所记公侯园，或圮或废或易主，而自己所见的园林在十年间的兴衰也是“令人念之黯然”。

顾邻初太史（顾起元，笔者按）所记南门武宪副园、聚宝门外王贡士园、顾司寇之息园，予尝迹之，而已数更主，园之存废不可问矣。即予所见诸园，十年之间主半非其旧，兴衰之际，辄令人念之黯然。

园中的构筑特色均一笔带过，点滴评语透露吴氏对园亭的审美标准；所提多处园林之变迁，对照孙辈吴铭道于雍正庚戌（1730）后的批注，可见文中园林在数年间多已数度转手，面目全非，甚至无迹可寻。

将文中信息梳理如表 4-2 所示。

表 4-2《留都见闻录》中所涉别业园林

序号	园 名	定位点	构筑特色	变 迁
1	西园凤台者	—	六朝松固无恙也	由魏国公属桐城吴氏
2	魏国西园	新桥西	壮丽如昔	—
3	东园	—	独广亭在耳，其池流可接青溪，使葺治之，尚为胜地	（铭道）今为茶肆，归大宗伯黄冈王昊庐
4	姚宪副市隐园（姚淛）	—	予尝雅集其中，陈几挂壁，犹多旧迹。酒酣泛舟于池上，月色荷香，掩映上下，致足乐也。独其园址广廓，收拾为难，将来恐有割据之势	—
5	武宪副园	南门	—	数更主，园之存废不可问
6	王贡士园	聚宝门外	—	王贡士
7	息园	—	—	顾司寇

续表

序号	园 名	定位点	构筑特色	变 迁
8	焦太史半山园（焦竑）	朝阳门	窗列远岫，庭俯乔木，而据此营墅，不独登临之美，亦可凭吊系之矣。然距西南稍远，人多不至	渐圮
9	朱少宗伯园（朱之蕃）	朝天宫之左偏	林树翳然，其所称小桃源者，尤为胜地	朱少宗伯易于金坛于氏
10	余中丞园（余光）	乌龙潭	盖其山光水色皆几席间物，城中得此为难耳	—
11	陈中丞园	乌龙潭	置画舫以与余（中丞）争胜	—
12	金太守园	乌龙潭	置画舫以与余（中丞）争胜	—
13	顾家园	邻凤台	规模布置亦觉未称，此其意不在园者，而园实因之	—
14	韩方伯园	—	其傍居者，垒石甚多，石亦有奇者，然殊无位置，今已易主矣	—
15	任氏园	邻凤寺	槐榆百尺，琵琶、松柏皆已合抱，盖数代物也	（铭道）阴氏—任氏—四川刘用潜明府—寿州方孩未—邓元昭太史，名万竹园
16	贾家园	南门内右手傍城，红土山	园依山为之，穿林拾级而入，则酒杯在睥睨间。登其亭榭，苍茫平楚，视江流如带。其一石瞰池生者，纡敞可步，诸园所未有也	惜园已渐圮，又多为人赁，饮游者虽众，不堪久坐
17	杨总兵园	中城街	广轩曲池，要无大致	—
18	胡氏有园	弄中	为吴人所垒石，较诸园假山，此为差胜。胡素封，不乐交游，故园名不著	—
19	小有园	石桥	余亲见主人凿池种梅，梅开甚盛	主人死，而其孙列为茶肆
20	蔡家园	水西门内	广池曲桥，亭轩交错。芙蓉开时，宪副饮予其中，亦觉锦绮夺目	松江富室蔡姓者——贵州蔡宪副
21	卓氏庄	清凉山后	虽未经营，若拓而治之，可为名园	—
22	某指挥居后园	金陵寺侧	竹可数十万，每年笋价百千，亦一异境也	—
23	杨龙友芮家园	塞洪桥，古白鹭洲处也	平畴绿野，可以游目骋怀。园中有池、有堤，亦可觞咏，但其亭台纤狭，原是富家儿所营者，不足副大观也	商城周方伯
24	王家园	牛首山下	营山凿池，有松坞花榭之盛，其轩窗亦开敞尽势，但冠盖错游，主人应接不暇，园亦能敝人矣	—

四、河房园林

“河房”为筑于秦淮河两旁的房舍，以悬筑于河上的建筑（有称水阁、河亭、河舫等）为其特色，“（秦淮）水上两岸人家，悬桩拓梁为河房水阁”[1]（图 4-16）。《留都见闻录》中言及至冬日秦淮河水位下降，水落河干，“一望河亭惟有木橛猬列耳，令人意尽”。

河房突出水阁于赏景宜，可观剧其中，亦可作为舞台，供看客在舟中欣赏表演。

于牛女渡河之明夕，大集诸姬于方密之侨居水阁……水阁外环列舟航如堵墙。品藻花案，设立层台，以坐状元。[2]

水阁通常会设置沿河的小码头或河房栏杆以便于上下。

既如此说，我不走前门家去了，你快叫一只船，我从河房栏杆上上去。[3]

秦淮夹岸楼阁，中流箫鼓，日夜不绝，繁华佳丽自六朝以来已然。“烟笼寒水月笼沙，夜泊秦淮近酒家。商女不知亡国恨，隔江犹唱后庭花。”（《泊秦淮》），诗人杜牧口中奢靡享乐的晚唐秦淮，到明末发展至极盛，尤其是聚宝门水关至通济门水关，即城东南一段。

秦淮灯船之盛，天下所无。两岸河房，雕栏画槛，绮窗丝障，十里珠帘……自聚宝门水关至通济门水关，喧阗达旦。[4]

---

[1] [明] 王士性．广志绎，清康熙十五年刻本：卷二．

[2] [清] 余怀，著．李金堂，校注．板桥杂记 [M]．上海：上海古籍出版社，2000：49.

[3] [清] 吴敬梓，著．张慧剑，校注．程十髪，插图．儒林外史 [M]．北京：人民文学出版社，2002：337.

[4] [清] 余怀，著．李金堂，校注．板桥杂记 [M]．上海：上海古籍出版社，2000：10.

图 4-16 桃叶渡河房

河两岸妓家云集。

游楫往来，指目曰：某名姬在某河房，以得魁首者为胜。[1]

妓家居河房，河房事实上是供居住用的住宅类建筑群，加之文人往来频繁，或以此为场地做诗文之会、设宴集会，或居留多日。为吸引、取悦文人，妓家的生活空间自然也模拟文人居所。《板桥杂记》中所载名妓李十娘的曲房密室中，构长轩，植老梅、梧桐、巨竹，入室"疑非尘境"。这类居所在整体空间上富有园林趣味，种树移石，台阁亭园一应俱全；屋内布置则近似书房的陈设，牙签玉轴，瑶琴锦瑟，香烟缭绕；亭园风格与室内陈设均极力向文人审美靠拢。

（李十娘）所居曲房密室，帷帐尊彝，楚楚有致。中构长轩，轩左种老梅一树，花时香雪霏拂几榻；轩右种梧桐二株，巨竹十数竿。晨夕洗桐拭竹，翠色可餐。入其室者，疑非尘境。[2]

（李大娘）所居台榭庭室极其华丽。[3]

[1]~[3] [清] 余怀，著．李金堂，校注．板桥杂记 [M]．上海：上海古籍出版社，2000：10.

[2] 同 [1]：23.

[3] 同 [1]：27.

（顾媚）家有眉楼，绮窗绣帘。牙签玉轴，堆列几案；瑶琴锦瑟，陈设左右。香烟缭绕，檐马丁当。[1]

（寇湄）归为女侠，筑园亭，结宾客，日与文人骚客相往还。[2]

秦淮河两岸河房园林除妓家居住外，也供游客租住。晚明施沛著《南京都察院志》，言当时秦淮河房有一半是留待出租给游客的房屋，且因歌妓多居其间，需要逐一"编入排门"以便管理。

一中城秦淮河房，半属闲空，以待游客，……自今一体编入排门，不得遗漏，若乐户尤属狭邪隐匿之所，更宜严毖。[3]

河房的出租，或短租，如沈德符（1578—1642）《金陵五日》中，租了半日河房听歌观舞，诗曰："一水盈盈织彩航，万钱半日僦河房。凤鞋暗点吴腔板，忽忆娃宫响屧廊。"[4] 或长租，来南京做官的士大夫可在河房租赁作公馆。

临近贡院的河房，为佳丽云集之所，便冶游，租金在南京城中属最贵，在士子云集的乡试年尤甚："其房遇科举年则益为涂饰，以取举子厚赁"（图 4-17）。租客通过当时的房屋中介人"房牙子"找房并签订租约。

南京下处，河房最贵亦最精，西首便是贡院，对河便是？子，故此风流忼爽之士，情愿多出银子租他。[5]

（杜少卿）当下走过淮清桥，……找着房牙子，……这年是乡试年，河房最贵，这房子每月要八两银子的租钱。[6]

---

[1] [清] 余怀，著．李金堂，校注．板桥杂记 [M]．上海：上海古籍出版社，2000：29-30.
[2] 同 [1]：51.
[3] [明] 施沛．南京都察院志 [M]．明天启刻本：卷二十"职掌"十三．
[4] [明] 沈德符．清权堂集 [M]．明刻本："金陵五日".
[5] [明] 东鲁古狂生．醉醒石．清覆刻本：第一回．
[6] [清] 吴敬梓，著．张慧剑，校注．程十髮，插图．儒林外史 [M]．北京：人民文学出版社，2002：328.

图 4-17 夫子庙与秦淮河房

河房也供租为商用。《留都见闻录》中还载有万历戊午年（1618）僧人租赁河房用作茶舍，“金陵栅口有五柳居，……一僧赁开茶舍，……南中茶舍始此。”

提供出租的河房，其主人一般不居其间，如顾起元家住城西南杏花村的园林里，其所有的秦淮河饮虹桥北河房平时为家僮居住照看。《儒林外史》中杜少卿租住的卢家河房，主人则居城南仓巷。

余家淮水饮虹桥北河房，为家僮所居。[1]

当下房牙子同房主人跟到仓巷卢家写定租约，付了十六两银子。[2]

在此，作为出租的河房是主人的投资物业；既是投资，自然也可以买卖。

[1] [明] 顾起元．客座赘语 [M]．南京：南京出版社，2009：203.

[2] [清] 吴敬梓，著．张慧剑，校注．程十髪，插图．儒林外史 [M]．北京：人民文学出版社，2002：328.

郭书办道："尊寓而今在那里？"董书办道："太爷已是买了房子，在利涉桥河房。"[1]

且交易频繁，并渐渐为来京的外地官员与富人购得。《留都见闻录》中言，1620 年左右秦淮两岸的河房尚多属南京本地的富贵之家所有，约十分之一为外地人所购，1630 年左右只有十分之三不到属于本地人；而近几年来，几乎都为"子税差官"所购得，本地人所有的河房仅剩不到十分之一。

南京河房佳丽者有三变，二十年前皆本京富贵家所有，四方人士置者十之一耳；十年以来为本京有者，十无二三；数年以来，非任子税差官所买，十无一二而已。

将文中相关信息梳理如表 4-3 所示。

南京秦淮河房园林并非独有。李斗（1749—1817）的《扬州画舫录》中描述了扬州小秦淮两处河房：一为茶肆，后又改为客舍，构小屋、小阁、方亭、河房，有黄石、古木、石床；一为土娼家，半河中半岸上，本身即成为小秦淮东水关一处胜景[2]。

明清革鼎，秦淮河房一度式微，清中后期又开始兴旺，《续板桥杂记》成书于乾隆后期，复有记述云"贡院与学宫毗连，院墙外为街，街以南皆河房。每值宾兴之岁，多士云集"。目前南京城南糖坊廊、钞库街、钓鱼台一带依旧留存部分河房。

---

[1][清]吴敬梓，著．张慧剑，校注．程十髮，插图．儒林外史[M]．北京：人民文学出版社，2002：328，292.

[2][清]李斗．扬州画舫录．清乾隆六十年自然庵刻本：卷九•小秦淮录："小秦淮茶肆，……入门，阶十余级，螺转而下，小屋三楹，屋旁小阁二楹，黄石巑岏，石中古木十数株，下围一弓地，置石几石床，前构方亭，亭左河房四间，久称佳构，后改名东篱，今又改为客舍，为清客评话戏法女班及妓馆母家来访者所寓焉。"

[清]李斗．扬州画舫录．清乾隆六十年自然庵刻本：卷九•小秦淮录："惟土娼王天福家，门外有河房三间，半居河中，半在岸上，外围花架，中设窗棂，东水关最胜处也。"

表 4–3《留都见闻录》中所涉河房园林概况

序号	名 称	定位点	特 色
1	汪姓者河亭	下浮桥	内竖石甚奇
2	余学士牌坊	上浮桥	旧有园基
3	住家河房	南门桥南岸	叠水石为亭
4	蔡弁河房	翔鸾坊	堂阁颇精，中列盆花甚茂
5	王氏、梅氏	武定桥以上北岸	但称壮固耳，其扁联多贵官题
6	徐府河房	文德桥下	甚壮丽，然秉烛督工，种树移石，成之甚速，而台阁亭园不名一处
7	瓜洲余家河房	过学宫	亭台宽敞，庭前有白木槿可观
8	齐王孙河房	过贡院，南岸	垂柳成阴，最宜消夏
9	五柳居	金陵栅口	万历戊午年（1618），一僧赁开茶舍，南中茶舍始此
10	桃叶渡河房	—	—
11	淮清桥南岸	—	广轩巍阁
12	河房数所	钓鱼巷	—
13	丁郎中河房 [1]	近水关	堂外设屏，竖石数片，而栽竹其前，亦修然有致。铭道注：丁名继，字介之，相国家子
14	黄户部河房	过水关	故为徐府亭园也，而黄益拓之，沿河几半里，皆甃石为址，琢砖为垣
15	南和伯河房	大中桥上	内窘于路，外逼于河，仅横列亭榭耳，然结构不俗

[1] 丁郎中河房在相关文献中多有提及，《桃花扇》中，吴应箕与陈贞慧、侯朝宗、李香君等人在秦淮河畔的丁继之水榭雅集《中秋夜张蘧林先生招集丁继之河房，同袁箨庵、唐祖命、顾云美、李笠翁诸子得多字》（清初的许山《弃瓢集•卷四》，清抄本，上海图书馆藏）与李渔有所交集。

五、定位与小结

将各类型的园林整合定位如图 4-18 所示。

吴应箕《留都见闻录》以文字形式，在晚明文人兴起的游冶观览胜景风潮背景下，构建出他个人心目中的南都景观，表达他对南都历史文化个人化的理解与风景欣赏的品位。

由分布图可见，其所选录的园林以城内为主，部分分布在城郊，远郊的胜景为燕子矶、栖霞山、牛首山（碍于图域范围未有涉及无法标示）。“河房园林”因其特殊的构筑原因沿内秦淮呈“线形”分布，衙署园林依明初都城规划中“五府六部”的位置，呈“点状”分布。其余空间格局主要呈“块状”分布态势，多以自然山水为主体，与第二章中的“南京城区山川分布图”相合。寺庙、祠堂、亭台、别业等分布其间，人文景观与自然景观合二为一，共同构成游冶佳处。

城内景观集中在城中与城南。钟山余脉蔓延至城中并延续至城北，城北因历史原因一直是军事区，地旷人稀，物资匮乏，故虽有营园的自然条件却无人文基础。城南本就是人口密集的商业区与居住区，在自然条件上有秦淮河与“门西”地区起伏的地势，造园理景繁盛。如此分布亦可见自然环境与人文环境的双重影响。

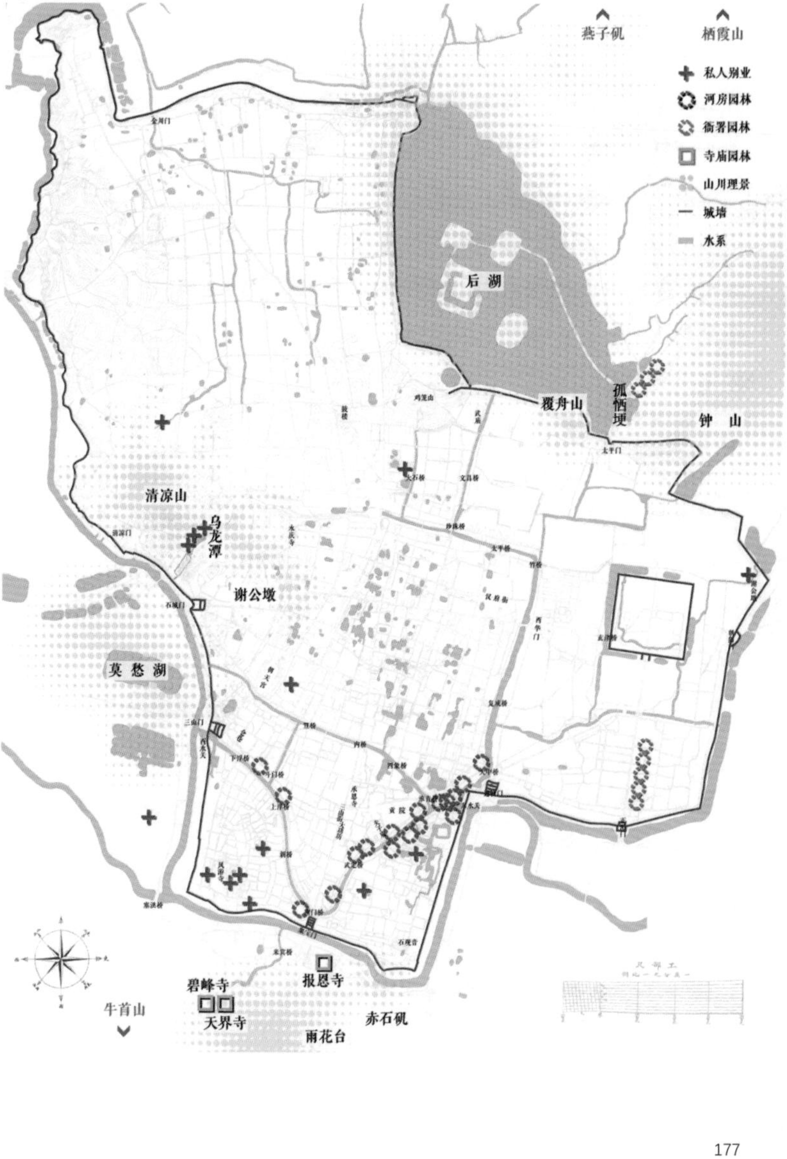

图 4-18《留都见闻录》中所涉园林定位图

第三节 社会需要

明中期以来旅游活动兴起[1]。旅游方式有徐霞客（1586—1641）式的“壮游”，有文人短途的“雅游”，也有普通平民、商贾争相效仿文人的赏景出游，尤其清明、端午、重阳等节令期间，名山胜景、寺观园林游人杂沓。如《留都见闻录》中雨花台片区的市民春秋的旅游：“春秋之间，游人最众。布幔茶炉，不移而具，翠袖红妆，亦时掩映其间”。乾隆时期苏州籍宫廷画家徐扬的《姑苏繁华图卷》中，绘有三个文人在郊外冶游的场景：文人坐卧于地垫上边赏景边宴饮，三仆携食盒侍候在旁，稍远处的山脊上，几名脚夫在席地休息（图 4-19）。

山川中常会设置有消防、水利作用的工程设施，如钟山与玄武湖之间的人工堤坝（“孤惬埂”），成为金陵四十景之“平堤湖水”，类似于西湖十景之“苏堤春晓”；或历史人文景点设置的休息、观景设施，本身也成一处景观，如清凉山顶的古翠微亭、雨花台山麓甘露阁与木末亭、燕子矶的俯江亭等等，引得文人在此观景、雅集；或自然风景中设置的休息场所，如《留都见闻录》中言，“复成桥以至珍珠桥河房零星矣，然短苇长杨之间即有小亭，亦为胜境”，是为自然中园林式的理景处理。

---

[1] 常建华．明代日常生活史研究的回顾与展望 [J]．史学集刊，2014（3）：95-110：“明代出行方面最大的变化，则是在江南等地旅游成为生活的一部分。明代的旅游问题较早引人注目，巫仁恕讨论了晚明江南兴盛的旅游活动，利用日记论述了明清士大夫日常生活中的旅游实践。周振鹤认为晚明社会风气的巨大变化使旅游成为一件正经事，大批文人热衷于游览名山大川，察社会风情，并蔚为时尚。许多人写下描写自然环境与人文景观的文章，其中突出者遂成为著名的旅游家，个别超群者则成为杰出的地理学家。”

图 4-19 清·徐扬《姑苏繁华图卷》局部

“山僧事茗设，扫积供殷勤”，寺庙除宗教作用外，也为香客与游人提供茶水及食宿服务，成为风景地内重要的服务场所。寺庙中的僧舍可供外人借宿，如《留都见闻录》中言天界寺的“竹园僧舍，多为外人赁典”；牛首山弘觉寺专设有为“游人宿处”的方丈室[1]。部分寺庙商业化氛围浓郁，《留都见闻录》中所记报恩寺僧舍南廊“比屋接檐，高其墙宇，亦如人家居，排牌贸易，而清修远寄之意都尽”。游赏、居住行为往往伴随着园林营建。北魏（386—557）散文家杨衒之《洛阳伽蓝记》记佛寺园林盛衰兴废，文中60 座佛寺几乎个个建园林，成为向人开放的“公共景观”。譬如宝光寺，“京邑士子，至於良辰美日，休沐告归，征友命朋，来游此寺（宝光寺园）。雷车接轸，羽盖成阴。或置酒林泉，题诗花圃，折藕浮瓜，以为兴适”。元代戏剧《西厢记》故事背景即为河中府普救寺的后花园。

[1] 姜宝．姜凤阿文集•卷五•牛首山游记．

衙署“廨舍”有居住功能，并供外人借寓。1624 年吴应箕三试南都就借居于刑部福建司署[1]。郡圃也供居住，如钱泳在清河的清江浦江南河道总督节院西偏的衙署园林“澹园”内曾寓居四年之久[2]。

明后期，“规模较大的结社一般都和戏剧活动密不可分”[3]，而复社更是“自始至终，载酒征歌，赋诗演戏”[4]。历史上的“秦淮八艳”个个都是昆曲名伶，“每开筵宴，则传呼乐籍，罗绮芬芳”（《板桥杂记》）；《桃花扇》中“闹榭”一出即描写吴应箕与侯朝宗、李香君等人在秦淮河畔丁继之水榭雅集。《清稗类抄•戏剧类》曰：“秦淮河亭之设宴也，向惟小童歌唱，佐以弦索笙箫。”[5]

[1] 详见附录四《南都应试记》：“天启甲子年（1624），……寓王达卿比部福建司公署。署在北门贯城内，……予居中最称幽适。……七月初旬，王生心睿同居署中，每日入时，步后河池上。钟山落翠，新荷放香，以为生平所快见云。”

[2] [清] 钱泳，撰．张伟，点校．履园丛话 [M]．北京：中华书局，1979：540：“园甚轩敞，花竹翳如，中有方塘十余亩，皆植千叶莲华，四围环绕垂杨，间以桃李，春时烂漫可观，而尤宜于夏日。道光己丑岁，余应河帅张芥航先生之招，寓园中者凡四载。”

[3] 刘水云．明末清初文人结社与演剧活动 [J]．南通师范学院学报，2001（1）：52-56.

[4] 宗菊如，居解清．中国太湖史 [M]．北京：中华书局，1999：620.

[5] [清] 徐珂．清稗类抄 [M]．北京：中华书局，2010：5052.

"和其他南方城市相比，南京由于其规模和位阶，而能吸引更多的物质和人力资源，以成就其城市的繁荣富庶。秦淮的妓院，更成为南京逸乐生活的重要源头。太学、贡院和妓院同处一地，一方面制造了更多名士风流的轶事，一方面也让秦淮河成为最广受士大夫记叙的欲望的象征。金陵因此承载了太多的甜美、放荡的记忆，成为一个逸乐之都。"[1] 秦淮河房在明末这样的背景之下，成为文人、士大夫社交娱乐的场所，承担宴饮、雅集、居住等等功能。

（顾媚）家有眉楼，……而尤艳顾家厨食，品差拟郇公、李太尉，以故设筵眉楼者无虚日。[2]

（李十娘）所居曲房密室，……余（余怀）每有同人诗文之会，必至其家。[3]

总之，在明末江南逸乐风气之下，南京因其政治、经济、文化方面的特殊性，吸引了大量文人短期或长期居住于此，旅游活动、文人结社的兴盛带来食宿等方面的消费需求，《留都见闻录》中所涉的山川、寺庙、衙署、别业、河房中的园林成为城市中的公共空间，承担游览、居住、宴集等等功能。

[1] 详见：李孝悌．桃花扇底送南朝：断裂的逸乐 [M]// 李孝悌．恋恋红尘：中国的城市、欲望和生活．上海：上海人民出版社，2007.

[2] [清] 余怀，著．李金堂，校注．板桥杂记 [M]．上海：上海古籍出版社，2000：29.

[3] 同 [2]：23.

第四节 观念

1633 年吴应箕在家乡安徽贵池秋浦山中自建“暂园”，作《暂园记》[1]。暂园依山而建，亭堂相对，筑书屋于亭旁，以廊相连，整饬花木，历时两年而成。

随山势营为园，垒而周之，园林其中。林际构亭，对亭为堂，亭侧列舍数间，贮所读书。旁为廊入，梅桂环拥。然后扫除荆棘，翦涤蕴丛，而向之森挺盘曲弃置草间者，尽为槛楹闲物。盖凡两年，而园成，成而自题之曰“暂”。

作为文人，同时也是暂园主人，吴应箕对园林有极具个人化的审美与认识。下文将从《留都见闻录》的写作目的、所涉及的园林类型，以及吴应箕对这一系列园林的审美评判，解读其不经意间流露出的园林观。

一、《留都见闻录》的写作目的与园林分类

明代以来南京文人兴起精选胜景重新品题的风气。“文人圈中一个比较明显的文化风尚是旅游活动的兴起，……诸多旅游手册随之出现，文人多撰写游记以记述与评赏旅游活动。”此种行为背后的成因，有研究认为源于明中期以来全方位的社会秩序失控与等级制度失调，体现在游赏方面，平民百姓对于原先仅属于文人的游赏行为亦纷纷效仿，使得文人对动辄倾城出游的行为异常反

[1] 详见附录五。

感（这在《留都见闻录》中有类似表达），出于对自身身份属性定位日渐模糊的焦虑，“遂以包括旅游地点、旅游路线及旅游时间之旅游方式的发陈出新甚至奇谲古怪，加以应对”，实则是一种对身份的“自卫”行为[1]。

这是《留都见闻录》成文的部分背景。在“山川”前的小序中，吴应箕认为有关南京的名胜古往今来的记载各有不同，且缺乏“概览”性记录，于是自己记录下登临过的南都古迹，为后来者提供“各区胜概”，并供不能踏足于胜景的人“卧游”。

古称建邺，……虽迹之盛衰，名之显晦，今昔记载各有不同，要之为各区胜概者，可指而数也。予以登临所至，辄为记之，俾至此地者，可向余《录》问津，即足迹未及而有胜情者，安知不以此为卧游乎？

“园亭”小序中吴应箕说所录皆为其所游中“别具稍胜者”，同时不包含不方便游览的傍宅园与宅内庭园，不到当时有文字记载的十分之一，记录目的在于给后人提供旅游资讯，“以备后人观览之助”，也说明所录皆是一般人可游、具有部分公共性质的别业园林。

南京园亭，见于记载者，余访其迹，十不得一。……就余所游涉所及，别具稍胜者记之，以备后人观览之助。至于人家居第之中，亦有林池木石，雅足赏对者，以其不堪登临，故不录也。

《留都见闻录》是未完成的残稿，无法从其园林理景的“取舍”与“排序”中做价值判断。目前所刊印的文中所选，是为吴氏寓

[1] 胡箫白．胜景品赏与地方记忆：明代南京的游冶活动及其所见城市文化生态 [J]．南京大学学报（哲学•人文科学•社会科学），2014（6）：76-90.

居南京所游赏的胜景与园林，远非南京之全部；选录内容受限于其身份地位与经济条件，选录目的与当时文人一样，在于为后人提供旅游手册，也为表达个人品位。这其中，“山川”条目包含“钟山、清凉山、雨花台、赤石矶、莫愁湖、乌龙潭、后湖、谢公墩、青溪、覆舟山、摄山、燕子矶、牛首山”等，实际上混杂着“园亭”“公署”“寺观”的内容。如“山川”条目的“莫愁湖”，本就属魏府所有的别业园，在“园亭”条目中也有提及；“清凉山”条，此山前后左右，“为亭园祠院者不一，纵步所之，景物具给”。

名山不单纯是“自然造化的三维空间，而是蕴含丰富的山水文化载体，这一点应是中国名山理景的最大特色”[1]。山川之地为造园择址首选——“园林为山林最胜”，如王世贞《游金陵诸园记》中的别业园（莫愁湖园、凤凰台园）。寺观也通常因山而构，所谓“天下名山僧占多”。而南京寺庙六朝时代就极盛，明初都城规划亦集中兴建了一批庙宇寺观；南都本身山川形胜，城内外大小山峦无数，相应的庙宇寺观也繁盛（参见图 2-10）。寺庙本身不仅成为山川理景的一部分，同时寺庙内部也供居住，并设园林。

《留都见闻录》中条目的含混表明传统文人行文中对园林概念界定不甚清晰，古人与今人眼里的“园林”也必然存在某些方面的隔阂。总之，有关园林的描述散于这五目之中，在今人分类看来，有开放式的风景名胜，有半公共的附属园林与私人别业，这些园林在内容上实则并无差别，地点与所属皆非其关键。

---

[1] 潘谷西．江南理景艺术 [M]．南京：东南大学出版社，2001：308.

二、《留都见闻录》中园林理景的审美

首先需要说明，吴应箕所选录园林为其认为的“别具稍胜者”，故此倘若园中的叠山、植物有特别之处，也值得一记。如汪姓者河亭“内竖石甚奇”，丁郎中河房“堂外设屏，竖石数片，而栽竹其前，亦修然有致”，或瓜洲余家河房“庭前有白木槿可观”，齐王孙河房“垂柳成阴，最宜消夏”，“竹可数十万，每年笋价百千，亦一异境也”。鲜有园林因其间的建筑得提，对于构筑物的称许至多为“堂阁颇精”“亭台宽敞”或“广轩巍阁”。

在吴氏对园林的评语中，可总结出其对园林理景的审美趣味。

1. 追求“自然”

对自然的追求首先体现在园林的择址上，以山水间为佳。如此园外自然“皆几席间物”。

（焦太史半山园）窗列远岫，庭俯乔木，而据此营墅，不独登临之美，亦可凭吊系之矣。

（余中丞园）盖其山光水色皆几席间物，城中得此为难耳。

（贾家园）依山为之，穿林拾级而入，则酒杯在睥睨间。登其亭榭，苍茫平楚，视江流如带。其一石瞰池生者，纡敞可步，诸园所未有也。

吴氏对“河房”的整体态度表现其对居住中自然环境的看重。在“河房”小序中他指出河房虽“绿窗朱户，两岸交辉”，却因夹秦淮而居难保私密，“倚槛窥帘者，亦自相掩映”；虽夏天秦淮河水位高涨，画船箫鼓为“天下之丽观”，然而及至冬日水落河干，满眼的短木桩却令人意尽。故“饮河亭及河舫者，久之亦如饮市楼

为可厌”；也因此更爱城外河流，不光可以“纵其所如”，且常有“林岸苇曲，可以领清音、寓旷瞩也”。

其次是审美中对自然的尊重，欣赏较为纯粹的自然，“复成桥以至珍珠桥河房零星矣，然短苇长杨之间即有小亭，亦为胜境”，并认为过度的人工会损害自然，在其对摄山千佛岭的态度可见一斑——“生憎凿佛伤天巧”，石壁上雕琢佛像损害了石壁本身的美。李渔《闲情偶寄》中提及书房墙壁须适度装饰书画，举唐朝大历末年和尚玄览前往荆州陟屺寺任主持，认为书画弄脏了墙壁而将墙上的名人书画一并粉刷掉一例，对墙壁本身表示最大尊重[1]。与之观点类似，同为文人审美。

2. 注重“结构”

吴应箕认为园林中即便垒石、蓄池、建筑、花木皆全，若“结构繁芜”，则“不足寓目”，对园林的布局要求甚高，譬如其对徐府河房的评语便是“甚壮丽，然秉烛督工，种树移石，成之甚速，而台阁亭园不名一处”。而倘若结构不俗，那么规模、建筑方面的缺憾亦不妨碍园林的整体品质，所讲究在于“岩壑自然”“林亭深曲”。

（南和伯河房）内窘于路，外逼于河，仅横列亭榭耳，然结构不俗。

（韩方伯园）其傍居室者，垒石甚多，石亦有奇者，然殊无位置。

（杨龙友芮家园）中有池、有堤，亦可觞咏，但其亭台纤狭，原是富儿所营者，不足付大观也。

[1]《闲情偶寄》：“昔僧玄览往荆州陟屺寺，张璪画古松于斋壁，符载赞之，卫象诗之，亦一时三绝，览悉加垩焉。人问其故，览曰：‘无事疥吾壁也’。”

3. 园与人——精神象征

吴氏认为园林最终格调的高低不在其物质空间环境，而取决于园中藏书的多寡、主人的好客与否以及往来人士的品位高下。强调园林在精神层面的作用，以及“人”的重要性，这与王世贞对于园林取舍与排序的标准不谋而合。

（近时所营）若夫倚山临流，升高引下，古木修篁，敞亭窈室，花石位置之精、图书藏蓄之富，兼之主人好客、高朋胜士不绝于坐者，虽一京之大，固未之前闻矣。

吴应箕在家乡“随山势营为园”，取名为“暂”。他解释，时间可以摧毁作为实体的园林，而园却可以因人而存，照此逻辑推理，作为实体的园即便并不存在，因为“人”的原因，也可得以流传。“园成而复念园可不必有也，故曰‘暂’也”[1]。

园不存而园名甚广，的确是在中国历史上屡屡发生的现象。如绍兴青藤书屋，学者考证徐渭（1521—1593）作品中涉及青藤书屋的《青藤八景图》为后人附会，并认为“青藤书屋”是徐渭逝世后托其名而建[2]。事实上，青藤书屋在清代就被认为是徐渭故居，乾隆癸丑（1793）被人修葺一新后，更是“一时游者接踵，饮酒赋诗，殆无虚日”[3]。又如绍兴沈园，只因陆游（1125—1210）的一曲《钗头凤》成就千古名园，曹汛考证其非旧址，而是清代文人沈氏的“矜夸”[4]。黄宗羲（1610—1695）考庐山右

[1] 详见附录五《暂园记》：“木之成毁，时也，非园之系。族即无园，而游涉觞咏者不乏人。虽微侵夺，吾见人数代之业者寡矣，况区区一园哉？予偶念至而园成，园成而复念园可不必有也，故曰‘暂’也。”

[2] 李普文．“青藤书屋”及徐渭别号考 [J]．美术观察，2007（5）：97-102.

吴雨声．徐渭故居系青藤书屋存疑 [J]．青春岁月，2014（1）：214-215.

[3] [清] 钱泳，撰．张伟，点校．履园丛话 [M]．北京：中华书局，1979：544.

[4] 曹汛．陆游《钗头凤》的错解和绍兴沈园的错定 [J]．中国典籍与文化，1993（2）：25-26.

军墨池，一向严谨的史家对名胜的真伪却持豁达态度："然流传既久，即其不足信者，亦为古迹矣"（黄宗羲《匡庐游录》）。

清人钱泳《履园丛话》中"造园"一节认为，园"要与主人之相配""视主人以传"，园的物质层面渐被忽视，段尾更是提出纸上园林的概念，彻底走向唯心[1]。在中国传统文化语境下，世人对于名山胜水、名园古迹的理解及明清文人眼中园之内涵值得我们深思。

[1] [清] 钱泳，撰．张伟，点校．履园丛话 [M]．北京：中华书局，1979：545-546："有友人购一园，经营构造，日夜不遑。余忽发议论曰：'园亭不必自造，凡人之园亭，有一花一石者，吾来啸歌其中，即吾之园亭矣，不亦便哉！'……吴石林癖好园亭，而家奇贫，未能构筑，因撰无是园记，……江片石题其后云：'万想何难幻作真，区区丘壑岂堪论。那知心亦为形役，怜尔饥躯画饼人。写尽苍茫半壁天，烟云几叠上蛮笺。子孙翻得长相守，卖向人间不值钱。'"

小 结

16 世纪初商业的发展逐渐改变了江南城市的原有结构，在此变动背景下对开放的园林空间需求增加，这类空间在明清江南城市中分布、流变，与城市发展交织在一起，形成独特的城市图景。明末南京因南直隶的乡试与社团活动的频繁，聚集大量文人士子，旅游活动兴盛，成为“逸乐之都”，在居住、宴集、游观等需求下，对城市中园林景观需求亦增。将园林景观这一具体研究对象置身于城市背景中来考察，在加深对其理解的同时，也可加深对中国传统城市的理解。

本章以《留都见闻录》为基本文本，首先考证文章内容写作于 1639—1642 年间，考察梳理文字中所涉及的城市开放园林。明代以来，平民百姓对于原先仅属文人的游赏行为亦纷纷效仿，使得文人出于对自身身份属性定位日渐模糊的焦虑，精选胜景、重新品题的风气兴起。

吴应箕的《留都见闻录》在此种背景下写就，选录目的在于为后人提供旅游手册，同时也为表达个人品位。文本自身为概览性质，很少涉及“构筑”方面的信息，通过对其“空间定位”“社会需要”“观念”三方面分析，可得以下结论：

1. 文中涉及的开放园林有山川、寺庙、衙署、别业、河房等类型，其在地理空间上基本以山水为骨骼分布，与第二章中的“南京城区山川分布图”相合。寺庙、祠堂、亭台、私人别业等分布于自然山水间，人文景观与自然景观合二为一，共同构成游冶佳处。虽则城北山川地势不殊，然而城内园林景观还是主要集中在城中与城南，由此也可见人文环境对园林营建的重要性。

2. 商业氛围、逸乐风气引发消费需求，共同构成吴应箕《留都见闻录》的社会文化背景，促成不同类型的公共空间诞生与兴盛，渗入市民日常生活的肌理。从《留都见闻录》文来看，山川中通常会设置一些具有实际功用的人工理景设施，以“亭”居多，如翠微亭、木末亭、俯江亭等等，“短苇长杨之间即有小亭”，这些设施成为风景中的驻足点，同时也点缀了风景。寺庙是风景地内重要的服务场所，提供茶水及食宿服务，设园林。衙署也供外人居住，设园林。秦淮河房更是文人、士大夫社交娱乐的场所，种树移石，台、阁、亭、园一应俱全，并承担宴饮、雅集、居住等等功能。人对纯粹的自然胜景有所渴望并踏足其间，便有一系列人工设施的产生；而城市中有人的空间，也有对自然的向往。所谓园林理景，也就是在人的需求之下，通过具体的设计实践，处理人与自然的关系。

3.《留都见闻录》中有关园林的描述散于这五目之中，这些园林在内容上并无差别，地点与所属皆非其关键。在吴应箕的评语中可以看出他追求自然与注重布局的审美趣味：对自然的追求首先体现在园林的择址以处山水间为佳。其次是园中布置和材料方面对纯粹自然欣赏，对园林的布局要求甚高，认为园林规模与建筑方面的缺憾都可以通过整体布局得到弥补。然而最终对园林的观点还是切入精神层面——注重“人”的作用，认为园林格调的高低最终并不取决于其物质空间环境，而取决于园中藏书的多寡、主人的好客与否以及往来人士的品位高下，这与王世贞对于园林的取舍与排序的标准不谋而合。故此，在中国传统文化语境下，世人对于名山胜水、名园古迹的理解及明清文人眼中园之内涵值得深思。

第五章
1668—1677 年的芥子园别业

清朝统治自康熙（1662—1722）初年日趋稳定。南京应天府降格为江宁府，政治地位虽不如以往，但依旧是江南一带的政治中心，城内集中了大量官署[1]。清政府推行怀柔政策征召山林隐逸，开博学鸿儒科吸引汉族文士参加新政权，江南名流纷纷以不同途径入朝为官。南京作为江南政治中心，又是远离北方政权的明代故都，在政治地位、地理位置、文化内涵等诸多方面，吸引着遗民、降臣、贰臣等各种不同身份的文人群体聚集于此。李渔即是在此背景下来到南京，营建了闻名于世的芥子园。“芥子纳须弥”总结出明清小型私家园林的经典意象，随着“芥子园书坊”所刊印的书籍，尤其是《芥子园画传》的经久不衰，“芥子园”在时光淬炼中逐渐成就名园之名。

[1] 清朝在江南建江苏省，以江宁（南京）为省会，也是江宁府的府治所在地，江宁府的附郭江宁县和上元县的县治及相关政府机构在城内，同时江宁也是两江总督的治所。

第一节　背景

一、李渔：文化商人与造园名家

李渔（1611—1680），本名仙侣，后改名渔，号笠翁。不同于士大夫王世贞与秀才吴应箕，明清革鼎后，李渔既未选择与新政权合作，出仕清廷，亦未走隐居之路，而是凭一己文才，卖文为业，并为了获取更多经济利益从事出版，自产自销兼刻时人名作，是成功的文化商人[1]（图 5-1）。

清康熙元年壬寅（1662）前后，李渔由杭州举家移居南京，著书立说、刻印图书、编排戏曲、建造园林，约“二十载”。初居“金陵闸旧居”，后于城东南隅为自己营造别业“芥子园”，又有书坊托园名为“芥子园书坊”：

此予金陵别业也。地止一丘，故名“芥子”，状其微也。往来诸公，见其稍具丘壑，谓取“芥子纳须弥”之义，其然岂其然乎？[2]

作为在造园史上占一席之地、众所周知的理论与实践兼备的文人造园名手，李渔曾为自己建造过三处园林：伊园、芥子园、层园。

[1] 如第四章所言，明代科举制度发展完善，学校教育相应繁盛。及至晚明，生员大量增加，仕进之途相对地随之狭窄，无法仕进而滞留社会下层读书人日益增多；纲纪废弛的政治状况和心学流行的文化氛围，给文人以文谋生提供了相对宽松的思想环境；日渐发达的商品经济及印刷出版业，为以文谋生提供了相应的物质条件，故文人大量走向社会以文谋生成为晚明普遍的社会现象。参见：周榆华．晚明文人以文治生研究 [M]．2 版．广州：广东高等教育出版社，2011.

[2]《李渔全集：第一卷》：241，本书有关李渔的著述多印自浙江古籍出版社 1991 年出版的《李渔全集》。

图 5-1 杂剧作者湖上笠翁先生肖像

1. 伊园（兰溪）

明崇祯二年（1629）李渔因父亲病逝，由江苏如皋回原籍浙江兰溪居住。清顺治年间约 1647—1651 年，李渔在兰溪下李村建伊园，“山麓新开一草堂，容身小屋及肩墙”，是位于伊山脚下的简朴园居[1]。伊山是三十几丈高、占地不及百亩的小山，东面瀔水[2]。据李渔《伊山别业成，寄同社五首》《伊园杂咏》《伊园十便》等诗作看，伊园门外有山，窗外临水，水中有岛，岛上有亭，燕又堂、停舸、宛转桥、蟾影、宛在亭、打果轩、迂径、踏影廊分布其间，野趣盎然。李渔在此养鸡，种橘，栽秫培酒，植花养蜂。李渔晚年对这段兰溪乡下的园居时光十分留恋[3]。顺治九年（1652）伊园转手他人，李渔举家移居杭州。数年后李渔经过故乡，伊园再易主，早不复旧日模样[4]。

2. 芥子园

芥子园为本章研究重点，将于下文详尽展开。

3. 层园（杭州）

清康熙十六年（1677）李渔自南京返杭州，第二年在云居山

[1]《李渔全集：第二卷》：165：《伊山别业成，寄同社五首》。

[2]《李渔全集：第一卷》：129：《卖山券》：“伊山在瀔水之西鄙，舆志不载，邑乘不登，高才三十余丈，广不溢百亩，无寿松美箭、诡石飞湍足娱悦耳目，不过以在吾族即离之间，遂买而家焉。”

[3]《闲情偶寄•颐养部•行乐第一》：“予绝意浮名，不干寸禄，山居避乱，反以无事为荣。……计我一生，得享列仙之福者，仅有三年。”

[4]《李渔全集：第二卷》：224：《再过武林旧居，时已再易其主》：“旧业重过草木稠，门开难禁客来游。墙围尽改鸡莳失，屋主频更燕子愁。增盖数椽天觉小，幸留三径地还幽。诗成欲向屏间写，物是人非笔也羞。”

东麓造园[1]。“因其由麓至巅，不知历几十级也”，故曰“层园”[2]。于层园俯视杭州城，西湖若在几席间。1680 年李渔在贫病交加中去世，只有两年惨淡经营的层园，其状可想：“层园无力势难乘，竭蹶才完第一层”[3]。

关于李渔为他人所造之园，曹汛先生曾作长文《走出误区，给李渔一个定论》，将历史上几处被认为是李渔所造园林一一证伪，本书有部分不同意见，略述如下。

1. 张掖提督府西园（甘肃）

清康熙六年（1667）李渔受大将军靖逆侯张勇之邀游秦，在甘肃张掖提督府中受到殷勤接待[4]。李渔为其造提督府西园假山。

2. 郑亲王府惠园与半亩园（北京）

惠园在北京西城大木厂（今二龙路），半亩园在弓弦胡同内，二者相传皆为李渔所造。钱泳（1759—1844）《履园丛话》称，“惠园在京师宣武门内西单牌楼郑亲王府……为国初李笠翁手笔”。道光年间（1821—1850）半亩园的园主麟庆在《鸿雪因缘图记》中称半亩园原为贾汉复中丞宅园，李渔客其幕时为其“叠石成山，引水作沼”成就此园。

[1] 《李渔全集：第二卷》：246：《次韵和张壶阳观察题层园十首》前小序：“乃荒山虽得，庐舍全无，戊午之春（1678），始修颓屋数椽。”

[2] 赵坦，《保斋甓文录》卷三《书李笠翁墓券后》：“笠翁名渔，金华兰溪人。康熙初以诗古文词名海内，晚岁卜筑于杭州云居山东麓，缘山构屋，历级而上，俯视城，西湖若在几席间，烟云旦暮百变，命曰层园。”

[3] 《李渔全集：第一卷》：224：《上都门故人述旧状书》：“虽有数椽之屋，修葺未终，遽尔释手。日在风雨之下，夜居盗贼之间；寐无堪宿之床，坐乏可凭之几。甚至税釜以炊，借碗而食。嗟乎伤哉！李子之穷，遂至此乎！”

[4] 俞为民．李渔评传 [M]．南京：南京大学出版社，1998：32.

曹汛考证二者皆为误会，但本书观点则认为在没有确凿证据前当存疑[1]。且这种“附会”甚嚣尘上，必有其背后的合理之处，惠园与半亩园所营造的意境当与李渔一贯的造园风格相近，否则这样的“哄传”也不攻自破。故惠园与半亩园这两个园林对研究芥子园及李渔的造园思想还是有一定的参考价值。

3. 市隐园（南京）

市隐园为南京一代名园，初创于明嘉靖年间，在前两章中均有涉及，到清初无论园的四至范围、园中的建筑构筑都已历经变迁。清初尚书龚鼎孳（1615—1673）曾寓居于此[2]。康熙十一年（1672）李渔去信龚鼎孳，自荐为其营建市隐园（详见后文）。

[1] 详见：曹汛．走出误区，给李渔一个定论[J]．建筑师，2007（6）：93-100. 前者证伪的理由为，郑亲王府惠园是嗣简亲王德沛所建，德沛卒于乾隆十七年（1752），与李渔时代相差较远，故此园不可能为李渔所造。对于这一观点本书认为，德沛时期的惠园诚然非李渔所造，然而却不能排除惠园在旧园基础上营建的可能，而旧园基与李渔是否无关也需要证据论证。后者证伪的理由是，贾汉复是在京为官的汉人，康熙初年汉人一般不能在内城建宅建园，故在弓弦胡同内的半亩园不可能为其宅园；并指贾汉复府第在京师崇文门外。对于这一观点本书亦不认同，理由略述如下。李渔曾赞贾汉复将自己宅园让与诸乡人居住：“公以绝大园亭弃而不有，公诸乡人，凡山右名贤之客都门者，皆得而居焉。义举也，仅事也，书以美之。”（《李渔全集 • 第一卷》：261：《赠贾胶侯大中丞》）。“凡山右名贤之客都门者，皆得而居”，可见这个“绝大园亭”中居住的人多且杂，作为京城官员的贾汉复“弃而不有”，自是不会再居此园，故贾汉复在京并不止一处居所。不管这“绝大园亭”是否在京师崇文门外，京师崇文门外府第的存在不足以证明内城的弓弦胡同的半亩小园不属贾汉复，是其一。退一步，即便麟庆所说的半亩园的历史为讹传，半亩园与贾汉复无瓜葛，但也不能就此断定半亩园与李渔无关，此其二。

[2] 龚鼎孳，号芝麓，明末清初文学家，被清划为贰臣之列；娶秦淮名妓顾眉为妾。《东城志略》云“……转北为大油坊巷，有明姚典客潮市隐园。其子之裔建海月楼于中，孙履素拓南面而大之。以北半归何侍御淳之，命曰‘足园’。鼎革后，龚尚书鼎孳擘顾眉娘寓此”。详见：［清末民初］陈作霖，［民国］陈诒绂，撰．金陵琐志九种[M]．南京：南京出版社，2008：112-113.

李渔友人尤侗（1618—1704）[1] 在信后批曰："入芥子园者，见所未见；读《闲情偶寄》一书者，闻所未闻。使得市隐名园，展其胸中丘壑，更不知作何等奇观？读此痒人心目。"[2] 然次年龚鼎孳去世，自荐一事有何下文无从知晓。而由"自荐"一事后人也可推知，李渔在他所处的时代，其造园之名远不及词曲之名。

事实上后人的研究亦多关注他在戏曲小说方面的杰出成就，所以其友人许茗车才会说只知道他擅词曲可以说是不了解他[3]。

[1] 尤侗，字展成，明末清初著名诗人、戏曲家，于康熙十八年（1679）举博学鸿儒，授翰林院检讨。

[2] 《李渔全集：第一卷》：《与龚芝麓大宗伯》：162.

[3] 《李渔全集：第二卷》：61："今天下谁不知笠翁，然有未尽知者，笠翁岂易知哉！止以词曲知笠翁，即不知笠翁者也。"

二、相关文献梳理与考证

本章以浙江古籍出版社 1991 年出版的《李渔全集》（全 20 册）为基本文本。《李渔全集》囊括李渔已知的全部著作，其中还包括李渔年谱、李渔交游考、李渔研究资料选辑等研究论述[1]。本章李渔本人相关的考证文字皆出于此。

李渔作为理论与实践兼备的文人造园家，为自己与他人造园，其对于造园的基本观点及南京芥子园的相关信息，皆零散记录在《李渔全集》中，以《闲情偶寄》尤多。《闲情偶寄》康熙十年（1671）出版，采取散文体叙述方式，分"词曲部""演习部""声容部""居室部""器玩部""饮馔部""种植部""颐养部"共八部，是李渔一生艺术经验的总结，囊括戏曲、服饰、园林、饮食、花草、养生等等，可谓三百余年来长盛不衰、雅俗共赏，是"一幅展现明清之际的文人……生活，而又力图别求新变、踵事增华，引领一种雅俗共赏、贫富皆宜的时尚生活的《清明上河图》"[2]。芥子园约康熙七年（1668）落成，《闲情偶寄》中有关造园的经验、居室的布置、花卉的栽种，很多都出自芥子园，"居室部"中很多插图亦摹自芥子园，如"联匾第四"中所介绍之联匾皆为芥子园中所有[3]。芥子园地止一丘，形如芥子，在园林史上虽只是转瞬即逝的一笔，但却因该书的流传，在文人园林中占据一席之地。

---

[1] 因本章考证涉及的年代对结论至为重要，故而本书的相关年代不光依照《李渔全集》第十九卷中的《李渔年谱》，同时校对黄强教授关于李渔的一系列文章，主要为《李渔移家金陵考》《李渔交游考辨》《李渔为金陵芥子园书坊主人考述》等。

[2] 赵强．闲情何处寄？：《闲情偶寄》的生活意识与境界追求 [J]．文艺争鸣，2011（3）：124-130.

[3]《闲情偶寄》出版时间参照《李渔全集》第十九卷《李渔年谱》，芥子园落成时间详见下文考证。

《闲情偶寄》中与本章所论相关的主要为“居室部”，“器玩部”及“种植部”两部中对造园思想也稍有涉及。“居室部”下又分为“房舍”“窗栏”“墙壁”“联匾”“山石”凡五种[1]。“种植部”论述各种花木的特性与植花种草的技术，因其并非从“园亭”的角度来写而单以介绍各种植物为主，通常借题发挥转而谈世论道，偶尔一鳞半爪提及造园。

为便于翻阅、查找，《闲情偶寄》引自上海古籍出版社 2000 年出版的版本，引文中的版本不做特殊说明即为此版，并对照山东画报出版社 2003 年的版本（《闲情偶寄》中有关芥子园的文字详见附录六）。

[1] 《长物志》（十二卷）中与造园有直接关系的三卷为：“室庐”“花木”“水石”；《园冶》的结构则为“相地”“立基”“屋宇”“装折”“栏杆”“门窗”“墙垣”“铺地”“掇山”“选石”“借景”。“居室部”的叙述结构与《园冶》有相近之处。在“墙壁”的“女墙”条目中李渔提及《园冶》：“（女墙）其法穷奇极巧，如《园冶》所载诸式，殆无遗义矣。”（《闲情偶寄》：206）可见他曾读过这部著作，是否有所借鉴不得而知。

第二节 空间定位

李渔在南京的居住状况是深入了解芥子园的基础，主要涉及“金陵闸旧居”“芥子园”“芥子园书坊”这三者的关系与定位。一般观点认为，李渔在“芥子园”落成后，由“金陵闸旧居”搬至“芥子园”内居住，并于园中设“芥子园书坊”：“李渔在芥子园编辑刻印了不少插图精美、传播四方的书籍”[1]。

一、“金陵闸旧居”宅址

南京在嘉靖、万历年间是全国最重要的书坊刻书中心，至清代书坊仍然相较繁盛[2]。清康熙元年壬寅（1662）前后，为杜绝盗版，李渔由杭州移家南京自产自销：“弟之移家秣陵也，只因拙刻作祟，翻板者多。故违安土重迁之戒，以作移民就食之图。”[3] 迁居之初居“金陵闸旧居”，有《戏题金陵闸旧居》一诗：

门外二柳，门内二桃，桃熟时人多窃取，故书此以谑文人。

二柳当门，家计逊陶潜之半；

双桃钥户，人谋虑方朔之三。[4]

金陵闸是用来蓄水的小闸，“临石壩之首有木板以蓄泄水，命曰金陵闸”[5]，在南京城南夫子庙一带（图 5-2）。《金陵四十

[1] 黄强．李渔移家金陵考 [J]．文学遗产，1989（2）：92-96.

[2] 戚福康．中国古代书坊研究 [M]．北京：商务印书馆，2007：175.

[3] 《李渔全集：第一卷》：167：《与赵声伯文学》.

[4] 《李渔全集：第一卷》：243.

[5] [清末民初] 陈作霖，[民国] 陈诒绂，撰．金陵琐志九种 [M]．南京：南京出版社，2008：114.

景图像诗咏》亦有“金陵闸”。现南京平江府路与平江桥东侧连着内秦淮河与白鹭洲的水道名为“金陵闸沟”，而夫子庙一带依旧沿用“金陵闸”为地名，有“金陵闸小区”。金陵闸旧居门内熟桃被偷，李渔却写对联“以谑文人”，据此可推断旧居面街，前院兼作门市，文人会至内院选购书籍，李渔诗《癸卯元日》（1663）中的“水足砚田堪食力，门开书库绝穿窬”亦即此意[1]。清代南京书坊主要分布在南京状元境书肆街与夫子庙书肆[2]。“金陵闸旧居”地处夫子庙区域，地段与清代书坊地域分布相符。

康熙四年（1665）李渔游粤，写信嘱咐家人将刻书之印版贴墙以作夹壁防贼[3]。家报云：

靠东一带墙垣，单薄之甚，此穿窬捷径也；又兼奴辈善睡，欲其为司夜之犬难矣。为今之计，欲尽立木栅，则数间之屋，非十余金之费不能。……不若以生平所著之书之印板，连架移入其地，使之贴墙，可抵一层夹壁，贼遇此物，无不远之若浼。[4]

李渔家有刻工：“剞劂氏刘某，江南名手也。从事敝斋有年，拙刻如林，多出其手。”[5] 据此可推断，“金陵闸旧居”离金陵闸不远，有“数间之屋”，李渔“生平所著之书之印板”皆在其间，前有门市，后兼居住与刻印之功用。金陵闸位于石壩街之首，晚清涂宗瀛（1812—1894）编著《江宁府重修普育四堂志》，绘石壩街中住房图一幅，共四进三个院落，可资参照（图 5-3）。

---

[1]《李渔全集：第二卷》：181：《癸卯元日》.

[2] 高信成．中国图书发行史 [M]．上海：复旦大学出版社，2005：82-88.

[3] 这里李渔的游粤的时间界定依据：黄强．李渔交游再考辨 [J]．明清小说研究，2006（1）中对《李渔年谱》修正结论。

[4]《李渔全集：第一卷》：186.

[5]《李渔全集：第一卷》：171：《与魏贞庵相国》.

图 5-2 东城山水街道图

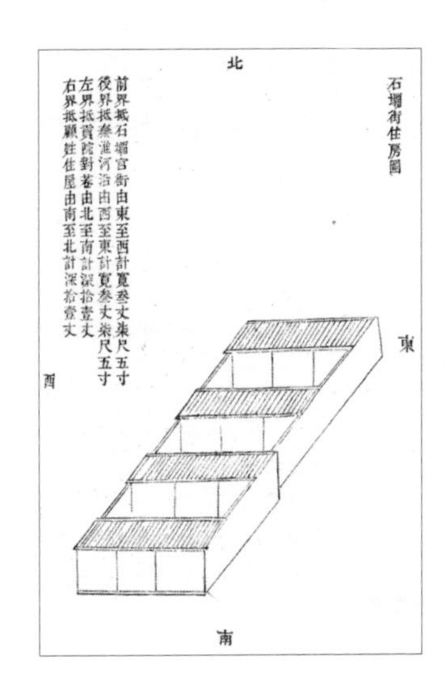

图 5-3 石壩街住房图

《李渔全集》中同种体裁的文字惯例按年代顺序编排，《戏题金陵闸旧居》后篇为《六秩自寿》，可判断1670年左右，“金陵闸旧居”已易手，所以称“旧居”。

二、“芥子园”别业园址

举家移居南京后，李渔过着四处“打抽丰”[1]的生活，期间给友人赵声伯写信，认为自己年事已高，潦倒依旧，再无回故乡杭州的可能，希望终老南京，托其为自己找一个“不近市”“不居乡”的“数椽小屋”以“老于此邦”[2]：

日暮途穷，料无首丘之日，欲得数椽小屋，老于此邦。顾不欲近市，市太喧；不欲居乡，乡有暴客之警。非喧非寂间，幸叱尊伻，为羁人留意。[3]

王世贞曾对陈继儒（1558—1639）言：“山居之迹于寂也，市居之迹于喧也，惟园居在季孟间耳。”（陈继儒，《梅花楼记》）非喧非寂间的园居生活想来是李渔心目中渴望的终生居所。

[1]《李渔全集：第一卷》：3：《李渔全集序》（萧欣桥）：“这是晚明以来的一种社会风气。当时有一批所谓山人墨客，专门攀附结交达官贵人，或做他们的门下清客，或从他们那里博得丰厚的馈赠。”

[2] 黄强《李渔交游考辨》中提出对李渔《柬赵声伯》的年代质疑，认为《柬赵声伯》一文“确切无疑作于顺治十七年中秋节以前”。证据为此文收于《尺牍初征》最后，而《尺牍初征》首吴梅村序作于顺治十七年庚子中秋前三日。序文可以保持不变，而著作可以增补，故而本书并未完全采用该说法。另有疑点在于李渔若在举家迁移南京前写就此信，那么信中的“料无首丘之日”便无法解释，因为其时他家在故乡杭州。故此本书暂依年谱，以为此信写于定居南京之后，具体年代待考。另即便黄强考证为实，该处年代亦不影响本书结论，我们依旧可以说“非喧非寂间”的居所为李渔心之所向。

[3]《李渔全集：第一卷》：200：《柬赵声伯》.

1. 建造时间

康熙六年丁未（1667）李渔游秦，家报内容表明，策划营造芥子园的工作应该在 1667 年或 1667 年前就已开始：

此番游子橐，差胜月明舟。不足营三窟，惟堪置一丘。心随流水急，目被好山留。肯负黄花约，归时定及秋。[1]

李渔友人方文（1612—1669）[2] 其时隐居金陵，康熙七年（1668）游芥子园，遇雨宿于园内，后作《李笠翁斋头同王左车雨宿》言"故人新买宅，忽漫改为园"，以此推断芥子园是据旧宅改造，在 1668 年已落成。龚鼎孳为芥子园所书的碑文式匾额写于 1669 年夏，可知"芥子园"定名于 1669 年：

芥子园——己酉初夏为笠翁道兄书龚鼎孳。

故人新买宅，忽漫改为园。叠石岩当户，看山楼在门。客来尘事少，雨过瀑布喧。今夜哪能别，连床共笑言。[3]

2. 园址考辨

南京地方学者对芥子园位置的考证多见于《秦淮夜谈》[4]，相关地点众说纷纭，莫衷一是：

在今天南京市秦淮区老虎头石观音附近。[5]

"老虎头 43-8 号"东侧或西侧方圆三四亩地以外。[6]

---

[1]《李渔全集：第二卷》：111.

[2] 方文，号嵞山，明末诸生，入清不仕，靠游食、卖卜、行医或充塾师为生，与复社、几社中人交游，以气节自励。

[3] [清] 方文，撰．嵞山集 [M]．上海：上海古籍出版社，1979：988.

[4]《秦淮夜谈》是南京市秦淮区地方志史志编纂委员会与政协南京市秦淮区文史资料研究委员会编印的秦淮区史志刊物，于 1986 年编纂第一辑。

[5] 刘昌裔．秦淮河畔忆笠翁 [M]// 南京市秦淮区地方志史志编纂委员会，政协南京市秦淮区文史资料研究委员会．秦淮夜谈 第三辑．南京：《秦淮夜谈》编辑室，1988.

[6] 黄强．芥子园新探 [M]// 南京市秦淮区地方志史志编纂委员会，政协南京市秦淮区文史资料研究委员会．秦淮夜谈 第十九辑．南京：《秦淮夜谈》编辑室，2004.

与周处台相邻……在孝侯台侧……在小运河水旁。[1]

也有人认为现在的“蒋百万故居”建于芥子园旧址[2]。“芥子园在小运河侧”之说始于夏仁虎1943年遗著《秦淮志》，该词条括弧内指明判定证据为李渔《寄纪伯紫诗序》，为误判，因李渔诗序中未曾提及小运河（诗序详见下文）。

芥子园，在小运河水旁，与周处台相近。[3]

《东城志略》附图中，小运河与娄湖水相会，双塘为其一脉支流。“蒋百万故居”在双塘旁，或以此为证据。

小运河，自金陵闸东北傍白塔巷而流，……南折至马家桥……又南流至麦子桥，娄湖水自五板桥、观音桥、藏金桥、采繁桥、星福桥、小心桥来会之。[4]

重检李渔自述，惟“周处台”一处可确认，从李渔《寄纪伯紫》诗序可知，纪伯紫故居与芥子园均在孝侯台同一侧的山下。诗序云：“伯紫旧居去予芥子园不数武，俱在孝侯台侧。孝侯即周处台，其读书处也。”诗云：

孝侯居址未全湮，千古谁堪作比邻。君向台前开别业，我从山下辟馀榛。自然依傍初无约，不使分离若有神。他日归来三友共，居先却是斩蛟人。[5]

周处台在李渔芥子园时期即半荒废，后人因周处之名屡次兴建，具体位置已不甚明了，但在城内高冈上无疑。

[1] 魏守馀．李渔与芥子园[M]// 南京市秦淮区地方志史志编纂委员会，政协南京市秦淮区文史资料研究委员会．秦淮夜谈 第十九辑．南京：《秦淮夜谈》编辑室，2004.

[2] 钟山．芥子园与蒋百万故居[M]// 南京市秦淮区地方志史志编纂委员会，政协南京市秦淮区文史资料研究委员会．秦淮夜谈 第十九辑．南京：《秦淮夜谈》编辑室，2004.

[3] [民国]夏仁虎，撰．秦淮志[M]．南京：南京出版社，2006：51.

[4] [清末民初]陈作霖，[民国]陈诒绂，撰．金陵琐志九种[M]．南京：南京出版社，2008：115.

[5] 《李渔全集：第二卷》：189.

周孝侯读书台在武定桥东、蟒蛇仓后。[1]

孝侯台在南门饮虹桥东，抵城处接赤石矶，徐温筑城时犹全。明祖开拓城垣遂劈其半于城外。今城内半阜有小庵，……吏或建台以存古迹于石观音庵后，接以崇垣，中构高台，立周侯像，居民业机杼者朔望祠祀，盖讹处为杼也。[2]

赤石矶者，雨花山之分支也，杨吴筑城时，断而为二。……其坡陀处为南冈，……冈脊有周孝侯处读书台，正气浩然，高山并峙。[3]

从南京城门东地区现状高程分析图中，可以很直观地看到位于城东南隅的隆起（图 5-4）。

纪伯紫（1609—1680）名映钟，字伯紫，负诗名，清诗人王士祯（1634—1711）有《访纪伯紫隐居》诗：

闲踏春泥著屐来，烟波百曲孝侯台。柴门径僻少人迹，门外野棠花乱开。

芥子园与纪伯紫故居在高冈同一侧的“山下”，由诗的意境可知，芥子园所处的位置，在当时属偏僻，富野趣。

丁巳（1677）春李渔移家杭州，“金陵别业属之他人”，芥子园从筹划营建、居住到最后售卖，约十年光景。康熙辛巳（1701）仲秋绣水王安节在《芥子园画传合编》序中言，芥子园在李渔去世后的 24 年间三易其主：

今忽忽历卅余稔，翁既溘逝，芥子园业三易主，而是篇遐迩争购如故，即芥子园如故。信哉！书从人传，人传而地与俱传。[4]

[1] [明] 顾起元．客座赘语 [M]．南京：南京出版社，2009：195.
[2] [清] 吕燕昭，修．[清] 姚鼐，纂．嘉庆新修江宁府志 [M]．南京：凤凰出版社，2008.
[3] [清末民初] 陈作霖，[民国] 陈诒绂，撰．金陵琐志九种 [M]．南京：南京出版社，2008：111.
[4] 上海书店出版社．芥子园画谱 [M]．上海：上海书店出版社，1982：266.

摄于民国时期的南京城东南隅照片中，城内高冈清晰可见（图 5-5）。三百余年前那个“柴门径僻少人迹”之所如今早已住宅林立，“烟波百曲孝侯台”下何处芥子园更无从考证，这也正是大多数历史园林的境遇（图 5-6）。

图 5-4 门东地区现状高程分析图

图 5-5 南京城东南隅鸟瞰

图 5-6 南京城南局部航拍图（2013）

三、“芥子园书坊”位置

黄强在《李渔为金陵芥子园书坊主人考述》[1]文中，提及《闲情偶寄》康熙十一年（1672）的翼圣堂原刊本中，“笺简”条云：

售笺之地即售书之地，凡予生平著作，皆萃于此。……金陵承恩寺中有“芥子园名笺”五字署门者，即其处也。（1672）

上海图书馆藏翼圣堂刻本《笠翁一家言全集》，杂凑李渔著述的各种单行本，其中包括刊刻于康熙十三年（1674）的《笠翁一家言初集》，首册封面上启白云：

笠翁先生诗笺封启于金陵书铺廊芥子园书坊发兑。（1674）

雍正八年（1730）芥子园主人所刻《笠翁一家言全集》中之所录《闲情偶寄》依1674年的启白，将“金陵承恩寺中有‘芥子园名笺’五字署门者”改为“金陵书铺廊坊间有‘芥子园名笺’五字者”。目前所见出版物中的《闲情偶记》，均延此说。

故，李渔的售书之地至少有两处：1672年在“承恩寺”，其时并未提及“芥子园书坊”；1674年在“书铺廊芥子园书坊”。

学者吕留良（1629—1683）与李渔同时代居南京，据其《答潘美岩书》一文陈述，设在承恩寺临街廊房中的书坊一般为各省书客流通交易的“兑客书坊”，外地书到金陵以承恩寺的“兑客书坊”为主，方便流通；书铺廊中的书坊则是零售的“门市书坊”，以零星散卖为主：

[1] 黄强．李渔为金陵芥子园书坊主人考述[J]．东南大学学报（哲学社会科学版），2012，14（1）：112-116.

某年来乞食无策，卖文金陵，亦止僦寓布家，自鬻所刻，并非立坊，亦未尝贩行他书。所谓“天盖楼”者，乃旧园屋名，不可以移饷者也。若金陵书坊，则例有二种：其一为门市书坊，零星散卖近处者，在书铺廊下；其一为兑客书坊，与各省书客交易者，则在承恩寺。大约外地书到金陵，必以承恩寺为主，取各省书客之便也。凡书到承恩寺，自有坊人周旋可托，其价值亦无定例，第视其书之行否为高下耳。某书旧亦在承恩寺叶姓坊中发兑，后稍流通，迁置今寓，乃不用坊人。其地离承恩尚有二三里，殊不便兑客也。[1]

1. 承恩寺的“兑客书坊”

承恩寺位于三山街东北，原为明代太监王瑾的宅邸，在其去世后改为寺庙。

明景泰二年，内官王瑾住宅，奏改为寺，赐额“承恩”。[2]

鹰巢和尚清道光年间（1821—1850）刻印《承恩寺缘起碑板录》，承恩寺“东至旧内，南至三山街，西至大街，北至西华门”；山门左右共有三十八间廊房，为太监王瑾当年“自备木料砖瓦，起盖完备，招人赁住”，后报作官房，纳钞归官府所有；明景泰三年（1452）归承恩寺常住，与大报恩寺和天界寺前廊房同例；至清道光年间，除原有三十八间临街廊房外，又新添三十四间[3]。

[1] [清]吕留良，撰．徐正，等点校．吕留良诗文集[M]．杭州：浙江古籍出版社，2011：54.
[2] [清末民初]陈作霖，[民国]陈诒绂，撰．金陵琐志九种[M]．南京：南京出版社，2008：376.
[3] [清]释鹰巢．承恩寺缘起碑板录[M]//[清]释鹰巢，[清末民初]释辅仁，[民国]潘宗鼎，等．承恩寺缘起碑板录．南京：南京出版社，2011：6-7.

明代承恩寺逐步发展为商业繁华之所。《闲情偶寄》1672 年版本中所言的售书之地“金陵承恩寺中有‘芥子园名笺’五字署门者”，应该就租赁于承恩寺的临街廊房中。

惟承恩寺踞旧内之右，最为城南嚣华之地。游客贩贾，蜂屯蚁聚于其中，而佛教之木义刹竿，荡然尽矣。[1]

承恩寺兑客书坊的出现与明代之后书坊产销分离的发展趋势有关，“某些书坊正在渐渐脱离生产领域而专门充当书籍的销售，……书籍经营领域中开始出现书籍商品的产、供、销专业分工”[2]。由《答潘美岩书》我们亦可知，吕留良在南京租房刻印自己所写的书，所刻之书先置于承恩寺某一兑客书坊中托卖，市场上稍有流通后，就在所租之屋内自己售卖，自产自销“不用坊人”，虽题之以旧园屋“天盖楼”名，但并未立坊。

2. 书铺廊的“门市书坊”

书铺廊位于承恩寺往西的街巷上，大致范围在承恩寺至“果子行”，街道左右称“廊房”，廊房上设顶棚，可遮阳避雨，方便行人。

自承恩寺街起，至果子行止，明时辇道所经。左右各为廊房，如书铺廊、绸缎廊、黑廊之属，上皆覆以瓦甓，行人由之，并可以辟暑雨，最为便利。[3]

果子行范围由三山街西至斗门桥。

南都大市为人货所集者，亦不过数处，而最夥为行口，自三山街西至斗门桥而已，其名曰果子行。[4]

---

[1] [明] 顾起元 . 客座赘语 [M] . 南京：南京出版社，2009：269.

[2] 戚福康 . 中国古代书坊研究 [M] . 北京：商务印书馆，2007：175.

[3] [清末民初] 陈作霖，[民国] 陈诒绂，撰 . 金陵琐志九种 [M] . 南京：南京出版社，2008：376.

[4] [明] 顾起元 . 客座赘语 [M] . 南京：南京出版社，2009：21.

清初历史剧《桃花扇》中提及南京三山街书铺廊。文中可知，明清之际南京书铺廊的书坊，前店后坊兼居住，不光供书坊主居住，书坊主聘请的删选文章的文人亦可寓居其间，吴应箕就曾寓酉堂主人蔡益所的三山街书坊中：

在下金陵三山街书客蔡益所的便是。天下书籍之富，无过俺金陵；这金陵书铺之多，无过俺三山街；……今乃乙酉（1645）乡试之年，……俺小店乃坊间首领，只得聘请几家名手，另选新篇。今日正在里边删改批评……这是蔡益庵书店，定生（陈贞慧，字定生，1604—1656，笔者注）、次尾（即吴应箕，笔者注）常来寓此，何不问他一信。[1]

南京城南的评事街现北至笪桥市，南至升州路，原名"皮市街"："皮则乘日未出时，在笪桥南交易，皮市街得名以此，今曰评事，讹矣"[2]。交易繁华，商业氛围浓厚，近斗门桥与三山街。《江宁府重修普育四堂志》中绘评事街一大一小两座市房图（市房即店房、店屋，笔者按），录于此以资参照（图 5-7）。

江南一带自正德后，世风逐渐由明初的俭朴转向奢靡，仇英《清明上河图》以明苏州城为背景，描绘明代江南社会城乡百姓的生活实景，"涉及婚娶、宴饮、雅集、演艺、田作、赶集、买卖、渔罟、测字等"[3]。繁荣的市井中，书坊"集贤堂"的招牌清晰可见，"集贤堂"书坊临街设置，店面开敞，文人可径直入内选购书籍（图 5-8）。

[1] [清] 孔尚任，著 . [清] 梁启超，批注 . 城宁，校点 . 梁启超批注本桃花扇 [M] . 南京：凤凰出版社，2011：138-139.
[2] [清末民初] 陈作霖，[民国] 陈诒绂，撰 . 金陵琐志九种 [M] . 南京：南京出版社，2008：130.
[3] 刘玉菊，齐永新 . 浅析仇英仿本《清明上河图》的艺术表现 [J] . 山东社会科学，2011（S2）：135-137.

图 5-7 评事街市房图

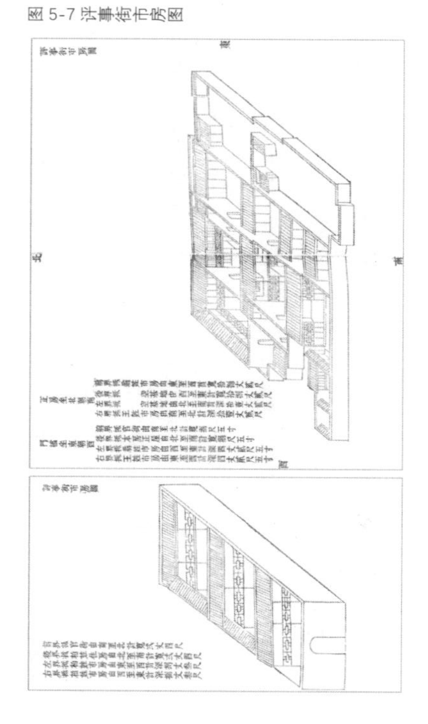

图 5-8 明·仇英《清明上河图》局部：『集贤堂』书坊

著名的《南都繁会景物图卷》，描绘晚明上元时节南京商业区肆之热闹繁华，“以三山街附近为中心，由南往北画去。……处处可见市招，总计109条，书写着各式各样的买卖交易，不仅百货汇聚，还有如算命、典当等服务性行业，商业生活机能完善。……城市感与今日都市十分类似”[1]。我们在满目琳琅的冲天市招中也发现“‘乐贤堂名书发兑’‘书铺’‘画寓’‘裱画’‘刻字镌碑’‘古今字画’等店铺及招幌”[2]，基于这样繁华的都市背景，李渔的“芥子园书坊”与其间刻印售书的坊间生活，似乎离我们并不遥远。

李渔1677年移家杭州，其女婿“芥子园甥馆主人”沈心友依旧往来于南京、杭州之间，主持运作“芥子园书坊”，并于康熙十八年（1679）刻印了闻名于世的《芥子园画谱》，1730年“芥子园书坊”售书之地如故。

[1] 王正华．过眼繁华：晚明城市图、城市观与文化消费的研究[M]//李孝悌．中国的城市生活．北京：北京大学出版社，2013：45-49.

[2] 刘如仲，苗学孟．明代南京的市民生活：明人绘《南都繁会图卷》研析[J]．东南文化，2002（7）：66-70.

四、“芥子园”时期家宅宅址

“芥子园”是李渔在南京城内营建的一所别业，“此予金陵别业也”。故除芥子园而外，李渔另有家宅所在，芥子园所以称别业。前已证1670年前后，“金陵闸旧居”易手，故家宅宅址另有其地。

1672年李渔游楚[1]，写《游楚别芥子园》，感叹他短期外出以致别业无人打理至荒芜，可例证家人平日不居住于芥子园旁（书坊亦需人经营打点），当初李渔四处“托钵”才勉强购置宅第改建的、“不及三亩”的芥子园，不是傍宅园：

三径不果葺，已荒复就荒。琴书虽漫灭，出入可携将。同是家贫物，偏疏独可伤。梦归常恋恋，瞬息肯相忘？[2]

1677年举家迁至杭州后，李渔在《上都门故人述旧状书》中哭诉自己家人众多、生活潦倒之惨状，家中妻妾奴仆约40口人“张口受餐”，却无“八口应有之田”。

问天下人之贫，有贫于湖上笠翁者乎？……仆无八口应有之田，而张口受餐者五倍其数；……四十口之家，非一舟一车可载；……无论金陵别业属之他人，即生平所著述之梨枣与所服之衣，妻妾儿女头上之簪、耳边之珥，凡值数钱一锱者，无不以之代子钱，始能挈家而出。[3]

供40口人居住的宅院当不小。

---

[1]《游楚别芥子园》的写作时间详见：沈新林．芥子园浅探[J]．明清小说研究，1989（1）：227-237.

[2]《李渔全集：第二卷》：122.

[3]同[2]：124.

《笠翁诗集》录《大宗伯龚芝麓先生书来有将购市隐园与予结邻之约，喜成四绝奉寄，以速其成》[1]，康熙十一年（1672）李渔去信龚鼎孳自荐为其营建市隐园，信中提及市隐园离自己家很近，“予小子衡门咫尺”“去隐人薖轴不数武而遥”：

……更可喜者，闻购市隐园，预为太傅鏖棋之所，与予小子衡门咫尺，使得曳杖追随，甚盛事也。……兹闻裴公将辟绿野，去隐人薖轴不数武而遥。公输在旁，徒使袖手而观匠作，大非人情，矧出知人善任之主人翁乎！……[2]

市隐园乃南京一代名园，在第三章、第四章均有提及并已大略定位。自荐信中的“衡门”不外指代“芥子园”，或“芥子园书坊”，或家人居住的宅第。检地图，市隐园所在的大油坊巷与孝侯台所处的高冈，或三山街书铺廊都相距颇远。所谓“孝侯台下”是文人的约略说法，还是“与予结邻之约”“不数武而遥”是示好的措辞，抑或当时家宅的确在大油坊巷附近，我们无从了解，期待更多证据出现。

[1]《李渔全集：第二卷》：338.

[2]《李渔全集：第一卷》：162：《与龚芝麓大宗伯》.

五、小结

以上考证涉及的定位点如图 5-9 所示。

可得如下结论：

1）1662 年前后，李渔由杭州举家移居南京，有“金陵闸旧居”，在夫子庙区域的“金陵闸”附近，前有门市，后场刻书兼居住；

2）“金陵闸旧居”时期李渔是否立坊存疑，若立坊，则也非“芥子园书坊”；

3）1668 年前后“芥子园”落成，是有少量居住功能的园林别业，在南京城东南隅周处台下，具体位置今已不可考；

4）“金陵闸旧居”在 1670 年左右易主，所以称“旧居”，其他家宅具体地点不知；

5）1672 年售书在承恩寺临街廊房某兑客书坊中，其时是否成立“芥子园书坊”不知；

6）1674 年售书之地改为三山街书铺廊的“芥子园书坊”，前店后坊兼居住；

7）“芥子园书坊”成立于 1668—1674 年间，更确切的时间可能于 1672—1674 年间；

8）1677 年“芥子园”别业出售，李渔在《上都门故人述旧状书》中仅提及出售芥子园别业，“金陵别业属之他人”，未提及家宅情况；

9）李渔移家杭州之后，其女婿“芥子园甥馆主人”沈心友依旧来往于南京杭州之间，主持运作“芥子园书坊”，并于康熙十八年（1679）刻印了闻名于世的《芥子园画谱》；

10）直至 1730 年，“芥子园书坊”运营依旧，在书铺廊售书如故。

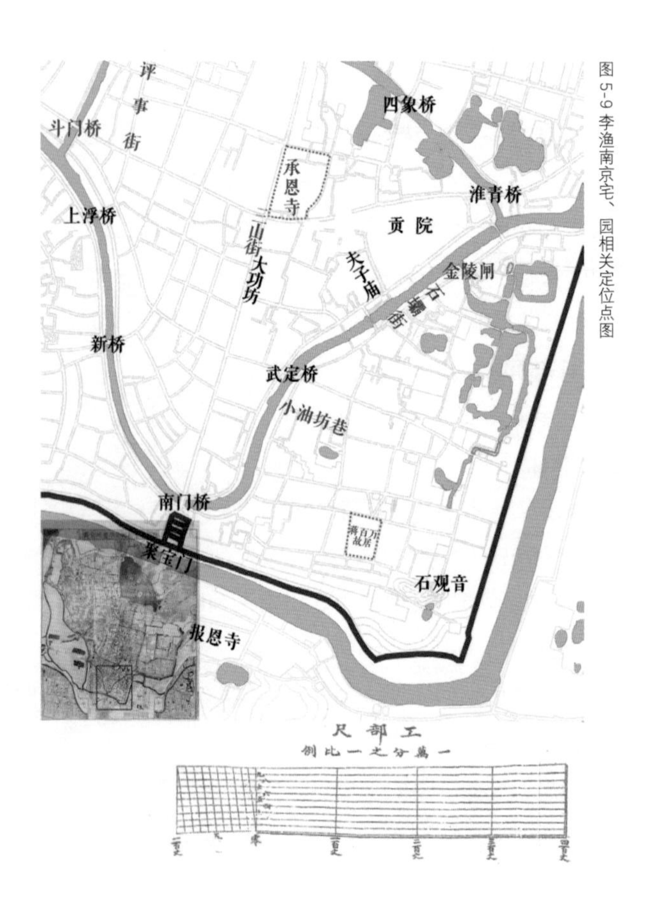

图 5-9 李渔南京宅、园相关定位点图

第三节 人工构筑

李渔对自己的造园品位颇为自得，不仅为他人叠山造园、著书论述，且自荐为龚鼎孳造市隐园，对自己宅园定是亲力亲为。“芥子园”营建中，李渔既是经济上的“主人”，也是设计思想上的绝对“主人”。

“芥子园”中人工构筑的考证，主要参照三个方面：

1）文献中描述的材料，是为直接证据；

2）李渔的造园观点，是为辅助的参照依据；

3）明末清初江南一带及南京本地的造园传统，是为背景参考。

一、叠山

芥子园仅三亩不到之地，以山石为主景。

芥子园之地不及三亩，而屋居其一，石居其一，乃榴之大者复有四五株。

环秀山庄以假山为园中主景，占地半亩，由叠山名家戈裕良（1764—1830）设计。整个园林复原后面积两亩有余，大小与芥子园相当。山上蹊径长约六七十米，涧谷长 12 米左右，山峰高 7.2 米，其园林面积以及山石与建筑之配比，可作为芥子园的参照[1]。

另有小石山一座，在建筑“浮白轩”后。

[1] 刘敦桢．刘敦桢全集：第八卷 [M]．北京：中国建筑工业出版社，2007：54.

1. 意境：疏篱点景

叠山理水构筑了园林人造景观的骨骼脉络，奠定一座园林的格局与意境。自唐、宋两代始，园林受绘画的影响逐步具有山水画式的特点，绘画作品常常成为造园堆山的蓝本，园林意境亦渐与山水画密不可分。一代代匠师从无数实物中体会山崖洞谷的形象，岩石及土石结合的特征，融会贯通，不断实践，叠山与山水画渐而一脉相通。

画家以笔墨为丘壑，掇山以土石为皴擦，虚实虽殊，理致则一。彼云林、南垣、笠翁、雪涛诸氏，一拳一勺，化平面为立体，殆所谓知行合一者。[1]

明清造园名家一般都有绘画背景，或为画家或为绘画鉴赏家，所模范或欣赏之绘画风格、审美情趣，也会不期然表现在其所造假山及园亭上。如叠山名家张南垣（1587—1671），年少学画，“久而悟曰：画之皴涩向背，独不可通之为叠石乎，画之起伏波折，独不可通之为堆土乎”（黄宗羲，《撰杖集》）；遂由画家转而设计园亭，所建园亭有黄公望（元代画家，号大痴道人）、吴镇（元代画家，号梅花道人）绘画的意境。

张涟，字南垣，少学画，得山水趣，因以其意筑圃叠石，有黄大痴、梅道人笔意，一时名籍甚。[2]

[1] 详见：阚铎．园冶识语 [M]//[明] 计成，原著．陈植，注释．园冶注释．北京：中国建筑工业出版社，1988：24.

[2] [清] 故宫博物院．嘉兴县志 [M]．海口：海南出版社，2001：卷七“艺术传”.

图 5-10 明•沈周《沧州趣图》

计成“少以绘名，性好搜奇，最喜关仝（五代画家）、荆浩（五代画家）笔意，每宗之”，后为王士衡设计的园亭被友人“称赞不已，以为荆浩之绘也”（计成，《园冶•自序》）。其绘画与叠山意境合而为一。

李渔素来欣赏明初画家沈周（1427—1509，号石田）的绘画风格（图 5-10）：

> **最爱石田画，无如赝者多。逼真惟此幅，易辨是山阿。[1]**
>
> **学画学沈周，学书学怀素。信笔怒生涛，中流无砥柱。[2]**

沈周山水画一脉相承宋元以来董源、巨然传统。董源、巨然皆为五代南唐画家，是江南山水画的代表，与计成“最喜”的荆浩、关仝的北方山水画派有显著不同[3]（表 5-1、图 5-11 ~ 图 5-14）。

[1]《李渔全集：第二卷》：256：《题画杂诗•其三》.

[2]《李渔全集：第二卷》：256：《题画杂诗•其四》.

[3] 周积寅．中国画论辑要 [M]．南京：江苏美术出版社，1985：314-315.

表 5-1 南北山水画派风格差异

董源、巨然的画	荆浩、关仝的画
画江南丘陵土质山， 土质疏松，山势平缓，不作奇峰峻岭	画北方石质山岳， 石体坚凝，山势崔嵬拔峭，多奇峰峻岭
不突出山石的轮廓线， 用密线条和点来表示凹凸	突出山石内外轮廓线， 以线条勾出山石凹凸
杂树为主，灌木丛生	长松为主，灌木杂树较少
多平线浅渚	多高山流水
平淡天真，朴茂静穆，气象温和	雄壮峭拔

图 5-12 清 • 王翚《仿巨然烟浮远岫图轴》

图 5-13 五代 • 荆浩《匡庐图》

图 5-11 五代·董源《夏山图》

图 5-14 五代·关仝《溪山行旅图》

图 5-15 清・李渔《山水图》

图 5-16 明・沈周《策杖图》

李渔"学画学沈周"，其叠山风格自然不自觉受沈周画风影响，追求沈周山水画中疏篱点景的萧闲意境。

西单牌楼郑亲王府内的惠园，叠山引水与李渔有些个渊源[1]。时人裕瑞《眺松亭赋钞》中录《惠园赋》，云：

缅当年之肇创，亭高境敞，隔街之梵塔迎眸；岭峻墙低，远巷之行人入望。疏篱点景，仿石田之萧闲，层洞穿纡，本笠翁之意匠。

如此可窥得李渔叠山造园的一贯风格。"层洞穿纡"的叠石意匠，"疏篱点景"的萧闲意境，应当也是李渔在芥子园中所竭力靠拢与营造的"象"。据此，我们或可大胆想象李渔与计成所造园亭之不同风格。

李渔画作于今鲜见，2015 年 6—7 月在江苏省美术馆举办的"紫金明月——台湾何创时书法艺术基金会藏品特展"中，展出一幅李渔的《山水图》（图 5-15），绘于康熙六年（1667）。虽真假难辨，但从画法看来，的确延续了董源、巨然一派的江南山水画传统，土质疏松，用密线条与点勾勒山石轮廓，杂树灌木丛生，也与沈周画风有着某种程度上的相似性，故附于此以供参照（图 5-16）。

2. 材料：土石相间

芥子园内一亩不到的山应当为土石相间，山脚种四五株石榴：

榴性喜压，就其根之宜石者从而山之，是榴之根即山之麓也。[2]

[1] 详见前文"李渔：文化商人与造园名家"之论证。

[2] 《闲情偶寄》：302.

李渔推崇以土代石之法，认为这种方法“既减人工，又省物力，且有天然委曲之妙”，重视山形的写实与自然，可混假山于真山之中，且这种土石大山上宜于种树，“树根盘固，与石比坚，且树大叶繁，混然一色，不辨其为谁石谁土”。不仅大山，“小山亦不可无土，但以石为主，而土附之”，具体叠山方式为“外石内土”。他甚至讥诮草木不生的石山为“童山”[1]。

《苏州古典园林》中所述各式假山，一般高 4 米左右，大部分土石相间。土多石少的假山形体较大的数量较少，如拙政园绣绮亭基本上占地一亩，用石较少，故山形自然，大小应该与芥子园中的主景假山相类。

与计成同时期的著名叠山家张涟（字南垣），其所叠假山被时人评为“江南诸山，土中戴石”，亦是倾向于土多石少的配置，土石相间略成台状，崇尚“平冈小坂、陵阜陂陀、曲岸回沙”的自然简朴风格：

惟夫平冈小坂，陵阜陂陁，版筑之功可计日以就，然后错之以石，棋置其间，缭以短垣，翳以密篠，若似乎奇峰绝嶂，累累乎墙外，而人或见之也。……方塘石洫，易以曲岸回沙；邃闼雕楹，改为青扉白屋。[2]

张南垣“山未成，先思著屋；屋未就，又思其中之所设施”，是兼顾叠山、建筑和室内设计的造园家。吴伟业（1609—1672）的传记载其“曾于友人斋前，作荆关老笔”[3]，这又与计成的叠山风格相类。

[1]《闲情偶寄》：222-223.

[2] [清] 张潮，辑．王根林，校点．虞初新志 [M]．上海：上海古籍出版社，2012：69.

[3] 同 [2]：70.

考虑到造园设计本身，“必酌主人之贫富，随主人之性情，犹必籍群工之手，是以难耳”[1]，是一项受制于园主经济条件和审美风格、仰赖于工匠技艺，同时也受限于用地本身的复杂学问，故造园家的叠山风格不能作一概而论。依此，“贫士”李渔既作为园主，亦是造园者，其有限的经济条件和自然萧闲的审美倾向，均导向了“既减人工，又省物力，且有天然委曲之妙”的土石假山的营建。

芥子园内另设瀑布的小石山，做法为“外石内土”，高约 3 米，宽约 2.5 米[2]。小石山设水槽承受雨水，方文诗“客来尘事少，雨过瀑布喧”即指此，雨水由石隙宛转下泻，略有瀑布之意。

浮白轩中，后有小山一座，高不逾丈，宽止及寻，而其中则有丹崖碧水，茂林修竹，鸣禽响瀑，茅屋板桥。凡山居所有之物，无一不备。[3]

小石山的具体营造概况，可参照李渔“小山”条目中对山石的审美。李渔崇尚透、漏、瘦，选石须有棱角，垒石要注意“石纹石色，取其相同”，最重要的是要依据“石性”，即“斜正纵横之理路”，小山整体态势应保持“顶宽麓窄”方为美观：

[1] 张潮点评语，详见：[清]张潮，辑．王根林，校点．虞初新志[M]．上海：上海古籍出版社，2012：71.

[2] 十尺为一丈，八尺为一寻。明清时，木工一尺合今 31.1 厘米。

[3] 《闲情偶寄》：194.

此通于彼，彼通于此，若有道路可行，所谓透也；石上有眼，四面玲珑，所谓漏也；壁立当空，孤峙无倚，所谓瘦也。然透、瘦二字在在宜然，漏则不应太甚。若处处有眼，则似窑内烧成之瓦器，有尺寸限在其中，一隙不容偶闭者矣。塞极而通，偶然一见，始与石性相符。[1]

另许山有诗《过李笠翁浮白轩看小山瀑布》[2]，亦涉及此假山瀑布，诗曰：

屏上楼台画里身，一房苍翠带斜曛。花间路向墙角转，树杪泉从屋檐分。

庐岳冷移三尺雪，武夷晴割半峰云。缘知招隐新成赋，不厌潺湲许共闻。

“树杪泉从屋檐分”一句，或可判定芥子园中的瀑布与环秀山庄西北角的假山一样，同是利用设施收集屋面排水，并集中起来流注池中，在雨天产生瀑布的视听效果。

[1]《闲情偶寄》：223.

[2] [清] 许山．弃瓢集 [M]．清抄本．上海图书馆藏：卷四．

二、理水

芥子园中是否有水？

在“种植部”，李渔表达对芙蕖的喜爱与现实的无奈：

……无如酷好一生，竟不得半亩方塘，为安身立命之地；仅凿斗大一池，植数茎以塞责，又时病其漏，望天乞水以救之。[1]

“斗大一池”不免文人夸张，但从芥子园的面积与建筑、山石占比来看，这个池子确实大不了；从“时病其漏”而“望天乞水”可见，这个小池与城市水系不接，“凿池”却未能“引水”。

一般说来，在园内“凿池引水”需有三个基本条件：

1）临近水系；2）园主具备工程相应的经济能力；3）园林本身具有适合“凿池引水”的条件（面积、地势等等）。

南京水源条件优越，多数园林均掘地开池，从第三章对《游金陵诸园记》的解读可见，水池是明代南京园林中之常备，凡有条件均“凿池引水”与城市水系相接。然也有例外，城西南隅徐邦宁孽子的万竹园，园“为积潦所败”，王世贞发感概说园主“有余力置之罗衿香泽中”，却“不能凿池引水，以益鱼鸟之致，令人有余憾耳”，是为园主不愿在园林方面投资所致。李渔芥子园中“斗大一池”，许是受制于李渔本人窘迫的经济状况和芥子园有限的用地条件。李渔提及“浮白轩”后假山“有丹崖碧水，茂林修竹，鸣禽响瀑，茅屋板桥”，在雨季时可以承接雨水，故此假山山址应凿有小池环绕。这与第三章王世贞《游金陵诸园记》中所述的明末南京园林中假山山址常凿曲池微沼的做法亦相合。

---

[1] 《闲情偶寄》：319.

三、建筑

考察芥子园中建筑的最主要依据为李渔文字中芥子园建筑上的联匾，及《闲情偶寄》中对联匾的说明和版画。文人园中联匾往往意境含蓄，引发联想，是装饰，也是“点题”，提示某种理想情境，某种程度上也是建筑功能与景观的“说明书”。

《芥子园杂联》摘录芥子园中主要建筑上的楹联[1]。

此予金陵别业也。地止一丘，故名“芥子”，状其微也。往来诸公，见其稍具丘壑，谓取“芥子纳须弥”之义，其然岂其然乎？孙楚酒楼，为白门古迹，家太白觞月于此，周处读书台旧址，在余居址相邻。

署　门：孙楚楼边觞月地，孝侯台畔读书人。

其　二：因有卓锥地，遂营兜率天。

其　三：到门惟有竹，入室似无兰。

书　室：雨观瀑布晴观月，朝听鸣琴夜听歌。

栖云谷：仿佛舟行三峡里，俨然身在万山中。

月　榭：有月即登台无论春夏秋冬，是风皆入座，不分南北东西。

歌　台：休萦俗事催霜鬓，且制新歌付雪儿。

“署门”当指园内最主要的厅堂类建筑，共三联；“书室”“栖云谷”“月榭”“歌台”各一联。据此芥子园中建筑可确定的有：入门厅堂、“书室”“栖云谷”“月榭”与“歌台”。考虑到芥子园的面积（不到三亩），园内的主要建筑也不外乎此。

[1]《李渔全集：第一卷》：241.

《闲情偶寄》"联匾"一篇，李渔以芥子园中的楹联和匾额为例，介绍各式联匾做法，并附图。

故取斋头已设者，略陈数则，以例其余。……图中所载诸名笔，系绘图者勉强肖之，非出其人之手。[1]

楹联有二：蕉叶联——"般般制作皆奇岂止文章惊海内，处处逢迎不绝非徒车马驻江干"；此君联——"仿佛舟行三峡里，俨然身在万山中"。

此君联与前述"栖云谷"中相合。

匾额有六：碑文额——"芥子园"；手卷额——"天半朱霞"；册页匾——"一房山"；虚白匾——"浮白轩"；石光匾——"栖云谷"；秋叶匾——"来山阁"。

除"栖云谷"外，所提名称与前面楹联所提及建筑并不重合。或许在写《芥子园杂联》时，有的建筑匾额并未及悬挂，建筑因此没有特定的称谓；且园林内的匾额并不一定悬之中堂，可刻之崖石，镌于砖墙，同时一个建筑亦可悬挂不止一个匾额，故李渔所提及的除"芥子园"外的这五个匾额也并非一定指代五个建筑。

综合以上资料及文献中其他相关的零星记载，目前可确定的建筑有"浮白轩""栖云谷""来山阁""月榭""歌台"，另厅堂类建筑或有一到两座，详见下文考证。

[1]《闲情偶寄》：212.

图 5-17 碑文额『芥子园』

1. 园门

碑文额“芥子园”由龚鼎孳于 1669 年夏所题。木质，以黑漆做底，字填白粉，嵌于园墙，位于园门旁，风雨不到。碑文额曰：“芥子园，己酉初夏为笠翁道兄书龚鼎孳”（图 5-17）。

现存江南园林中比较重要的、嵌于墙上的匾额，多为砖额。“芥子园”这样的木质匾额鲜见。木质匾额易制且费用较低，然而也易毁。“问天下人之贫，有贫于湖上笠翁者乎”？李渔经济条件常陷窘境，从这一木质匾额上亦可得到印证。

2. 厅堂："天半朱霞""一房山"

厅堂一般为私家园林中最主要的建筑，《园冶》："堂者，当也。谓当正向阳之屋，以取堂堂高显之义。"高敞轩伟，彰显身份，多作起居接待、宴饮宾客、处理事务之用，如艺圃博雅堂、网师园万卷堂等等。

从已有资料分析看来，芥子园厅堂的楹联有三："孙楚楼边觞月地，孝侯台畔读书人"，点出芥子园地点与主人身份；"因有卓锥地，遂营兜率天"，点出芥子园面积小却匠心独运的特色；"到门惟有竹，入室似无兰"，点出入园景致。"天半朱霞"与"一房山"的匾额，很有可能悬挂于厅堂之中。

木质手卷额"天半朱霞"，额身用板，增圆木二条于额的两边，左画锦纹以像装潢之色，地用白粉，字用石青石绿，曰"天半朱霞，刘孝标目刘彦度句，移赠笠翁，庶几无忝，周亮工"[1]（图 5-18）。

木质册页匾"一房山"，以木绾尺寸相同方板四块，其边用笔画锦纹，字用刀刻；曰："一房山，看待诗人无别物，半潭秋水一房山，唐句也，芥子园中恰是此景，因书以赠笠翁道兄，何采"[2]（图 5-19）。何采称芥子园中恰如唐句中"半潭秋水一房山"的景致，是对芥子园全园景致的概括性描述，当悬于园内主要建筑之上无疑。

---

[1] 周亮工（1612—1672），明末清初文学家、篆刻家、收藏家，生于南京，卒于南京，《清史列传》列入贰臣传。

[2] 何采，安徽桐城人，清顺治六年（1649）进士，官至翰林侍读。文章翰墨，为一时词臣之冠。

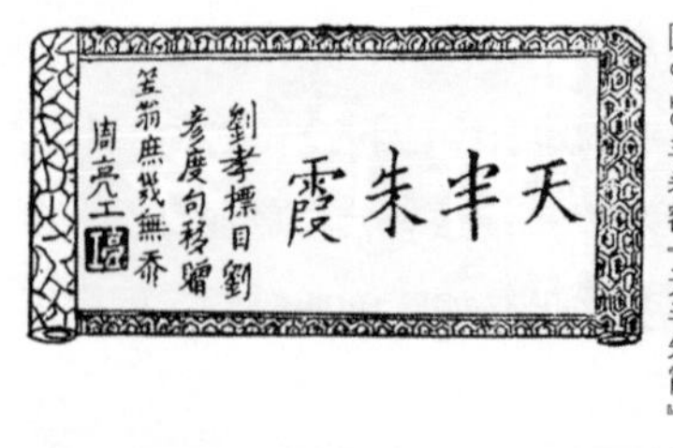

图 5-18 手卷额『天半朱霞』

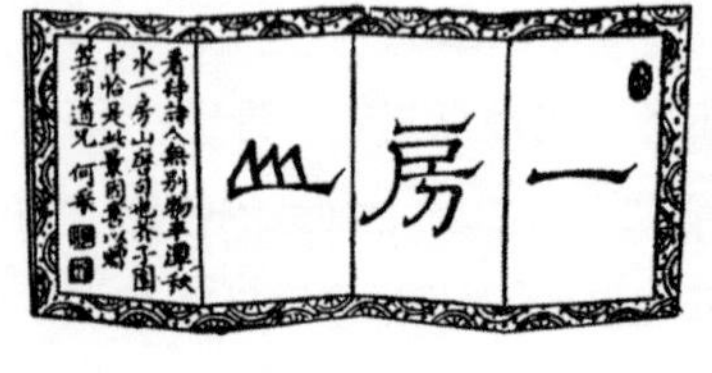

图 5-19 册页匾『一房山』

李渔认为厅堂墙壁“不宜太素，亦忌太华”，适当张悬名人尺幅，也是应当“浓淡得宜，错综有致”。而芥子园厅堂最大的特色在于，李渔在厅堂四周墙壁上，“尽写着色花树，而绕以云烟，即以所爱禽鸟，蓄于虬枝老干之上”。具体做法在“厅壁”条目中有详细介绍，主要为将改造过的立鹦鹉的铜架和特制的画眉笼与壁画整合为一体，蓄鹦鹉与画眉于其间；利用真实的鸟儿与逼真的壁画，共同营造“花树之亦动亦摇，流水不鸣而似鸣，高山似寂而非寂”的空间感受。如此新奇的室内设计，让来到芥子园的友人惊叹不已，甚至以为咄咄怪事。

予斋头偶仿此制，而又变幻其形，良朋至止，无不耳目一新，低回留之不能去者。……座客别去者，皆作殷浩书空，谓咄咄怪事，无有过此者矣。[1]

[1]《闲情偶寄》：207-208.

图 5-20 虚白匾「浮白轩」

3. 书室：“浮白轩”

《闲情偶记》中提及“浮白轩”后有一座小假山，“其中则有丹崖碧水，茂林修竹，鸣禽响瀑，茅屋板桥”。《芥子园杂联》中记“书室”楹联为“雨观瀑布晴观月，朝听鸣琴夜听歌”。“浮白轩”是书室无疑，后有假山作对景。

“浮白轩”门上，悬挂虚白匾，曰：“浮白轩，笠翁先生属书，程邃”[1]（图 5-20）。该匾木质，薄板镂空刻字，无字处裹灰布并黑漆之，字后一层贴白绵纸，置于门上以代板。

轩属厅堂类型，有时也位于次要位置，或作为观赏性的小建筑。书室“浮白轩”是芥子园中比较重要的建筑。园林中厅堂的周围一般会建若干附属房屋，功能上会与厅堂建筑的用途及园主的生活方式紧密联系，也营造出复杂空间组合。李渔在《居室部》“藏垢纳污”一节中强调，在“精舍”旁无论大小都需设一“套房”，“凡有败笺弃纸，垢砚秃毫”不能及时检点处理的，都可以暂时放置于内，以维持主要使用空间的整洁度。据此或可推知，“浮白轩”旁应当也设置有“套房”：

[1] 程邃，明末清初篆刻家、书画家。为人诚实正直，崇尚气节，不与阮大铖、马士英等奸党同流合污。

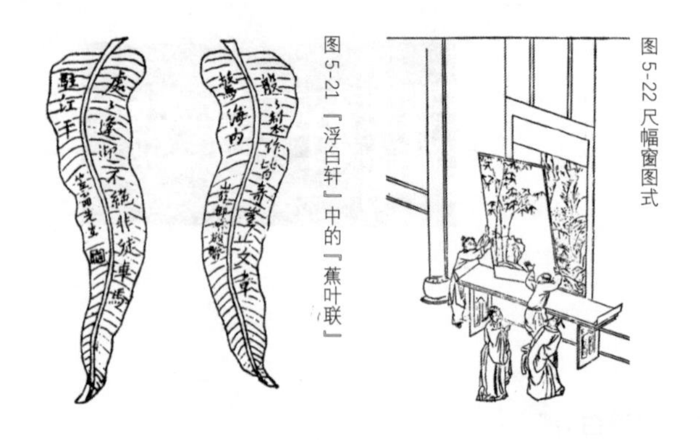

图 5-21『浮白轩』中的『蕉叶联』

图 5-22 尺幅窗图式

> 欲营精洁之房，先设藏垢纳污之地。……故必于精舍左右，另设一屋小间，有如复道，俗名“套房”是也。凡有败笺弃纸，垢砚秃毫之类，卒急不能料理者姑置其间，以俟暇时检点。……此房无论大小，但期必备。[1]

木质蕉叶联，曰“般般制作皆奇岂止文章惊海内，处处逢迎不绝非徒车马驻江干，笠翁先生”者，从内容上来看，亦适合悬挂于书室之中。李渔文中记“蕉叶联”的具体做法：纸上画蕉叶然后以板为之，一正一反，后漆满灰密布。漆成后，画筋纹，书联句，蕉色绿，筋色黑，字填石黄，用铜钉钉于“壁间”或“门上”（图 5-21）。

“浮白轩”中设置有李渔自创的借景窗——“尺幅窗”（或曰“无心画”），相当于框景，从此窗望出去可以看见轩后的那座小假山。李渔在《居室部》中介绍“尺幅窗”时说该窗常开而闭少，同时依照原框的槅棂做木槅扇，并以名画裱之，在需要关窗时备用（图 5-22）。

---

[1]《闲情偶寄》：187-188.

……此窗虽多开少闭，然亦间有闭时；闭时用他槅他棂，则与画意不合，丑态出矣。必须照式大小，作木槅一扇，以名画一幅裱之，嵌入窗中，又是一幅真画，并非“无心画”与“尺幅窗”矣。但观此式，自能了然。裱槅如裱回屏，托以麻布及厚纸，薄则明而有光，不成画矣。[1]

“浮白轩”的墙壁覆以石灰后打磨光滑，以纸糊屋柱、窗楹，使之与墙壁颜色协调，并悬挂少量字画。

书房之壁，……切忌油漆。……石灰垩壁，磨使极光，上着也；其次用纸糊。纸糊可使屋柱窗楹共为一色，即壁用灰垩，柱上亦用纸糊，纸色与灰，相去不远耳。壁间书画自不可少，然粘贴太繁，不留余地，亦是文人俗态。[2]

然而糊壁所用的纸都是一样，最后也只是“满房一色白而已”，作为“不喜雷同，好为矫异”[3] 的造园家，李渔在室内装潢方面自也别出心裁，“窃欲新之”。“浮白轩”的墙壁，先糊一层酱色纸打底，再以特定手法贴豆绿云母笺于其上，贴成后，书室内“皆冰裂碎纹，有如哥窑美器”，所费不多，但却取得不俗的视觉效果，李渔颇以为自得。

先以酱色纸一层，糊壁作底，后用豆绿云母笺，随手裂作零星小块，或方或扁，或短或长，或三角或四五角，但勿使圆，随手贴于酱色纸上，每缝一条，必露出酱色纸一线，务令大小错杂，斜正参差，则贴成之后，满房皆冰裂碎纹，有如哥窑美器。……问余所费几何，不过于寻常纸价之外，多一二剪合之工而已。[4]

---

[1]~[4]《闲情偶寄》：203，208，181，209.

因纸与木板的膨胀率不同，纸糊不宜用板，故书室墙壁纸糊部分不用木板壁，而是以木条横纵做成木槅，再在木槅上面糊纸。作为一介贫士，李渔因势利导，利用砖墙与木槅之间的空间做储纳柜，且还分享了他如何在墙上开洞，于壁内藏灯，一灯供两室用的"养目""省膏"之法。

糊纸之壁，切忌用板。板干则裂，板裂而纸碎矣。用木条纵横作槅，如围屏之骨子然。……壁间留隙地，可以代橱。……莫妙于空洞其中，止设托板，不立门扇，仿佛书架之形，有其用而不侵吾地，且有磐石之固，莫能摇动。……予又有壁内藏灯之法，可以养目，可以省膏，可以一物而备两室之用，取以公世，亦贫士利人之一端也。……于墙上穴一小孔，置灯彼屋而光射此房，彼行彼事，我读我书，是一灯也，而备全家之用…… [1]

考虑到南方冬日的湿冷气候，"浮白轩"内还置有李渔设计的一款"暖椅"，是集多功能于一身的复合家具。"因置暖椅告成，欲增一匣置于其上，以代几案"[2]。

隆冬时节，文人著书易冷，而砚台也易冻住。若室内多设盆碳，一来费用高，二来烧盆碳产生灰烬，掉落几案之上不方便打扫，于是"暖椅"应运而生，用设计巧妙又经济地解决了文人寒日里读书写作的问题。《闲情偶寄》中专设"暖椅式"一条，详文介绍其制作方式及衍生功能，并配图说明，想来李渔对此设计亦极为满意与自得（图 5-23）。

[1] 《闲情偶寄》：209.

[2] 同 [1]：239.

图 5-23 暖椅式

予冬月著书，身则畏寒，砚则苦冻，欲多设盆炭，使满室俱温，非止所费不资，且几案易于生尘，不终日而成灰烬世界。……计万全而筹尽适，此暖椅之制所由来也。[1]

李渔著述颇丰，书室于他是平日里最主要的活动空间，书室另有两个别出心裁的设计，也皆是围绕"读书写作"这一主题。一为夏天专用的"凉杌"，《闲情偶记》附文说明制作方法。二为小解装置，读书人往往苦于"得句将书"之时"阻于溺"，而"溺后觅之杳不可得"，李渔在"浮白轩"一侧墙壁凿孔，置小竹于其中，这一装置保证其"无论阴晴寒暑，可以不出户庭"。

当于书室之旁，穴墙为孔，嵌以小竹，使遗在内而流于外，秽气罔闻，有若未尝溺者，无论阴晴寒暑，可以不出户庭。[2]

[1] 《闲情偶寄》：203.

[2] 同 [1]：225.

图 5-24 石光匾「栖云谷」

图 5-25 「栖云谷」中的「此君联」

4. “栖云谷”

在“匾额”与“杂联”中均提及“栖云谷”。

木质石光匾“栖云谷”镶嵌于山石之上：匾用薄板镂空刻字，用漆涂染成山色，字后若无障碍使之透，否则贴绵纸；选山石偶断处以此续之，与山石合成一片，形成石上留题的效果，曰“栖云谷，弟亨咸”（图 5-24）。

“栖云谷”中有竹质的“此君联”，悬挂于谷中柱。制作方式是将竹筒剖而为二，处理光滑后，掺以石青或石绿，墨字。以铜钉上下二枚，穿眼实钉，加于柱上，以圆合圆（择有字处穿之，钉钉后仍用掺字之色补于钉上，浑然一色，钉蕉叶联亦然），曰“仿佛舟行三峡里，俨然身在万山中”（图 5-25）。利用竹材料本身的弧度与柱子自然贴合，这种做法在沧浪亭的“翠玲珑”馆有见（图 5-26）。

“栖云谷”中有借景窗“梅窗”：“是时栖云谷中幽而不明，正思辟墉，乃幡然曰：道在是矣！”“梅窗”以整木分中锯开，平整一面靠墙，天然一面向屋内，“天巧人工，俱有所用”（图 5-27）。

图 5-26 沧浪亭楹联

图 5-27『栖云谷』中的梅窗

> 外廓者，窗之四面，即上下两旁是也。若以整木为之，则向内者古朴可爱，而向外一面屈曲不平，以之着墙，势难贴伏。必取整木一段，分中锯开，以有锯者着墙，天然未斫者向内，则天巧人工，俱有所用之矣。[1]

石光匾安置于垒石成山之地，并需尽力让匾额与山石融为一体，故谷中有山石；“此君联”悬挂于柱，故推断谷中有圆柱，且谷中开设“梅窗”。假山石洞一般不设圆柱，亦无需开窗，更无墙体可言，据此猜想“栖云谷”为与假山石洞相连的建筑，可由假山石洞进入谷中。这一设置印证谷中“此君联”的内容：“仿佛舟行三峡里，俨然身在万山中”；同时也说明“芥子园”中假山设石洞与建筑相连。

[1] [清] 麟庆，著．汪春泉，绘图．鸿雪因缘图记 [M]．北京：北京古籍出版社，1984.

李渔在“石洞”条目中言，大小假山皆可作洞，倘若假山洞不能作大，则可与建筑相连，并在建筑中置放些许小石，以造成与石洞氛围相似的室内效果，借以扩大洞中空间，应当即以“栖云谷”的做法为蓝本描述。

假山无论大小，其中皆可作洞。……如其太小，不能容膝，则以他屋联之。屋中亦置小石数块，与此洞若断若连，是使屋与洞混而为一，虽居屋中，与坐洞中无异矣。[1]

而李渔所说的“洞中宜空少许，贮水其中而故作漏隙，使涓滴之声从上而下，旦夕皆然”，使人“六月寒生”感觉“真居幽谷”之中的“构想”，或许也在芥子园中实施。显然李渔对这个点子也很是得意，最后说道：“置身其中者，有不六月寒生而谓真居幽谷者，吾不信也！”

前文已证盛传为李渔所造的、位于北京弓弦胡同内的半亩园对研究李渔的造园思想及芥子园有一定的参考价值。半亩园中有退思斋，为三开间平台顶的书斋，南倚假山，有石阶可下，冬暖夏凉。做法与芥子园中“栖云谷”恰也相类。

退思斋在半亩园海棠吟社之南，后倚石山，有洞可出。前三楹面北，内一楹独拓东牖，夏借石气而凉，冬得晨光则暖。[2]

[1] 《闲情偶寄》：230.

[2] 同 [1]：188.

图 5-28 秋叶匾『来山阁』

图 5-29『来山阁』中的『便面窗』

5. 楼阁："来山阁"

"来山阁"为楼阁建筑，秋叶匾"来山阁"为木质，制法与蕉叶联相类，不同之处在于红叶宜小。匾曰："来山阁，延初"(图 5-28) 。

"来山阁"中设"山水图窗"，透过此窗，可眺望钟山，方文诗曰"看山楼在门"者也。李渔在"取景在借"总论中介绍"便面窗"时曰："置此窗于楼头，以窥钟山气色，然非创始之心，仅存其制而已。" (图 5-29)

楼、阁多设于园的四周，或半山半水之间，一般作两层。"来山阁"为借景所设，且芥子园"叠石岩当户"，主景为假山叠石而建筑皆环之，所以"来山阁"很大可能作为配景设置于隐僻处，与沧浪亭之看山楼类似。

6. 月榭、歌台

前文已述明清之际是江南昆曲的盛期，从书斋走向民间，雅俗共赏，也是李渔写曲为生，带着家班四处打秋风的时代背景。李渔以曲家名世，据载有“内外八种”“前后八种”共计十六种戏曲创作。《闲情偶寄》中的《词曲部》《演习部》以及《声容部》中的有关章节，共同构造出包含创作论和导演论在内的完整戏剧理论体系，“可谓中国古代戏曲理论史上的一座丰碑”[1]。尤其《演习部》，论及如何教授演员唱曲道白，并及演员的服饰装扮和音乐伴奏；《声容部》中又论及如何挑选和训练演员，这些理论文字皆源于李渔对家班女乐平时的教习实践，而芥子园中的“月榭歌台”正是承担此类活动的主要场所。然文献中对其的描绘文字除楹联稍有涉及别无其他，只能通过相关绘画及现存苏州园林中的观剧场所作辅助说明。

如前第三章所证，明清园林中，“台”“月台”“坐月台”“月榭”这些称谓混用，基本无明确的定义与形制，“台”既可指单独构筑的高台，也可指建筑前后相连的平台。在《姑苏繁华图》中有一文人听剧的场景：厅堂前设台，有轩，二文人坐于厅内，昆曲艺人在轩下铺红氍毹，伴奏分坐两侧（图5-30）。芥子园中歌台楹联“休萦俗事催霜鬓，且制新歌付雪儿”，描述平日里家班女乐歌舞演习的景象；月榭楹联“有月即登台无论春夏秋冬，是风皆入座不分南北东西”，也是与演出观剧相关，且可见月榭有台，这里的台，即指代“歌台”，“园林之台……或楼阁前出一步而敞者”（《园冶》）。月榭与歌台很可能属于同一个建筑，是演出观剧的场所。

---

[1]《李渔全集：第一卷》：7：《李渔全集序》（萧欣桥）.

伴奏空间:“明中叶以前，南曲演唱不用丝竹乐器伴奏，而是采用徒歌的形式。……不用丝竹乐器伴奏乃是北曲与南曲在演唱形式方面的重大区别之一。”[1] 魏良辅“以南北词调合腔”，并在北曲伴奏乐器基础之上加以改革，“剥夺了弦索对节拍的控制权，将它交给鼓师，……将主奏旋律的任务从发声不连贯的琵琶、弦子等弹拨乐器转移到笛、箫等吹管乐器”[2]。由此可见，昆曲的伴奏乐器对空间并无特殊要求。

舞台空间：中国戏曲舞台重写意与留白，昆曲最初的舞台也没有繁复的布景和夺目的舞台装置，“配合演员歌舞表演的实物一般为一桌二椅，……桌椅的作用已经超出了自身，无论代表什么，都是妙在似与不似之间，极具象征性”[3]。

在厅堂铺上红氍毹，加上一桌二椅，即成昆曲舞台，可四面观演，参看清代《姑苏繁华图》中，在园林建筑里的昆曲表演场景（图 5-31）。

---

[1] 吴新雷，朱栋霖．中国昆曲艺术 [M]．南京：江苏教育出版社，2004：19.

[2] 同 [1]：20-21.

[3] 刘静．幽兰飘香：昆曲之美 [M]．北京：紫禁城出版社，2009：147.

图 5-30 清・徐扬《姑苏繁华图》中文人听剧

图 5-31 清・徐扬《姑苏繁华图》中园林里的昆曲表演

园林中用于园主听曲观剧的场所很多，如拙政园西部的主体建筑三十六鸳鸯馆，“馆平面为方形，中间用槅扇与挂落分为南北两部，采用鸳鸯厅形式，北半厅称三十六鸳鸯馆，南半厅称十八曼陀罗花馆。并在四隅各建耳室一间，原作演唱侍候等用，反映了当时使用上的需求”[1]。这应当是昆曲发展到清中期的建筑类型。明清园林中水面相对较小，建筑若要临水必做相关处理，而三十六鸳鸯馆形体较大，“迫使向北挑出水上，以致池面被挤，空间逼隘，既不能表现建筑本身的特点，水面也因此失却辽阔之势”[2]。

网师园中的濯缨水阁亦是著名的戏台。网师园总面积约八亩，水面占地约半亩，除濯缨水阁体量较小，直接面水外，其他“主要建筑退隐于后，与水池之间或亘以假山、花台，或隔以庭院、树木，使体量较高的厅堂、楼屋不致逼压池面”[3]。

“榭者，藉也。藉景而成者也。或水边，或花畔，制亦随态。”（《园冶》）芥子园不及三亩，屋居其一，石居其一，仅有斗大一池，月榭歌台依水而建的可能性很小。

[1]~[3] 刘敦桢．刘敦桢全集：第八卷 [M]．北京：中国建筑工业出版社，2007：42，42，49.

四、其他

1. 装折

窗属园林的装修一种。

《闲情偶寄》录李渔对窗的基本观点。“窗栏第二”下分“制体宜坚”“取景在借”两部分。“制体宜坚”中李渔提出窗户与栏杆最重要的在于坚固，其次才需要考虑其“明透”“玲珑”的功能要求，而要使窗户栏杆等建筑构件坚固耐用之关键在于顺应材料的本性：

窗棂以明透为先，栏杆以玲珑为主，然此皆属第二义；具首重者，止在一字之坚，坚而后论工拙。……总其大纲，则有二语：宜简不宜繁，宜自然不宜雕斫。凡事物之理，简斯可继，繁则难久，顺其性者必坚，戕其体者易坏……[1]

“取景在借”收录了李渔对窗栏的一些总结、创新和具体制作方法，“浮白轩”中的“尺幅窗”、“栖云谷”中的“梅窗”、“来山阁”中的“山水图窗”，体现其一贯的创新风格。除前提及之外，还包括湖舫式、便面窗外推板装花式、便面窗花卉式、便面窗虫鸟式等（图 5-32 ~ 图 5-34）。

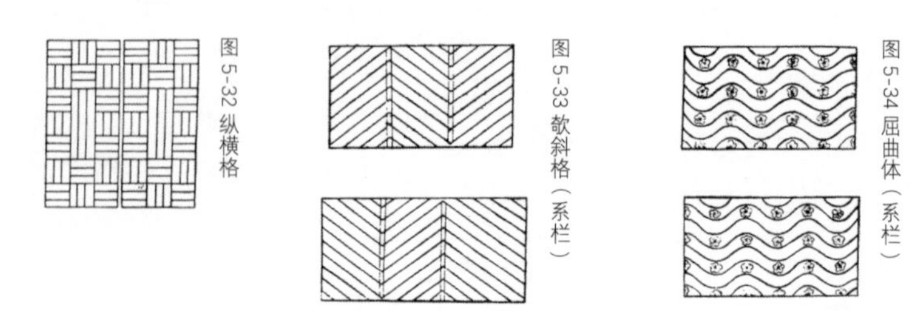

图 5-32 纵横格

图 5-33 欹斜格（系栏）

图 5-34 屈曲体（系栏）

[1]《闲情偶寄》：189-190.

2. 植物

芥子园中确定的植物有:

1）竹: **到门惟有竹，入室似无兰。**

2）石榴: **榴之大者复有四五株。**

3）芭蕉: **幽斋但有隙地，即宜种蕉。**

茉莉、盆栽的山茶（惜乎予园仅同芥子，诸卉种就，不能再纳须弥，仅取盆中小树，植于怪石之旁），春有水仙、兰花，夏有芙蕖，秋有秋海棠，冬有腊梅（予有四命，各司一时：春以水仙、兰花为命，夏以莲为命，秋以秋海棠为命，冬以腊梅为命。无此四花是无命也，一季缺予一花，是夺予一季之命也）等。

李渔在《种植部•木本第一•梨》说自己除了荔枝、龙眼、佛手、梨树外，其他花果竹木都种植过。《闲情偶寄•种植部•竹木第五》前题注云"未经种植者不载"，之后分别提及竹、松柏、梧桐、槐榆、柳、黄杨、棕榈、枫柏、冬青等。由此亦可见，芥子园中的植物配植丰富多样，绝不仅仅囿于李渔确切提及的那几种，但碍于无专文记载，只好付之阙如。

五、布局与小结

芥子园的基本配置如前考证，现总结如下：

木质碑文额“芥子园”，黑底白字嵌于园墙，位于园门旁，风雨不到。入门处植有竹。入门厅堂内悬挂木质手卷额“天半朱霞”与木质册页匾“一房山”，有楹联三：“孙楚楼边觞月地，孝侯台畔读书人”“因有卓锥地，遂营兜率天”“到门惟有竹，入室似无兰”。厅堂墙壁张悬名人尺幅，并“尽写着色花树，而绕以云烟，即以所爱禽鸟，蓄于虬枝老干之上”，使来者惊叹不已。

园内主景为一座面积一亩以内的假山。通常假山高度不超过7米，一般4米左右，从视距考虑，为不使假山显得低小，通常厅堂建筑与假山的距离为12~35米[1]。按常理，厅堂与主景假山的距离也大致在此区间。作为主景的假山叠石，考虑李渔本人的经济状况、对造山与土石关系的观点以及其所模范的沈周山水画之意境，应为土石相间、土多石少的平冈小坂式，或相类于拙政园绣绮亭假山。假山山麓种有石榴，山上亦种各式低矮的花草。叠石部分略具“层洞穿纡”的意匠，中设石洞，“洞中宜空少许，贮水其中而故作漏隙，使涓滴之声从上而下，旦夕皆然”，并与建筑“栖云谷”相连，如此设置使得人“虽居屋中，与坐洞中无异矣”，有“真居幽谷”之感。“栖云谷”中，木质石光匾镶嵌于山石之上，柱上挂有竹质“此君联”：“仿佛舟行三峡里，俨然身在万山中”。谷中并设有借景窗——“梅窗”，以整木分中锯开，平整一面靠墙，天然一面向屋内，“天巧人工，俱有所用”。

[1] 刘敦桢．刘敦桢全集：第八卷 [M]．北京：中国建筑工业出版社，2007：8.

主要厅堂类建筑“浮白轩”为李渔书室，门上悬挂虚白匾“浮白轩”，有楹联二：“雨观瀑布晴观月，朝听鸣琴夜听歌”，及木质蕉叶联“般般制作皆奇岂止文章惊海内，处处逢迎不绝非徒车马驻江干”，并悬挂少量字画。墙壁覆以石灰后打磨，以纸糊屋柱、窗楹，再以特定手法贴上豆绿云母笺，营造“皆冰裂碎纹，有如哥窑美器”的室内效果。书室中有“暖椅”“凉杌”，是李渔根据自身需求自创的组合式家具，巧妙又经济地提高了文人在严寒及酷暑之日读书写作的舒适度。另书室一侧墙壁凿孔并置小竹于其中，这一装置保证其“无论阴晴寒暑，可以不出户庭”解决内急。书室旁设有“套房”，暂存“败笺弃纸，垢砚秃毫”。后有一小庭院，透过李渔自创的借景窗——“尺幅窗”，可看见小院中置有假山小品一座，高约 3 米、宽约 2.5 米，“外石内土”，山上设置水槽，下有水池环绕，雨天收集书室屋面排水后由石隙宛转下泻流注池中，产生瀑布的视听效果。

有“月榭”“歌台”。“月榭”前出一步成“歌台”，有楹联二：“有月即登台无论春夏秋冬，是风皆入座不分南北东西”“休萦俗事催霜鬓，且制新歌付雪儿”。月榭歌台是平日里家班女乐的演习场所，有客来时便是昆曲表演的舞台。

“来山阁”偏在芥子园一隅，“看山楼在门”，或靠近芥子园入口。阁中悬挂木质秋叶匾，设李渔自创的另一种借景窗——“山水图窗”，透过此窗，可眺望钟山。

另有水池一方，中植芙蕖，按理与“浮白轩”后假山下的水池以及栖云谷中的水相连。除了入门的竹、山麓旁的四五株大石榴外，芥子园隙地种芭蕉，另有盆栽的茉莉、山茶、水仙、兰花、秋海棠、腊梅等等。

李渔文字中未提及亭与廊，然不排除芥子园有这两种构筑的存在。建筑之间或许有走廊相连。

另，在布局上也可参看麟庆时期的半亩园。半亩园水面较小，也是以假山取胜，用平台游廊串联建筑物，并通过园墙分隔出一些更小的院落；园中布置了许多盆景，与其他珍稀花木相辉映；主要建筑物也均有雅致的名称和精美的对联[1]。

以上为芥子园布局的文字性总结。童寯在《江南园林志》序中言："抑园林妙处，亦绝非一幅平面图所能详尽。盖楼台高下，花木掩映，均有赖于透视。若掇山则虽峰峦可画，而路径盘环，洞壑曲折，游者迷途，摹描无术，自非身临其境，不足以穷其妙矣。"实物尚存的园林，其平面尚不可以平面图详尽描绘，何况早已湮灭不知所踪的芥子园。芥子园于今人的意义，也在其物质空间之外。

[1] 贾珺．麟庆时期（1843—1846）半亩园布局再探 [J]．中国园林，2000，16（6）：68-71.

第四节 社会需要

园林中的建筑是文人活动的主要空间，翰墨琴棋、书画鉴赏、焚香品茗、听歌观曲等交会游艺都在此发生。《长物志》写于消费风气盛行的明末，总结晚明文人清居生活方式，表达晚明士大夫的萧寂审美趣味、隐匿精神理想，这些长物几乎都以建筑为载体。从目前留存的苏州历史园林看来，接待客人彰显身份的厅堂、供休息的轩馆、读书品画的书房、征歌度曲的琴室，皆根据各自的功用悬挂联匾、书画，摆放器具、盆花。

"衣食住行是一个整体，有怎样的生活，就有怎样的建筑。"[1]惟有结合其时文人的生活状态去考察这些承载着文人生活的厅、堂、亭、台、楼、阁，才有可能对此获得真正了解。

李渔一生留给后人数以百计的作品，戏曲小说尤多，往往"曲目新鲜奇特，结构严密巧妙，排场生动热闹，语言通俗诙谐"；明代中叶后是中国小说发展的黄金时期，在此背景下他也创作了很多小说，"在构思的新奇巧妙和文辞的生动诙谐方面在清代白话短篇小说中可谓佼佼者"[2]。近代曲学大师吴梅（字瞿安，1884—1939）评论清人戏曲，盛赞其为"一朝之冠"：

清人戏曲，大抵顺康间以骏公、西堂、又陵、红友为能，而最显著者厥惟笠翁。翁所撰述，虽涉俳谐，而排场生动，实为一朝之冠。[3]

---

[1] 陈薇．改进建筑 60 秒 [J]．世界建筑，2015（1）：134.

[2]《李渔全集：第一卷》：8：《李渔全集序》．

[3]《李渔全集：第十九卷》：334.

作为当时创造力旺盛的知名职业作家与出版家，收入想必可观，然他携妻拥妾、漫游江湖的不羁行为却常使经济陷入窘境，“问天下人之贫，有贫于湖上笠翁者乎”？亦因此招致时人诟病，可谓毁誉天壤。“芥子园”地偏园小，是有少量居住功能的园林别业，其家人的日常起居不在园林旁的居住空间内。李渔在其中苦心经营，“一卷代山，一勺代水”，搜罗种植心爱的植物，精心设计日常起居中的一切，将居住的舒适与精神的审美结合于此，也成为自己精神的寄托。

1. 私人生活的领地

著书立说是李渔生活的重心，“芥子园”中的书房“浮白轩”是他园中的主要活动场所，更是他的精神家园；而作为“一朝之冠”的戏曲家，征歌度曲是他理论的实践，月榭歌台成为其调教家班女乐的场地。

2. 娱乐交际的客厅

芥子园园中意境展示李渔独特的审美，也是接待客人、展现品位的交际娱乐空间。如前文提及许山《过李笠翁浮白轩看小山瀑布》，又，方文康熙七年（1668）游芥子园，遇雨宿于园内，后作《李笠翁斋头同王左车雨宿》：“今夜哪能别，连床共笑言。”

李渔于康熙五年（1666）左右组建家班，近似自娱性的豪门女乐，以乔姬、王姬为栋梁。家班活跃于康熙七年至十二年，乔、王二姬相继病逝后，最终于康熙十三年（1674）宣告解体[1]。这段时期与其居住于芥子园的时期（1668—1677）重叠。李渔平日

[1] 黄果泉．李渔家庭戏班综论 [J]．南开学报（哲学社会科学版），2000（2）：24-29.

里在芥子园对家班女乐进行教习实践，也为到芥子园的客人提供戏剧表演，听歌观剧成为芥子园的一大特色。

康熙七年（1668）余怀《满江红》词前小序云："同邵村、省斋集笠鸿浮白轩听曲二首"[1]。方文于己酉年（1669）带朋友孙鲁山一起到芥子园宴饮，听歌赏曲，作《三月三日邀孙鲁山侍郎饮李笠翁园即事作歌》。

……我友孙公渡江来，特地扣门门始开。……因问园亭谁氏好？城南李生富词藻。其家小园有幽趣，垒石为山种香草。两三秦女善吴音，又善吹箫与弄琴。曼声细曲肠堪断，急管繁弦亦赏心。……是日恰逢天气晴，群花虽落犹滋荣。莫嗟芳树红英少，且听纱窗黄鸟鸣。……[2]

又如，1672年春吴寇五与其他友人集芥子园观剧。家班解体后，李渔写《后断肠诗十首》悼念乔、王二姬，吴寇五在其上批曰：

忆壬子（1672）春，偕周栎园宪副、方楼冈学士、方邵村侍御、何省斋太史，集芥子园观剧，共羡李郎贫士何以得此异人。今读是诗，不禁彩云易散之感。[3]

3. 精神家园——"历古今，变沧桑，不二其主"

"居善地，心善渊，与善仁。"（《老子》）于文人而言，居住环境往往成为其精神境界的外在表达。刘禹锡（772—842）《陋室铭》描绘简陋的生活环境，却是"谈笑有鸿儒，往来无白丁"，彰显主人恬淡的生活态度与雅致的隐逸情趣。

[1] 黄强．李渔移家金陵考 [J]．文学遗产，1989（2）：92-96.

[2] [清] 方文，撰．嵞山集 [M]．上海：上海古籍出版社，1979：1037.

[3]《李渔全集 • 第二卷》：216.

园林更是文人精神的物质承载空间。“此予金陵别业也。地止一丘，故名‘芥子’，状其微也。往来诸公，见其稍具丘壑，谓取‘芥子纳须弥’之义，其然岂其然乎？”李渔以“芥子”形容园之小，对友人附会的“芥子纳须弥”狡黠地不置可否，同时又以“芥子园”来命名其书坊。他对“芥子园”的态度和期望可在《卖山券》一文中得到解答。清顺治九年（1652）李渔将伊园转手他人并作《卖山券》，认为伊园作为实体虽属他人，但他为伊园写就的诗文则表明其对伊园从始至终的所有权，金钱能够“购其木石，不能易其精灵；能贸其肢体，不能易其姓名”，“绝德畸行，与瑰玮之诗文”使得名山“历古今，变沧桑，不二其主”[1]。

李渔故乡兰溪为纪念李渔，1980 年代在兰荫山山麓仿建“芥子园”，如今也成为当地一处名胜[2]。南京秦淮区政府修缮“蒋百万故居”，也引发其是否为“芥子园”故址之争论，这一文化现象在三四章皆已有涉及。

芥子园今已无处可寻，却因《芥子园画谱》的流传而广为人知，因园主李渔后世声名益隆而日久弥新，真正如李渔所言之“历古今，变沧桑，不二其主”，也算是园林所特有的“园亭不在宽广，不在华丽，总视主人以传”之例证了。

综上，我们可以说，芥子园是读画评书、征歌度曲、载酒携琴、烹茶坐话、扫榻留宾的休闲场所，是园主李渔私人生活的领地、娱乐交际的客厅，更是他的精神家园。

---

[1]《李渔全集 • 第一卷》：128：“山可买乎，不可买乎？……曰：可买，第非青铜白镪所能居而有焉。青铜白镪能购其木石，不能易其精灵；能贸其肢体，不能易其姓名。然则恃何以居之？曰：恃绝德畸行，与瑰玮之诗文。其价值足与相当，则此山遂改易姓字、竭精毕能以归之，虽历古今、变沧桑，不二其主。”

[2] 裘行洁．兰溪“芥子园”[J]．古建园林技术，2000（2）：51-58.

第五节 观念

李渔被林语堂誉为“享乐的剧作家，幽默的大诗人”，其《闲情偶寄》更是被认为是“中国人生活艺术的指南”[1]。芥子园的营建可以说是其生活艺术的自我实践，而对其生活艺术的观念的了解应当基于对其生活状态的了解之上。

李渔一生交游甚广，在布衣文人中颇为少见，仅本书涉及的、与芥子园相关的，就有遗民（方文、程邃——题“浮白轩”、余怀——为《闲情偶寄》作序）、贰臣（龚鼎孳——题“芥子园”、周亮工——题“半天朱霞”）、名士（尤侗、何采）等。他的戏剧、小说，贴近市民大众，是“带有民众的、通俗的、中等阶层的、琐碎的、实用的或喜剧的”[2]。李渔自己也说：“传奇原为消愁设，费尽杖头歌一曲”，“惟我填词不卖愁，一夫不笑是吾忧”，是为民众娱乐、市场销售为导向的创作。他曾想绝意浮名、归隐田园，却耐不住清贫寂寞；鄙薄官场、抛弃功名，却不得不油滑世故地周旋逢迎。从他的交际圈与创作理念来看，文化商人的特质非常明显。总之，李渔是一个懂得生活并享受生活的古代文人，他所做的一切可以说均源于他那种顺性、顺情、顺世的自适人生观[3]。而总结其造园理念，亦与其人生观一脉相承，注重实用与独创，可用“房舍第一”小序中的两则短语概括：“因地制宜，不拘成见”与“一榱一桷，

[1] 林语堂．吾国与吾民 [M]．黄嘉德，译．西安：陕西师范大学出版社，2006：460.
[2] 亨利．李渔：站在中西喜剧的交叉点上 [J]．徐惠风，译．戏剧艺术，1989（3）：115-122.
[3] 钟筱涵．论李渔的自适人生观 [J]．华南师范大学学报：社会科学版，2002（2）：58-63.

颇饶别致"[1]。

1. 实用——“因地制宜，不拘成见”

实用体现在各个方面。首要考虑经济方面的实用，比如对于叠山的态度，有经济能力选择石山，经济状况不佳则可采用土石相间之法，有“好石之心”却又没有能力的，则“不必定作假山”。

贫士之家，有好石之心而无其力者，不必定作假山，……用土代石之法，既减人工，又省物力，且有天然委曲之妙。[2]

建筑布局依地势或功能需求改变，不能满足南北正位便灵活调整开窗位置以满足日照所需。

屋以面南为正向。然不可必得，则南北者宜虚其后，以受南薰；面东者虚右，面西者虚左，亦犹是也。如东、西、北皆无余地，则开窗借天以补之。[3]

建筑的尺度、比例依照人的尺度，注重与人“相称”而不盲目寻求高大轩敞。

人之不能无屋，犹体之不能无衣，衣贵夏凉冬燠，房舍亦然。堂高数仞，榱题数尺，壮则壮矣，然宜于夏而不宜于冬。……夫房舍与人，欲其相称。[4]

木质窗栏以坚固为第一要义，只有在保证坚固后评价工艺才有意义。

窗棂以明透为先，栏杆以玲珑为主，然此皆属第二义；具首重者，止在一字之坚，坚而后论工拙。[5]

---

[4] 《闲情偶记》："予尝谓人曰：生平有两绝技，自不能用，而人亦不能用之，殊可惜也。人问绝技维何？予曰：……一则创造园亭，因地制宜，不拘成见，一榱一桷，必令出自己裁，使经其地入其室者，如读湖上笠翁之书，虽乏高才，颇饶别致，岂非圣明之事，文物之邦，一点缀太平之具哉？"

[2]~[5] 《闲情偶寄》：222，182-183，180，189-190.

2. 独创——“一椽一桷，颇饶别致”

李渔不喜与人同，文章追求尖新奇巧，尤侗评之为“事在耳目之内，思出风云之表”[1]。

芥子园种种设计都自出心裁，“入芥子园者，见所未见”[2]，其中不乏奇思妙想，如使人六月寒生的“栖云谷”，绝佳框景的“尺幅窗”“便面窗”，匠心独运的组合家具“暖椅”“凉杌”等。

有的也略有奇技淫巧之嫌，新奇有余意境不足，譬如他所甚为得意的“剪彩作花”所装饰的梅窗，厅堂里“尽写着色花树”“皆冰裂碎纹，有如哥窑美器”的书室墙壁等做法。

李渔的文人气质使得芥子园“幽”，而他追求新奇不喜与人同的性格使得芥子园“趣”，这个“垒石为山种香草”的“幽趣”小园是我们可以确定的一个事实。然而园林作为生活的物质载体，园主的经济实力往往更是决定性因素，李渔的经济条件、生活习惯、审美倾向综合影响着其造园理念，成就芥子园的营建。芥子园中的“因地制宜”“颇饶别致”，与园主李渔标新立异的个性相关，更与其经济条件密不可分。南京城东南隅孝侯台下的芥子园，“柴门径僻少人迹”，地偏园小；“斗大一池”不接城市水系，“望天乞水”又“时病其漏”。“李郎贫士”的“幽趣”小园与王世贞《游金陵诸园记》中的 16 座园林，在地段上、面积上、具体营建上皆不可相提并论。“讨论中国文人的仕与隐，除了政治立场、道德境界、审美趣味等，还必须考虑同样很重要的经济实力”[3]，讨论中国文人的园林，亦

[1] 《闲情偶寄》：1：《余怀序》.

[2] 《李渔全集：第一卷》：162：《与龚芝麓大宗伯》之尤展成（侗）批语.

[3] 陈平原．从文人之文到学者之文：明清散文研究 [M]．北京：生活•读书•新知三联书店，2004：65.

复如此。也正因如此，李渔在有限条件下对居住环境的积极以求与苦心经营，成就了他独特而有魅力的“生活的艺术”。

小 结

明中期以来江南地区商业蓬勃、物质繁庶，在城市生活与文化日益兴盛的基础上，文人以艺术的眼光审视生活，追求品位精致、别出心裁的文人意趣，追求艺术化、享乐化的生活方式。李渔是为其中典型，而他在南京的别业“芥子园”，是平民商人在商业化加深和园林逐渐小型化的社会背景下，在有限的经济状况与用地条件限制下，通过“造园”手段营造自己理想的生活环境与精神寄托的典型案例。

本章首先梳理文献，考证得“芥子园”落成于1668年前后，李渔的“金陵闸旧居”“芥子园”“芥子园书坊”均位于南京城中，三者位置相离，且“芥子园”是远离住宅的别业园，李渔在“芥子园”时期当另有宅邸，在此时间、地点详细考证的基础上大致了解李渔在南京的居住生活状况。

汉宝德在《明清文人系之建筑思想》中点出明清江南在中国建筑史中的重要地位和研究空白，以文人园居中的“建筑观”为分析主体，认为《园冶》卷首的“兴造论”堪称“建筑艺术知性化的先声”，其中的建筑论“远超过欧西文艺复兴时代的名师”，是“敏感于居住环境的读书人，对自己（或友人）所要从事的建筑的一些揣摩与品味”，少有宗教与礼教的羁绊。从“芥子园”的营建原则中同样也可以看出。李渔关注的是日光、书籍和环境氛围的构筑，是园中的生活，建筑仅是“人工自然”的一部分，依附周遭环境并从中获得自身形式（比如“栖云谷”）。

实用与独创都是在审美观念下的造园原则，李渔的审美大致可总结为追求“自然”，体现在其对园林、建筑、材料与工艺的审美之上，也是具有文人审美的典型性。仅就材料一项来说，李渔倡导“宜简不宜繁，宜自然不宜雕斫”，木材表面处理自然以体现木质纹理，加工方式顺应木材本性以保证其长久坚固，构造逻辑与审美逻辑统一；彩漆是不得已才用的俗物，除非必须用来防风雨、油污，否则“雕花彩漆俱不可用”。园林中独特的形式魅力和空间感染力部分源于对材料的运用，讲求将材料与特定场所及生活方式结合，体现材料特性进而发挥其表现力。

这类文人的审美使得明清江南的文人园体现出某种共性的美：白粉墙配黑灰瓦顶，栗壳色的梁柱、栏杆、挂落，木纹本色的内装，灰水磨砖的门窗框。以致时至今日我们走进一所昔日园林，依然感受到萦绕其间的“诗意”，欣赏沉醉于它静谧的醇美。“当我们称赞一把椅子或是一幢房子‘美’时，我们其实是在说我们喜欢这把椅子或这幢房子向我们暗示出来的那种生活方式。……‘美’的感受是个标志，它意味着我们邂逅了一种能够体现我们理想中的优质生活的物质表现。”[1]

在明清之际商业氛围浓郁的南京城内，文人李渔自由职业者的身份、有限的经济状况及其所相应形成的居住理念，而今看来，却又格外亲切而具有可延续性。

[1] 德波顿．幸福的建筑 [M]．冯涛，译．上海：上海译文出版社，2009：1，5.

第六章
结　语

通过三个具体时间段内（1588—1589、1639—1642、1668—1677）南京园林的切片，研究展现了明末清初南京园林的三个不同层面：首先是士大夫眼中交游宴饮的16座公侯士大夫园，其次是普通文人阶层眼中游览观赏、具有公共性质的城市园林景观，再次则从概览聚焦到个体，具体考察一个文化商人自己营建并生活其间的私人别业园。在这三个切片研究中，所资借的材料与得出的结论之间相互关照印证，它们的空间想象，共同构成一个明末清初南京园林的“初步的空间象征”。

三个样本的浮现是基于各自所处的时代背景。王世贞身处的晚明，政治经济文化激变，南都作为江南政治与文化中心，人际资源丰富，公侯士大夫宴游风气兴盛，城中园林繁盛并成为承载文化精英们社交娱乐活动的场所；同时于园主而言，将精心设计的园林供游览既展现其财力与品位，亦是其人际网络中的重要一环。《游金陵诸园记》中，王世贞以园林游览者与宴集参与者的视角切入，是这一时期文人士大夫南都园林内社交生活的实录。到了吴应箕所处的明末，科举制度日趋僵化严格，致使士子结社风气盛行，同时旅游活动尤其是平民百姓的旅游活动兴起，文人为了重建身份，兴起精选胜景、重新品题的风气以示区别于平民，《留都见闻录》即为其中之一种，文中描述园林胜景，目的是为后来者提供“各区胜概”，并供不能踏足胜景的人“卧游”，颇类当今的旅游手册，所不同的是选景与品赏都体现文人个人化的品位。及至清初，故都南京因着政治地位、地理位置、文化内涵等诸多方面，吸引着遗民、降臣、贰臣等各种不同身份的文人群体聚集，公侯园籍没入官不复当年，文社与旅游活动也都式微，作为文化商人的李渔周旋于各类文人官宦之间，苦心经营的同时不忘享受生活，不及三亩之地的芥子园成为其生活艺术的依托，也是其造园理论（意匠）的实践。故此，我们也可认为，基于这不同类型（实录、品赏、意匠）的文本所展现出来的园林样本，在某种程度上也可说是各自时间段内南京园林的典型代表。

最后，第六章将尝试在前文研究的基础上对以下问题给出解答：第一，明末清初南京造园史概况及其在江南造园史中的地位如何？第二，倘若历史文献中的园林在物质层面不尽然可靠，那么在最终以建造与实践为导向的建筑学造园史研究，此类文献的意义何在？又该如何应用？第三，通过考察明末清初南京园林在城市中的分布状况（空间定位）、其在社会及个人生活中所承担的角色（社会需要），对当今的造园实践（城市与个人层面）有何启发？第四，在以上结论的基础上，能否给出“文献中‘园林’的概念为何”这个问题的答案？

一、南京园林的历史地位

研究认为明末清初南京的园林无论数量与营造水平，都代表了江南一带园林的较高水准。如此结论有以下三方面依据：

1. 南京作为江南政治文化中心的地位使得它的园林建造在江南处于领先地位

作为十朝古都，南京地处南来北往的交通枢纽，是明代江南的经济和文化中心，不单地理位置便利险要，同时城市本身也是山水形胜，居住环境优越。南京素称人文荟萃之区，文化生活历来居于领先地位。明初三十余年的城市建设为其奠定了一定的物质空间基础。其后虽偏为留都，然而却保留了与北京同样的政府机构，政治地位特殊，并有公侯王孙等权贵子弟，“公侯戚畹，甲第连云，宗室王孙，翩翩裘马”。同时南京是有明一代江南南直隶地区乡试所在地，每三年举办一次科举考试。故作为江南文化与政治中心，其强大的吸引力使得士大夫及士子文人咸集于此，社交活动频繁，从居住、社交上来说，对园林需求繁盛。而园林需要的自然、经济和文化条件皆备，故在明中期后江南园林盛行的社会背景下，南京的园林势必名园云集。

2. 从考证的晚明南京公侯园中的叠石状况来看，其造园规格远在现存苏州明清园林之上

明清园林中的叠山最能体现园主的经济实力和造园规格，因山石的采集、运送、堆叠所费不赀，惟财力雄厚方能成就规模可观的叠山作品。南京因明初国都之故，有世袭公侯存在，既权且贵。《游金陵诸园记》中公侯园中几乎皆备规模不小的叠山，且以石多土少为主流，水石并胜，有“峰、峦、洞壑、亭榭之属”，石洞、水洞常常结合曲桥、楼阁，营造壶中天地。《游金陵诸园记》中详加描绘丽宅东园的假山，占地面积近三亩，“石洞”三转且与“水洞”结合，中设“亭”，而现存苏州明清园林中的假山通常设一洞，石洞与水洞相连仅有恰隐园这一孤例。现今留存的西圃（瞻园）侥幸逃过家难与战火，《游金陵诸园记》中对其并未有详加记载，从瞻园中留存的花石纲和湖石假山遗存亦可想见明末其他公侯园之盛况。

3. 园林观念的扩大有助于更全面地认知明末清初的南京园林

目前对于江南园林的研究实际上是以私家园林为主体的研究，寺庙园林、河房园林、衙署园林，以至陵墓中的园林景观处理、国学书院中的园林、茶楼酒肆中的庭院布置等等，一直游离于研究者视野之外。而理论上作为文人乐土的南都，以上诸多类型园林无论从数量还是质量上皆在江南处于领先位置，第四章对于这类空间的考证也印证了这一点。

李格非笔下的 19 座园林远非当时洛阳园林的全部，王世贞笔下的 16 座南京园林亦是如此，吴应箕的笔触所及也只是其所涉猎并筛选后的园林，“余访其迹，十不得一”。因战火频繁，实物留存极少，南京在园林史上的地位在以往关注物质空间的园林研究中被大大低估。

二、建筑学领域园林史研究方法的重建

与园相关的文人文字是今日园林研究者的主要研究材料之一，“得之辞而已”。此类文献对于园林物质空间描摹，往往语焉不详；依凭这样的文本“拼凑”出的园林物质空间往往亦“尺椽片瓦”。而建筑学领域对园林的关注点本身亦值得反思。

文本中的“园林”于今人而言，不啻于一个异域的文化空间载体。社会物质环境与世人生活方式发生巨变的今天，昔日园中的堂、轩、亭、榭等构筑，其间的几、榻、桌、椅等布置，皆如同博物馆内的陈设，不复有当时的意义。虽则园林的布局、叠石

的形式、花木的配置、建筑的样式等等均可完美复制（姑且不问形式的“正确”与否），但产生这种形式的情境却已消失，形式背后所回应的问题不复存在。生发于传统社会文化与生活的园林，其在现代社会中的境遇，可与儒学在传统社会制度消亡后之困境类比[1]。

事实上，物质空间只是园林的外在，人与生活才是园林的内容；物质空间形式背后所应对的问题及利用空间形式解决问题的具体理念与方式，或许才是建筑学领域的造园史关注之要点。深入文献了解历史，回归传统文化、审美观念、生活方式，去了解园林因何而建、意欲何为，“知其然知其所以然”，才有可能真正了解这门独特的空间艺术，实践领域的“再生”也才有可能。而文献材料中展现的，也正是历史情境下，生动的行为方式与生活场景。故此，对于实践领域问题的解答还需回到史学领域，回到以建筑学视角切入下的、结合“人”与“生活”的园林史研究，而研究材料本身恰也契合这一研究目标。在此观念下，建筑学领域园林史研究方法，亟待重建。

就本书的三个样本而言，建筑学领域的造园史研究，需针对特定时空内的具体对象，聚焦人物及相关文献，细致甄别，以史料的精专对应园林的易变。

首先，对于所选择的作为基本研究文本的文献，须了解其作者，并界定写作时间。仔细考察作者，是因作者的身份影响着书

[1] 余英时在《现代儒学的困境》中指出，中国传统儒学是一套全面安排人间秩序的思想系统，托身于传统制度，通过政治、社会、经济、教育等制度的建立，进入国人日常生活的每个角落。故随着传统的制度在 19 世纪中叶逐渐崩溃，儒学在现实社会中失去了一个个的立足点，直到制度化的儒学“死亡”成为“游魂”。这是现代儒学的困境所在，它在传统社会制度消亡的情况下很难自处。

写的内容，视角的不同导致纸上园林呈现不一样的风景；权贵游览的园林自是区别于普通文人，王世贞游览的公侯园尤其是其中的傍宅园，作为秀才的吴应箕自是难以涉足，更不必说宴饮其间。了解写作的时间，是因写作的时间对应了作者彼时的状态、交游的人物、写作的目的等等，为记录园林的游记文章与托物言志性质的文章在书写上的取舍、判断甚至有可能完全相反；同时作者的观念囿于写作的年代，对应于相应的社会背景，惟有走进当时的环境，贴近作者的经历与状态，才有真正理解文献的可能。冯纪忠为研究园林史而研究屈原，“把屈原的整个历史都弄了一遍”，“把他一篇一篇的东西应该在什么地方、什么时候都弄清楚”，最后终于得出“《楚辞》的时代还没有人造的‘园林’”这个结论。通过这段经历冯老认为：“不能光看一个人的文章，还要看这个文章是什么时候写的，根据当时情况、作者的历史来研究，才能全面。”[1] 同时为应对园林物质空间的“瞬时性”，也需将研究限定在具体的时空才有意义。总而言之，研究需要聚焦某一时空下的园林，在特定城市空间与时代背景下，“从大处着眼，从小处着手”，梳理甄别比对庞杂琐碎的材料，按照一定的线索组织并系统化整合为特定地域某一时段的园林史，以期对建筑学领域的问题有所启发。

同时综合文学、绘画资料中的文字与图像资料，用史料的丰富多样来对应园林背后人与生活的复杂。文本分析时，不预先建立理论框架展开“宏大叙事”，而关注其间“真实”的历史细节；在建筑学的视野下深入这些细节，具体而微地梳理关涉物质层面的问题，来理解历史并且关照当代。

---

[1] 冯纪忠．建筑人生：冯纪忠自述 [M]．北京：东方出版社，2010：230.

再次，文献中的物质空间需要多方比对。文献中的描摹的物质空间常常只是古人生活的背景，其笔墨的着眼点往往在人与事，具体的物质空间却可亦真亦幻，是为烘托主体而设。如周作人言张岱的《陶庵梦忆》："张宗子是个都会诗人，他所注意的是人事而非天然，山水不过是他所写的生活的背景。"[1] 园林承载着活色生香的生活，是"充满生机的有机体"，与园林相关的文献，相较于物质空间的描述，也恰恰更多地透露出构成人活动的场所，暗示园林的社会使用方式。也正因此，文献中的物质空间常带个人色彩，需要多方比对才能接近"真实空间"。

而最终，建筑学领域的造园史研究的关注点需从物质空间层面转向物质空间背后的影响因素及其作用机制上。

三、现代造园实践领域设计方法的再生

倘若我们改变以往对"园林"的视看方式，而更加关注园林在人与生活中所承担的角色，承认物质空间形式背后所应对的问题及利用空间形式解决问题的具体理念与方式，才是建筑学领域的关注要点，那么现代造园实践领域设计方法的再生亦值得期待。

通过考察明末清初南京园林在城市中的分布状况、在社会与个人生活中的功能，再回望"缘起"中所提出的问题，略述如下。

[1] 周作人．苦雨斋序跋文 [M]．石家庄：河北教育出版社，2002：114.

1. 园林内涵的扩大与园林保护理念、新建园林景观实践思路的拓宽

从三个样本对“园林”观念的解读可以看出，无论是私人所有的别业还是公家所属的园林，都承担了部分社会需要，游览、宴饮、居住等等，园林的概念超越功能与权属关系（私人、寺庙、衙署等等），这些园林在形式上并无差别，且不同权属的园林相互之间转换频繁，甚至某些私家园林也成为皇家园林的范本。如此，使得园林从单纯形态、权属的分类中解脱出来，而一旦放弃在学科概念上的类比与归类，便无形间扩大了既有的园林概念，或许也更加接近园林的本源，皆是出于人的某种具体需要，对自然的向往与处理。虽说园林根植于中国的哲学与文化，有鲜明的时代性，与当今的景观设计分属不同领域，然而在城市视野下探讨园林公共性空间，却也可为现存园林的保护打开思路：

从单纯的保护到思考其利用的合理性及其融入城市生活的种种可能性，有利于园林在现代城市中的进一步“复兴”；亦可拓宽新建园林景观思路，不囿于“传统”的形式与“景观”的功能，简单将历史上园林尺度放大，而是从城市层面的具体需求出发，关注于其与现代城市的融合，使其成为城市生活的一部分。

2. 对园林生活化的理解与传统建筑实践的回归

园林作为空间艺术的实践，亦是生活与文化的表达，不同的诉求对应不同的形式与手法。譬如园中叠山实为于方寸之间对林泉的追求不可得而不得已之举措，明末的诸多公共园林地处于山水之间，叠石造山并不是其必备；而公侯园中奇绝的堆山作品则成为当时社会环境下展现园主品位与经济地位的载体，最终是为

奢靡而繁复了。再如园林中以堂为中心的布局往往是从堂作为园林主要宴饮场所的视觉考虑，而主厅与耳房的设置也是出于收纳与服务的便利，而非形式上的对位关系或是空间上的曲折尽致。叠山、理水、花木、建筑的要素分析固化了形式，更是将作为承载着生活的完整的园林设计分解得体无完肤。

在园林相关的建筑实践中，通过形式的相似性达不到复兴园林的目的。贝聿铭的苏州博物馆被认为是“用现代的建筑语言诠释了苏州传统园林建筑的内涵”，其主庭园“仅用少量的元素反映出传统园林的精神”[1]。汉宝德在评述时却认为，“建筑将江南传统建筑的特色转化为现代建筑语汇，却让人感受不到传统的美感，……单纯用形式的相似性来转化语汇是达不到目的的”，并认为其“怪异的”白壁灰框，“把白灰壁灰砖的精神丢失了，……白灰粉壁鲜有纯白，其美感乃自雨水的湿润，呈现生动的雾状表面。……传统的白壁是主要的结构体，岁月的痕迹使这些承重墙面散发出感性的光辉”[2]。

在园林相关的建筑实践中，通过园林美学理念的继承也只能成为一种个人化的设计理念。不可否认中国山水画与文人园中体现的美学理念在今天的建筑设计中有指导意义，建筑师从绘画与园林中有超越符号与要素之类的直接学习，创造类似概念，启发设计构筑建筑的空间与形式，在美学上联系作品与山水画，将文人画中的观念手法运用到当今的建筑设计中，确可以提供一种新的建筑形式生成方式。但如果设计仅仅是对某个历史时期美学观

[1] 范雪．苏州博物馆新馆 [J]．建筑学报，2007（2）：36-42.
[2] 汉宝德．建筑母语：传统、地域与乡愁 [M]．北京：生活•读书•新知三联书店，2014：160.

的想象性拓展，这只具有个体意义，而不具备典型性。正如文人绘画，最后只能是个体的修炼与参悟，而如此的建筑设计也只能是个体的游戏。

园林灵活的手法是其源源不断的生命力所在，每个园子都是有强烈主观意味和设计理念的完整而独特的设计，其本质是以人的活动尺度、生活的需求作为设计的出发点，并受审美、经济、场地等诸多因素的影响，利用不拘一格的形式解决问题。在考察某一时空背景下园林共性的同时，亦需要关注其特质，不能笼统地抹杀它们之间的区别。史学研究要求“论从史出”，然而设计却是可以有各种出发点，人文的、经济的、技术的，都可以提供灵感，启动设计；其最终成功与否自然也是多方因素的综合。以美好的形式解决问题是设计师需要做的，而面对的问题不同，处理的手段自然也是多样，并无成规。在这方面，从朴素的环境与人的观感出发，“构园无格，借景有因”的园林恰是最好的案例。这或许是明清文人园于今的相通之处，于建筑设计的意义所在。

3. 园林设计于个人的意义

在明末清初的社会背景之下，不同的园主，不同的经济状况、审美情趣、生活习惯，不同的目的，使得园林呈现出多样的面目。文人雅致的审美品位加之于园居生活中的不断琢磨，使得城内园居演变为一门“环境设计的艺术”，成为明清文人乐衷经营的“生活的艺术”之一大部类，成为人格建构和品玩赏鉴的物质载体。

在李渔的芥子园中，其从有限的经济条件出发的各种别具一格的建筑设计与室内装饰，比如对叠山有无之态度——“贫士之家，有好石之心而无其力者，不必定作假山”，对材料与工艺自然简洁的审美——“宜简不宜繁，宜自然不宜雕斫”，或是对厅堂内墙面的装修布置——“尽写着色花树，而绕以云烟，即以所爱禽鸟，蓄于虬枝老干之上”等等，实际上展现了其个性化的生活方式，体现了园主李渔的居住美学，却又与当下城市中的生活不谋而合。套用某知名家居品牌宣扬的现代家居理念：“又如庭园，问题不在于有没有一方土地，而在于居住者的心情是否与自然有所连接。就算玻璃杯里插朵花，放在厨房也算是庭园一景，它可以让我们感受到户外的光线、风与水。只要用心去决定要素的位置，便能打造属于我们自己的舒适生活。”[1] 对私家园林处理种种客观限制因素的观念与手法的批判性继承，于今天的城市居住生活不无助益。

小 结

中国文化自成体系，“在西方文化的对照之下，这一文化系统的独特性更是无所遁形”（余英时）。“园林”作为中国文化的载体之一，其学科的曲折历史实际上是近代以来几代学人在“中国文化传统怎样在西方现代文化挑战之下重新建立自己的现代身份（modern identity）”[2] 这一大问题的缩影。

西方文化自 16 世纪以来对中国产生持续影响。晚清民初社会变革，萌生于明清之际“西学中源”说和“中体西用”论又盛行一时，“新学”“西学”与“旧学”“国学”的称呼相对兴起，都是古老中华文明在遭遇截然不同的西方文化冲击时，反抗、移植、吸收的

[1] 无印良品．家：家的要素：如何打造一个舒适的家 [M]．桂林：广西师范大学出版社，2010.
[2] 余英时．序言 [M]// 沈志佳．现代学人与学术．桂林：广西师范大学出版社，2006.

独特方式。后借现代大学制度的确立、现代学科门类划分、现代文献分类法的编制，中国传统知识系统按西方学科分类体系进行了重组。

1930 年教育部设立统一的大学科目表，中国学人认识世界的知识基础至此逐渐脱离了传统学术的经学传统，转换为具有西方意义的学科分类体系及知识系谱。然而中西社会文化体系迥然相异，按西方学科分类体系重组了的中国传统知识系统给当今中国传统人文社科领域的研究造成了诸多困境，以至于时至今日中国现代学术离最终确立依然还有相当一段路程要走 [1]。

就“园林”的发展历史而言，冯纪忠在总结春秋至元明清的园林发展史后提炼出“形、情、理、神、意”五个时期，并指出“园林最主要是要从人和自然共生这个问题来看”[2]。“人”与“自然”对园林的双重影响，从晚明南京园林在城中的分布可见一斑：地理环境优越、人口密集的居住区，园林分布相对密集。有人居住的空间就有对“自然”的向往，所谓园林也就是在处理“人”与“自然”的一种关系。

而作为“人为自然”的园林，之所以随社会变迁呈现不同面目，也可以说是“自然”观念不断转变的结果。以此，一部园林史，或许也可看作是一部人与自然相互关系的探索史。汉学家小川环树在《“风景”在中国文学里的语义嬗变》一文中，通过考察中国叙景诗或自然诗（landscape poetry or nature poetry）发展历程，仔细辨析“风景”一词语义的变化，从中指出“自然”（nature）

[1] 左玉河．西学移植与中国现代学术门类的初建 [J]．史学月刊，2001（4）：96-101.

[2] 冯纪忠．人与自然：从比较园林史看建筑发展趋势 [J]．建筑学报，1990（5）：39-46.

观念的变化。“风景”一词最早出现在晋代（4 世纪），齐、梁为止，“景”意指“那些发光体所放射的光亮或光辉以及沐浴着光亮或光辉的某个范围的空间”；“风”与“景”连用，可理解为“light and atmosphere”；“光所照耀之处”引人注目，生出“景色”（view）一词。入中唐后“景”的语义转变为“view”或者“scenery”，对“景”的描写带有人对自然界所持的独特视点及感受，“风景”的观念也由此发生变化，不再是单纯的光所照射到的自然之“景”，文化的影响与人格的向往进入其间，成为有人之“景”。这一观念的变化，影响从诗到绘画，直至园林。不同时期的园林，其具体处理手法，除受制于时代背景下的工程技术水平外，也受当时“自然”观念的深刻影响，因此呈现出不同的面貌。

园林具有时代共性的同时，兼有强烈的个人色彩，这在公侯园与李渔“芥子园”叠山的对比上可见一二，也在正文对于造园史上由来已久的“方池”的反复出现中有所讨论。既有时代特征，也是个人选择。而在时代共性上，文人对于“自然”的观念与相应的对于园林的审美一贯是时代的主流，影响着当时园林的基本面貌。

回到中西互映的问题，童寯在其生前最后一篇关于园林的英文文章《东南园墅》中指出：西方园林旨在“悦目”，是“信奉量测标杆”，而中国园林旨在“悦心”，“推崇理解传递”，归根到底，这两者的不同是“一种精神相对于物质的问题”[1]。中西方园林的差异追根溯源可以说是哲学层面对“人”与“自然”观念的不同。

---

[1] 童寯．东南园墅 [M]．北京：中国建筑工业出版社，1997：“One cannot but conclude hence, that if the Western garden only pleases the eye, the Chinese garden aims at pleasing the mind. The one relies on measuring rod, the other communicates with intellect. In the final analysis, it is a case of mind vs. matter.”

东方文化信奉的是以人为中心的现世生活，就思维模式来说，中西方文化是“不重合的圈”[1]。“天人合一”为中国哲学史上的一个重要命题，其智慧体现在中国文化的方方面面，园林是其面相之一，它是这一东方哲学浸淫下的独特艺术，生发于此并对此有所表达。“天地万物，与我一体”，身体、器物、房屋等等，在这种思维模式下，都成为“生命的工具”[2]。园林作如是观，则成为以“人”为核心，满足人存于世间表达或满足对物质与精神需求的“工具”。如此也可以解释在三个样本“观念”的解读上，园林的概念纷纷走向唯心，成为文人人生理想与精神的寄托。

从中西文化差异的角度反思中国近现代的园林研究与学科建设：园林根植于中国传统文化，与西方学术体系不能完全契合，强行将之纳入研究框架内反而无法获得真正了解，故而西方现代学术体系下的，或者由西方理论切入下的园林研究，与既有的园林传统格格不入，隔靴搔痒、削足适履似的误读难免，由学科上名称的翻译、名词范畴的界定等等可见一斑。然而，20世纪初在欧洲主要城市浮现的“现代运动”（modern movement），“本身是个文化运动”，在西方文化中其实同样造成了一种断裂[3]。西方园

[1] 梁从诫（1932—2010），梁思成与林徽因之子，毕业于清华大学历史系，1980年代作为中国大百科全书出版社编辑，参与创办了《百科知识》月刊。梁从诫曾从百科全书的角度对中西方的知识观比较过中西方差异：在知识取向与分类上，西方重自然及事物本身的逻辑关系，中国则以人为中心，知识的分类模式也是以“人”为出发点，以事物相对于人的关系及其对于人的功用性（实际的或礼仪的）作为区分依据，揭示了中国人的传统思维模式，故此梁从诫认为中西方文化是“不重合的圈”。详见：梁从诫．不重合的圈：梁从诫文化随笔．天津：百花文艺出版社，2003.

[2] 钱穆．人生十论：新校本[M]．北京：九州出版社，2012：44.

[3] 夏铸九．竞争现代性：1950—1970年代台湾现代建筑的移植[J]．世界建筑，2014（3）：17-25.

林史研究的著名学者约翰•狄克逊•亨特教授[1]，主张用尽可能最广泛的可读资源作为 garden history 研究的基础，这些资源可能不仅仅限于传统的“文献”的概念；在“Approaches (New and Old) to Garden History”一文中，他提出 garden history 研究的七点建议，对园林史研究同样适用，尤其是建议的最后两条：“始终保持对‘什么是园林’的疑问”以及“探讨人与自然和文化对话中的普遍性”[2]。

惟其在充分认识中国传统文化独特性的前提下，回归园林的历史文化语境，保持对“园林”概念的持续思索，基于文献探求物质空间场所中的人与生活，以期“知其然知其所以然”，才可能最终建立园林的“现代身份”（modern identity）。在此意义上，本研究仅仅是一个粗浅的开始。

---

[1] 约翰•狄克逊•亨特（John Dixon Hunt），美国宾夕法尼亚大学景观系教授，前系主任；曾任哈佛大学华盛顿邓巴顿橡树景观研究中心主任，是西方园林史研究与景观理论领域的重要学者之一。2000 年获法国文化部艺术文学骑士勋章，在英国文学和可视艺术方面有很深的造诣，并将其运用到园林历史与理论的研究中。

[2]“1）目的论不再是历史评价的基础；2）新的叙述方式不能再陷入相互对立的成对范畴之中；3）研究趋势时要注意逆向的反趋势，研究中心问题时要注意边缘；4）为园林史学建立一个独特的领域，并同其他类型的历史，如社会史等紧密联系；5）注重对园林接受和消费的历史的研究；6）始终保持对‘什么是园林’的疑问；7）探讨人与自然和文化对话中的普遍性。”这段话的中文译文参照：朱宏宇．英国 18 世纪园林艺术：如画美学理念下的园林史研究．南京：东南大学，2006。原文载于 CONAN M. Perspectives on Garden Histories[M]. Washington, D.C.: Dumbarton Oaks Research Library and Collection, 1999：77-90.

图片索引

第一章 绪论

第二章 明末清初南京造园的城市条件

第三章 1588—1589 年 16 座公侯士大夫园林

图 3-1 王尚书像，源自：网络 .

图 3-2 《游金陵诸园记》中徐氏世系关系及所属园林，源自：笔者自绘 .

图 3-3 16 座园林的分布图，源自：史文娟、潮书镛绘制 .

图 3-4 门西地区现状高程分析图，源自：南京大学建筑与城市规划学院赵辰工作室 .

图 3-5 瞻园北部假山及曲桥，源自：潘谷西 . 江南理景艺术 [M] . 南京：东南大学出版社，2001.

图 3-6 瞻园假山之石矶，源自：笔者自摄 .

图 3-7 瞻园现状俯瞰，源自：赖坤祺摄，朱光亚提供 .

图 3-8 瞻园“仙人峰”，源自：叶菊华 . 刘敦桢 • 瞻园 [M] . 南京：东南大学出版社，2013.

图 3-9 瞻园“倚云峰”，源自：叶菊华 . 刘敦桢 • 瞻园 [M] . 南京：东南大学出版社，2013.

图 3-10 拙政园“远香堂”，源自：刘敦桢 . 刘敦桢全集：第八卷 [M] . 北京：中国建筑工业出版社，2007.

图 3-11 清 • 袁江《瞻园图》中“台”的两种做法，源自：KESWICK M. The Chinese Garden[M]. Harvard：Harvard University Press，2003.

图 3-12 怡园的湖石花台，源自：刘敦桢 . 刘敦桢全集：第八卷 [M] . 北京：中国建筑工业出版社，2007.

图 3-13 留园内的明代花台，源自：方佩和 . 园林经典：人类的理想家园 [M] . 杭州：浙江人民美术出版社，1999.

图 3-14 明 • 仇英《贵妇晓妆》中的规则花台，源自：http://www.yueyaa.com/special/qy.html.

图 3-15 明 • 文徵明《东园图》，源自：网络 .

图 3-16 明 • 谢环《香山九老图卷》局部，源自：http://www.yueyaa.com/special/26503.html.

图 3-17 明 • 文徵明《茶事图》局部，[来源]http://www.yueyaa.com/special/wzm.html.

第四章 1639—1642 年间的城市开放园林

第五章 1668—1677 年的芥子园别业

上海古籍出版社，2002.

图 5-21 “浮白轩”中的“蕉叶联”，源自：[清]李渔，著 . 江巨荣，卢寿荣，校注 . 闲情偶寄 [M]. 上海：上海古籍出版社，2002.

图 5-22 尺幅窗图式，源自：[清]李渔，著 . 江巨荣，卢寿荣，校注 . 闲情偶寄 [M] . 上海：上海古籍出版社，2002.

图 5-23 暖椅式，源自：[清]李渔，著 . 江巨荣，卢寿荣，校注 . 闲情偶寄 [M] . 上海：上海古籍出版社，2002.

图 5-24 石光匾“栖云谷”，源自：[清]李渔，著 . 江巨荣，卢寿荣，校注 . 闲情偶寄 [M] . 上海：上海古籍出版社，2002.

图 5-25 “栖云谷”中的“此君联”，源自：[清]李渔，著 . 江巨荣，卢寿荣，校注 . 闲情偶寄 [M] . 上海：上海古籍出版社，2002.

图 5-26 沧浪亭楹联，源自：方佩和 . 园林经典：人类的理想家园 [M] . 杭州：浙江人民美术出版社，1999.

图 5-27 “栖云谷”中的梅窗，源自：[清]李渔，著 . 江巨荣，卢寿荣，校注 . 闲情偶寄 [M] . 上海：上海古籍出版社，2002.

图 5-28 秋叶匾“来山阁”，源自：[清]李渔，著 . 江巨荣，卢寿荣，校注 . 闲情偶寄 [M] . 上海：上海古籍出版社，2002.

图 5-29 “来山阁”中的“便面窗”，源自：[清]李渔，著 . 江巨荣，卢寿荣，校注 . 闲情偶寄 [M] . 上海：上海古籍出版社，2002.

图 5-30 清 • 徐扬《姑苏繁华图》中文人听剧，源自：http://www.yueyaa.com/special/xy2.html.

图 5-31 清 • 徐扬《姑苏繁华图》中园林里的昆曲表演，源自：吴新雷，朱栋霖 . 中国昆曲艺术 [M] . 南京：江苏教育出版社，2004.

图 5-32 纵横格，源自：[清]李渔，著 . 江巨荣，卢寿荣，校注 . 闲情偶寄 [M] . 上海：上海古籍出版社，2002.

图 5-33 欹斜格（系栏），源自：[清]李渔，著 . 江巨荣，卢寿荣，校注 . 闲情偶寄 [M] . 上海：上海古籍出版社，2002.

图 5-34 屈曲体（系栏），源自：[清]李渔，著 . 江巨荣，卢寿荣，校注 . 闲情偶寄 [M] . 上海：上海古籍出版社，2002.

附录一《游金陵诸园记》（1588—1589）

李文叔记洛阳名园十有九。洛阳虽称故都，然当五季兵燹之后，生聚未尽复，而所置官司，自留守一二要势外，往往为倦宦之所寄佚，其居第亦多寓公之所托息，顾能以其完力致之于所谓园池者，皆极瑰丽宏博之观。而至金陵，为我高皇帝定鼎之地，二圣之号令万宇者将六十年，内外城之延袤，盖自古所创有，其所置官司皆与神京埒，吏卒亦危割其半，若江山之雄秀与人物之妍雅，岂弱宋之故都可同日语？而独园池不尽称于通人若李文叔者，何也？岂亦累洽全盛之代，士大夫重去其乡，于是金陵无寓公，且自步武而外，皆有天造之奇，宝刹琳宫，在在而足，即有余力，不必致之园池以相高胜故耶？

余自束发挂朝版余四十年，中间里居之日倍于宦路，蓬蒿一亩蒲焦数赤，足以藏此幻躯，而晚复见迫时趣，召陪留枢，过时之人举步愧影。唯是职务稀简，得侍诸公燕游，于栖霞、献花、燕矶、灵谷之胜，约略尽之。

既而获染指名园，若中山王诸邸所见大小凡十。若最大而雄爽者，有六锦衣之“东园”；清远者，有四锦衣之“西园”；次大而奇瑰者，则四锦衣之“丽宅东园”；华整者，魏公之“丽宅西园”；次小而靓美者，魏公之“南园”与三锦衣之“北园”，度必远胜洛中。盖洛中有水、有竹、有花、有桧柏而无石，文叔记中，不称有垒石为峰岭者，可推也。洛中之园久已消灭，无可踪迹，独幸有文叔之记以永人目，而金陵诸园尚未有记者，今幸而遇余，余亦幸而得一游，又安可以无记也？自中山王邸之外，独“同春园”可称附庸，而武定侯之园竹在“万竹园”上，因并所游志之。

“东园”者，一曰“太傅园”，高皇帝所赐也，地近聚宝门。故魏国庄靖公备爱其少子锦衣指挥天赐，悉槖而授之。时庄靖之孙鹏举甫袭爵而弱，天赐从假兹园，盛为之料理，其壮丽为诸园甲。锦衣自署号曰“东园”，志不归也，竟以授其子指挥缵勋。

初入门，杂植榆、柳，余皆麦垄，芜不治。逾二百武，复入一门，转而右，华堂三楹，颇轩敞而不甚高，榜曰“心远”。前为月台数峰，古树冠之。堂后枕小池，与“小蓬山”对，山址潋滟没于池中，有峰峦洞壑亭榭之属，具体而微。两柏异干合杪，下可出入，曰“柏门”。竹树峭蒨，于荫宜，余无奇者。已从左方窦朱板垣而进，堂五楹，榜曰“一鉴”，前枕大池；中三楹，可布十席；余两楹以憩从者。出左楹，则丹桥迤逦，凡五六折，上皆正平，于小饮宜。桥尽有亭翼然，甚整洁，宛宛水中央，正与“一鉴堂”面。其背一水之外，皆平畴老树，树尽而万雉层出。右水尽，得石砌危楼，缥缈翠飞云宵，盖缵勋所新构也。画船载酒，繇左为溪，达于横塘则穷。

园之衡袤几半里，时时得佳木。长辈云：武庙狩金陵，尝于此设钓，乐之，移日不返，即此亭也；或云：钓地正在“心远堂”后。“心远堂”以水啮其趾，不可坐。危楼以扃鐍，故不可登。

若乃席于“一鉴”，改于亭，泛于溪，则前后两游同之。前游以花事胜，后游以月胜。其清襟雅谑、飞白卷波于轻烟淡景中，复前后同也。前游余与大司寇平湖陆公主之，客则大司徒宁乡王公、少司寇武安李公、鸿胪卿无锡王公、通政参议乌程沈公，后游余与大司马内江阴公、前大司徒王公、少司徒歙方公主之，客则太宰吾郡杨公、少宗伯富顺李公也。

“西园”者，一曰“凤台园”，盖隔弄有凤凰台，故以名。亦徐锦衣天赐所葺，今以分授二子，析而为二，当别称“西园”矣。

园在郡城南稍西，去聚宝门二里而近。余时携儿子骐、宗人少卿执礼、陆太学端御游焉。入园为折径，以入，凡三门，始为“凤游堂”。堂差小于东之“心远堂”，广庭倍之。前为月台，有奇峰古树之属，右方栝子松，高可三丈，径十之一。相传宋仁宗手植以赐陶道士者，且四百年矣，婆娑掩映可爱。下覆二古石，曰“紫烟”，最高垂三仞，色苍白，乔太宰识为平泉甲品曰“鸡冠”，宋梅挚与诸贤刻诗，当其时已赏贵之；曰“铭石”，有建康留守马光祖铭二，石痹于“紫烟”，色理亦不称。堂之背，修竹数千挺，“来鹤亭”踞之。从“凤游堂”而左有历数屏，为夭桃、丛桂、海棠、李、杏，数十百株。又左曰“掔秀阁”，特为整丽。阁前一古榆，其大合抱，不甚高，而垂枝下饮“芙蕖沼”，有潜虬渴猊之状。沼广袤十许丈，水清莹可鉴毛发。沼之阳，垒洞庭、宣州、锦州、武康杂石为山，峰峦、洞穴、亭馆之属，小于“东园”，而高过之；其右则“小沧浪”，大可十余亩，匝以垂柳，衣以藻荇，倏鱼跳波，天鸡弄凤，皆佳境也。

南岸为台可望远，高树罗植畏景不来；北岸皆修竹，蜿蜒起伏。"小沧浪"垂尽，复得平坡一，四周水环之，华屋三楹。大抵奇卉名果，如频婆、杨梅、桃、李异种，白蒲桃，尚繁茂，足饾饤；其兰、菊可盆而植者，则无几矣。考周公瑕所撰旧志，堂、阁、亭、馆、池、沼以百十计，呼园父问之，十不能存二三，名亦屡更易，岂为锦衣之后人不能岁时增葺就颓废耶？抑词人多夸大，若子虚亡是公之例云尔？余一游"西园"，遇花时所得，会心倍于"东园"，盖尤耿耿云。

凤凰台者，旧建初寺之后，一曰"保宁寺"，在聚宝、石头之间稍隆处也。宋元嘉十六年，有异鸟三五彩集焉，寺僧正颢裒土为台识之；或云秣陵王颢，未审孰是。唐李白侈其观，有"三山""二水"之句，学士大夫想象其雄峻瑰丽之胜而愿游焉，乃其踪迹漫漶不可复识。徐锦衣天赐以其地之近，又与所营菟裘邻也，崇其土则曰"凤凰台"，疏井而甘则曰"凤凰泉"，而傍阜之高者曰"凤麓台"，为堂以冠之，后轩临"渟碧池"。凤凰台之后，阜更高者，丛石为碁，饰以佛宇，曰"丛桂庵"。其他有古树修竹之类。余时与骐儿俟客未至，相与纵步。则以积潦故，翚舍摧圮，兔葵旅生，台亦痹隘，举目无所睹见，意甚倦之。啜主人茶一盌，而出。园丁强作解事语，指墙外一墩，曰："此真凤凰台已。"视之，乃块土，峻上可二仞许，土色正赤。儿子疑之，余笑曰："非也。台故裒土，以人力成耳，今此殆息壤哉。"后遇朱彬州衣，云："凤凰台本佥宪阮丈里居，后有凤皇泉，水甚洌而甘。"余当谒阮质之，虽然夺徐以归阮，将无两虞芮也。

魏公“南园”者，当赐第之对街，稍西南，其纵颇薄，而衡甚长。入门，朱其栏楯，以杂卉实之。右循，得二门而堂，凡五楹，颇壮，前为坐月台，有峰石杂卉之属。复右循，得一门，更数十武而堂，凡三楹，四周皆廊。廊后一楼，更薄，而皆高靓瑰丽，朱甍画栋，绮疏雕题相接。堂之阳，为广除，前汇一池，池三方皆垒石，中蓄朱鱼百许头，有长至二尺者。拊栏而食之，悉聚若缋锦，又若炬火烁目。

魏公方合六卿之长佐时，余与先至者四五人，从右方十余折而上，得亭楼一，小饮其中八九行，而客俱至。乃从左，逶迤而下，甲馆、修亭、复阁、累榭，与奇石怪树，绣错牙互，非枳履则棘冠。其左折而下，睹匠氏方西向而治轩三楹，不暇入。主人肃客，大合三部乐，轰饮至一鼓，乃罢去。

大司马阴公谓余，公之第西圃，其巨丽倍是，然不恒延客，客与者唯留守中贵人，大司马及京兆尹丞耳。居三月所，大司马吴公复延余于兹园，时阴公魏公俱物故矣。酒数行，不胜西州之感，乃起。访所新治轩者，其丽殊甚而枕水，西南二方，皆有峰峦百叠，如虬攫猊饮，得新月助之，顷刻变幻，势态殊绝。时客为大司寇陆公、少司寇张公，不甚宜酒，余宜酒，而意忽忽不乐，飞数大白，乃别。

余始饮魏公仅月余，而有大阅之役，间以阴公言风公，公曰固也。俟西圃之菊繁，而后与二公会。非久，公病矣，阴公卒，公亦继卒。会公之世子继志等以志铭见属，而余往酾椒浆焉。世子以其仲父锦衣与崇信伯费公治具于西圃而请，曰“先公尝言之，不忍食也”，余乃强往。盖出中门之外，西穿二门，复得南向一门而入，有堂翼然，又复为堂，堂后复为门，而圃见。右折而上，逶迤曲折，叠磴危峦，古木奇卉，使人足无余力而目恒有余观。下亦有曲池幽沼，微以艰水，故不能胜石耳。锦衣云："当中山王赐第时，仅为织室马厩之属，日久不治转为瓦砾场。太保公始除去之，征石于洞庭、武康、玉山，征材于蜀，征卉木于吴会，而后有此观。"至后，一堂极宏丽，前叠石为山，高可以俯群岭，顶有亭，尤丽，曰："此则今嗣公之所创也，公居平日必一游，游必以声酒自随，取欢适而后罢去，即寒暑雨雪无间也。"又指其木曰："此为海棠、为古梅、为碧桃，皆拱矣，春时烂熳若百丈宫锦幄，公能一来乎？"余颔之，姑与崇信小饮而出。

尽大功坊之东为"东园公"之第三子继勋宅，今所称四锦衣者也。尝第武进士，领南锦衣篆，自免归里。主人为"东园公"爱子，所授西园为诸邸冠，顾以远不时往，益治其宅左隙地为园，尽损其帑，凡十年而成。顾以病足多谢客，客亦无从迹之。己丑（1589）春四月七日，忽要余与大司寇陆公游焉。

入门折而东南向，有堂甚丽，前为月榭。堂后一室，垂朱帘，左右小庭，耳堂翼之；后加鐍焉，计奉其九十老母以居者也。主人为具甚丰，大合乐以飨，酒二十余行，散殽以馂从者。乃起，折而西，得一门，则广庭廓落。前亦有月榭，以安数峰，中一峰高可比"到公石"，而不作殭嵌空，玲珑莫可名状。问之主人，目余："此故公郡中物也，往年公郡中人艰食，而吾幸有余米，故亟得之，然道路之费已不赀矣。"北有危楼，其址已可三尺。凡二十余级而登，前眺则报恩寺塔当窗而耸，相轮复踞其上二丈许，得日而金光漾目，陆公绝叫以为奇；启北则峰峦环列，若巫女鬟，青翠百态。相与咏赏，佐以酒炙，久之乃下。稍进，则有华轩三楹，北向以承诸山。余乃蹑石级而上，登顿委伏，纡余窈窕。上若蹑空而下若沉渊者，不知其几。

亭轩以十数，皆整丽明洁，向背得所，桥梁称之，朱栏画楯，在在不乏。而所尤惊绝者，石洞凡三转，窈冥沉深，不可窥揣，虽盛昼，亦张两角灯导之乃成步，罅处煌煌，仅若明星数点。吾游真山洞多矣，亦未有大逾胜之者。水洞则清流泠泠，傍穿绕一亭，莹澈见底。朱鳞数十百头，以饼饵投之，骈聚跃唼，波光溶溶，若冶金之露铓颖。兹山周幅不过五十丈，而举足殆里许，乃知维摩丈室容千世界，不妄也。所至皆有酒脯以佐其胜，寻暝色起，弦管发，主人布几于楼之下，再张宴于堂，酬酢久之，街鼓动矣。回首恍惚若梦境，命笔记之。

"万竹园"与"瓦官寺"邻，故人汤吏部元衡、詹翰林东图邀游焉，时少司徒方公与余俱为客，而余属瓦官之主。僧烧笋蕨，合西菜羹，佐起面饼，四人者食之而甘；次第礼佛像，登重建所谓瓦官阁者，徙倚久之，乃出。不百武抵园，亦魏公家物。主者为邦宁公嬖子也，辞疾不出，使人具茗焉。

园有堂三楹，前为台，台亦树数峰，墙可高数仞，朱楼扃钥甚固，启之亦殊壮，盖其所栖宿处也。堂左厢三楹，亦可布席。自此以外则碧玉数万挺，纵横将二三顷许，偃蹇自得，幽深无际，赤日避而不下，凉飔徐发。惜颇为积潦所败，主人有余力置之罗衿香泽中，不能为此君作缘，又不能凿池引水，以益鱼鸟之致，令人有余憾耳。使付吾家子猷，当爽然作淇渭间观。

汤詹皆能饮，詹酒后耳热谈天，便是重睹邹衍二青衣，老而能作洛生咏，呜呜动人，皆浮白之一助也，酩酊始别。

徐三锦衣者，“东园君”之仲子，而凤凰台主人也。余游凤凰台，去主人第小远，煮茗相问讯，既而诣，余则以一刺报之。仲夏之廿四日雨，晴霁，阍者复得主人刺。次日质明，偶过方司徒，司徒迎，谓：“三锦衣相访乎？”余曰：“访而不及见也。”司徒曰：“见我见而请于我，曰幸公与司马公之报访也，晨使苍头闯我阍，询之，则盛其供张，扫门以候矣。”余颔之，入部毕，还过方公，公遂拉以同行及门。

主人严服肃客荐茗，已而穿中堂，贯复阁两重，始达后门。门启，折而东，五楹翼然，广除称是，为月榭以承花石。置酒堂中，十余行，三饭皆有侑。乃复折而东，启垣，则别一神仙界矣。始由山之右，蹑级而上，宛转数十武，其最高处得一楼而憩。东北钟山，紫翠在眼，复泛大白十余行。自是东其窦，下上迤逦，皆有亭馆之属，伏流窈窕穿中；石桥二，丽而整；曲洞二，蜿蜒而幽深。益东，则山尽而水亭三楹出矣。亭枕池南，而北向启扉，则三垂之胜可一揽而既。池水清冷，鉴毛发，萍藻时虢，朱鱼有径尺者，鼓鬣自恣。

奇峰峻岭，参差岿蓦；怪木寿藤，樛互映带；朱楼画阁，上割云而下啮波，真使人应接不暇。大约其丽埒魏邸之南园，而广胜之；园之广不能如东西二园，而山之壮丽胜之。余兹游出意外甚，适小缺陷者；主人执礼谦甚，不能去褦襶；方公啬于饮，无为酬酢家；又夙邀客如公瑕、幼于之类已在馆矣，力辞乃得先别。

徐氏两"西园"之外，复有称"西园"者，一曰"金盘李园"，魏五公子邦庆之别业也，去石城门可一里而近。门俯大街，有堂三楹，颇卑浅，后为台。循台而东北转，可三十武，榔榆夹之，高杨错植，绿阴可爱。更东，蔬圃、麦垄弥望又三十武。有堂三楹，堂之阳为广除，其南为台，列湖石四五，下植牡丹，以缨络栢参之。堂之阴，叠石为山，高不寻丈，具体而已；其址皆凿小沟，宛曲环绕，可以流觞，而不知水所从出处；山之麓为亭，亭下为洞，洞不能五六尺。倚墙而窦，竹扉蔽之。或云墙后复有山，山之中有池，当是流觞之水之委也。重堂复阁可以眺而数，然不可即矣。左右老栝八株，大者合抱，偃蹇婆娑，生意遒尽。自此而西南，径屡折，篱落间亦有木香荼蘼之属，尚余少花，傍植梅、杏、乌、椑，皆可实，根既为藤蔓所制，计得少实付之鸟雀而已。又西南有屋数十楹，甃甓缭之，前树粉墙，其西为垣。垣之外竹万个，杂高榆数十，与落照相鲜新。归路稍东北，始得水，颇渺弥，疑即所过屋后池也。亭西高阜，亭其上曰“碧云深处”，可以东眺朝天宫，北望清凉瓦官浮图、乌龙之灵应观，亦有佳处也。

大较魏氏诸园，此最宽广而不为伦列，得洛中遗意。然以芜不治故，遂不能与他园抗。使用五百金授丘壑胸中人治之，当使嵇阮抱臂相寻，不复它诣矣。金盘李者，得之故李将军金盘事，诞妄不足信。

徐九为魏公叔，第与公府相对而居。今年三月之十二日邀余与太宰杨公、少宰赵公、大司寇陆公为牡丹之会。

入门，厅事颇壮。然北向从右门折，稍西南，则厅事转而南向，益壮。前有台，峰石皆锦川、武康，牡丹十余种衣焉。时五日之内，为会者三，而花事皆向残，独此犹嫣然。主人小设酒茗而已，俄复肃客。右启一门，则厅事更壮而加丽。前为广庭，庭南朱栏映带，俯一池，池三隅皆奇石，中亦有峰峦、松、栝、桃、梅之属。亭、馆、洞壑萦错，皆加丹垩，左右画楼相对，而右独崇，据石台为三层。

时久旱甫得雨，意甚畅。登楼而饮，则烟雾幂历，忽近忽远，皆有姿态。主人具席于堂，甚丰。余谓赵公：“得无难子复古编乎？”赵公无以应，曰：“是侯家非吾编所能约束也。”至街鼓动，乃别。主人之右方园尤丽，即鬻于魏公所谓南园者也。

莫愁湖园者，亦徐九别业也。出三山门，不数百步而近其园。

左有楼台、水阁、花榭之属，而以洚水，故多摧塌，主人疲于力，不暇饬。然其景为最胜。盖其阴即莫愁湖，衡不能半里，而纵十之。隔岸陂陀隐隐，不甚高而迤逦有致。

赵司成、王光禄、沈比曹、袁左军置酒于中。楼四壁皆坏，意甚危之，然得以纵目无所碍。时夕日将堕，山水映幕，宛若李将军《金碧图》，呼酒甚畅。第归而闻吾仲氏讣，盖一转盼间，哀乐相禅，极矣。自是不敢复及莫愁湖，不然吾安能一月不一诣也？

“同春园”者，故齐藩之孽孙某所创也。余向者从家弟敬美所得许太常《园记》而艳之，宗人光禄、汤徐二比部邀余游焉。其地在城西南隅，去某之居第，武可数也。

入门可方驾。转而右，辟广除豁然，月台宏饬，峰树掩映，“嘉瑞堂”承之。堂额故邢参政一凤古篆。自是复得一门，有堂曰“荫绿”，文博士彭隶其额，二书皆名笔。太常所谓“垂柳、高梧、长松、秀柏，绿阴交加，覆于栏槛者”，是也。堂北向，其背枕水；而阁曰“藻鉴”，却南向；傍为“漱玉亭”，太常所谓“亭下有泉，泉外植竹千挺，泉流有声，琅玕成韵”。余再过之，不闻所谓泉声也。垒土石为山，逶迤下山，有亭台馆榭之属。多牡丹、芍药，当花时烂熳百状，大足娱目。

主人今逝矣，故不恒扃闭，群公时时过从，以故声称与东西二园埒，实不如也。

仲夏廿五日亭午，散衙报谒诸公。过许中贵，饭我于凉堂，不丰，而旨为一饱。自陆司寇所还，有土垣横亘且里许，其中皆竹，而北其窦。闯而入，叩之乃武定侯之故园也。面东一轩，稍入复得一堂，亦面东。又十余武，水亭三楹，临池南向又数十武，复得一池，其外皆菉竹，大者如盌。去西可三十丈而杀，南北总五十丈而赢，东则汗漫无际矣。鸾稍翔空，昃日不下，轻飔徐来，戛玉敲金。三伏之际，不待遇阮公然后把臂入林也。侯家燕中，岁使人收，其羡可百金。第不知是威襄公故墅，将永嘉大长公主所创否？其左为故宁国大长公主府，文皇之同母女弟也。下适梅都尉、殷都尉为建文君将重兵镇淮安，京师平第，彻备而不入谒，奉朝请之三年，以嫌为怨家。都督赵曦、谭深夜扼之水死。上虽怏而怜之，捕诛曦、深，所以慰藉公主良至，官其三子皆孝陵卫指挥使，今有视锦衣篆者。公主府堂前后皆毁圮，仅大门在。其园亦皆竹，广袤与武定园埒，竹之巨丽不逮也，亦为之一步而出。

市隐园者，故鸿胪姚元白园也。姚君盖尝刻周公瑕所撰记，与故顾尚书璘、许太常谷、邢侍讲一凤、张察幕之象、彭征君年今、余洗马孟麟诸贤之诗，其称栩园之胜不容口，余读而艳之。今年五月且尽，吾乡张幼于与公瑕俱至都，幼于与薛鸿胪者邀余游焉。时姚君物故久矣，过其子诸生某居，相与要。

入。堂后一轩，虽小，颇整洁，庭背奇树古木称是。复转而东，一轩，中颇敞，出古画墨迹之类，亦间有佳者，评骘少时，苦茗佐胜。出门，穿委巷百余武，始得园。叩北扉而入，有茅亭南向，伛偻犹妨帻；其左小山，以竹藩之，不可登，则姚生之仲弟所受也；前为大池，纵横可七八亩；其右有平桥，狭仅容足，蜿蜒而前。桥尽得平屋五楹，中三楹所谓“中林堂”者也。堂后一轩，枕池，曰“鹅群阁”，半敝矣。以考公瑕《游金陵诸园记》所称某亭某桥某馆某台者，今皆不可复迹；岂鸿胪之缔饰不能保之身后耶？将公瑕文士夸诞难信耶？

时久旱得雨，甚快。坐阁中，雨复琅琅，已而平波尽鳞，蹙风欲立。遥望所谓小山者，黑云幕之，殆若泼墨，意颇洒然。而主人酒炙乃不时至，盖幼于实误之会。余与薛各有所携壶榼，且酌且谈。移时而主人之具至，则颇腆相与尽，适而别，得诗一章。

武氏园者，宪副武君之弟太学某所构也。始鸿胪江阴薛生为具，要大宗伯姜公、大司寇陆公、少司徒方公、少司寇李公与余游方山。余以远不可，乃谋之万竹园。从瓦官寺乞斋供毕，而姜公于园之主人有所避，乃西南行里许，得武氏园而休焉。

园有轩，四敞，然无所避日；其阳为方池，平桥度之，可布十席。桥尽数丈许为台，有古树崇峰之属。菉竹外护，池延袤不能数十尺，水碧不受尘，时闻灇灇声，盖青溪所借流也。其右方有精舍，启鐍而入，堂序翼然。又西，一楼雕梁画桷，陈张颇丽，而中供吴伟所画仙像，殊不称。薛生云：“武静敛不涉外事，而奉佛，亦好长生之道，时捐橐为施，审尔一佳士也。”姜公、陆公谈，余与李公饮，方公湛然其间，两不违性，近暝而散。

吾至白下，凡三过王贡士杞园。园在聚宝门之西可半里，度委巷转至其处。门对大河，河之北为帝城。入门得一堂三楹。更南向，庭中牡丹盛开，凡数十百本，五色焕烂若云锦。时宴余者继山鸿胪、华松光禄也，与余皆王姓，主亦王姓。大奇绣球花，一本可千朵。后二旬许，复游焉。主之者赵司成也。从牡丹之西窦而得芍药圃，其花盖三倍于牡丹大者，如盘，白于玉，赤于鸡冠，裛露迎飔，娇艳百态。茉莉复数百本，建兰十余本，生色蔚浡可爱。傍一池，云有金边白莲花，甚奇，时叶犹未钱也。明日复游焉，主之者宗伯姜公、少司寇李公也，则兴已阑矣。于洛中拟"天王院"花园子，盖具体而微。

附录二 王世贞相关诗词辑录（1588—1589）

七言律：前有《戊子（1588）元日试笔》[1]

徐参议邀游东园有述

君是当年徐湛之，一时风尚在园池。
轻篮出没疑秦岭，小艇回沿似武夷。
渐入深崖青窈窕，忽排连岫玉参差。
不知处处梅花发，羌管犹烦特地吹。

咏徐园瀑布流觞处

得尔真成炼石才，突从平地吐崔巍。
流觞恰自兰亭出，瀑布如分雁荡来。
片玉挂空摇旭日，千珠蹙水沸春雷。
醉能醒我醒仍醉，一坐须倾一百杯。

同群公宴徐氏东园二首

君王旧赐青溪曲，太傅长留绿野堂。
历乱峰峦插云汉，纵横卉木尽文章。
芳樽再展怜春色，画舫频移媚夕阳。
不是群公仙骨在，蓬莱咫尺杳茫茫。

[1] 《弇州山人四部续稿》卷十八诗部（清文渊阁四库全书本）。

其二

公子名园辟向东，至今池馆尚称雄。

朱甍忽耸云端鹫，银榜遥萦水面虹。

为许渔樵开薜径，且将丝管付松风。

信陵虚有夷门地，指点蓬万说魏宫。

过徐锦衣西园二首

主人如解子猷来，三径春风许暂开。

百种花名斗金谷，半空松势压徂徕。

飞觞倒入冰壶影，访迹徐披石鼓苔。

行到溪山渐穷处，隔垣云色隐高台。

（园之后别有园凤凰台在焉）

其二

丹崖软草藉金铺，翠壁繁花带绮疏。

忽睹渔舟穿薜荔，才知魏阙有江湖。

枝头鸟语听仍失，竹里云生看却无。

谩道弇中应更好，老夫随处且卢胡。

饮魏公南园作

甲第芳园冠帝京，上公高宴聚星卿。

球场地贵堪金埒，幄榭花繁似锦城。

按舞别呈回鹘队，吹箫俱作凤皇声。

莫将泉石轻为品，曾睹先皇带砺盟。

同乡诸君宴朱王孙同春园

朱邸王孙取次开，凤台西去有歌台。
池从汉苑天潢借，岭载齐宫碣石来。
倦鸟似惊茵上舞，残花偏爱掌中杯。
不知欢极髡难醉，翻恨城高暝易催。

汤比部詹内翰邀同少司徒方公游徐公子万竹园，时主人以疾不见

莫嫌张膺解辞宾，有例何曾问主人。
客比七贤差恨少，侯同千亩未言贫。
琮琤别写风中韵，峭蒨平添雨后神。
但醉逃禅浑亦得，已公兰若是西邻。

赵司成邀同王光禄赏王贡士园芍药，前是已醉牡丹下矣，芍药尤盛丽可爱，赋此与之

四月王园醉牡丹，仍逢芍药拥朱栏。
毋论百种俱争媚，为殿群芳且细看。
谑浪古时传洧水，风流今日冠长干。
莫将倾国虚相让，谁似霓裳舞玉盘。

端阳后一日，薛鸿胪邀宗伯二司寇司农游武氏园即事

偶值幽园字辟疆，群公多暇此传觞。
蒲香可是余端午，竹色将无胜洛阳。
僧眼细分红叶水（小池通御沟水），
仙踪深掩白云乡（有楼奉仙像甚秘）。
莫愁归骑天街暝，新月纷纷已过墙。

雨中过姚氏故园，与周公瑕张幼于詹东图戚不磷分韵得春字，时公瑕旧游之地将五十年矣

但许清游不厌频，姚园虽故客怀新。

雨声立散千家暑，天意初回万井春。

别岛过云浓泼墨，平溪蹙水细生鳞。

沿堤大有金城树，总是周郎暗怆神。

魏府三锦衣北园同方司徒宴游作

青山远自凤台分(山石自凤凰台园移致者)，窈窱逶迤迥不群。

行处苍虬时一攫，坐来黄鸟数相闻。

疏成曲沼因藏月，别起高楼拟借云。

若问主人何所似，魏家公子信陵君。

武定侯故邸竹园

碧阴如带拥琅玕，阁静潭澄五月寒。

淇澳雨余添峭蒨，夹池云起助团栾。

前朝金穴恩犹在（谓翊公勋也），

贵主妆楼迹已残（先朝都尉镇尚永嘉大长公主）。

见说侯家千亩赋，可因邮使报平安。

徐二公子邀与陆司寇吴司空游东园

六月冰壶生昼凉，侯家池馆胜平阳。

楼头霁色开斡鹊，台上新云似凤凰。

客诧郇公厨味好，人惊卫尉厕衣香。

不烦投辖深相挽，小舫青油系绿杨。

步魏公西园小酌时公已捐馆矣

魏国层台插绛霄，西园飞盖引和飙。

披崖竞缀黄金粟，傍水争抽白玉条。

春至管弦先鸟咔，秋归红粉后花凋。

唯余一掬羊昙泪，并入风光赋大招。

前有《己丑（1589）元日即事》[1]

徐九公子园亭即事

粉窦斜通宛转廊，壶中山水待长房。

轻云入坐笼朱阁，小雨将歌逗画梁。

客重不虚公子席，花娇欲施令君香。

已教昼漏迟迟报，犹自贪闻子夜长。

游徐五公子金盘李故园

戟门垂塌径微荒，犹诧中山异姓王。

（堂榜壁联俱录中山王诰语）

地远禽鱼偏得性，年深桧栝不成行。

沉沉隔坞藏朱舫，宛宛流杯出粉墙。

醉捻霜髭还自笑，可堪阑入少年场。

[1]《弇州山人四部续稿》卷十九诗部.

坐徐四公子锦衣东园中楼即事

别起层楼踞露台，诸峰环列似舆台。
窗中塔捧金轮出（报恩塔轮当窗），
槛外神驱碣石来（庭中一峰秀伟为诸峰冠），
菡萏华灯疑夜日，柘枝繁鼓似晴雷。
主人不作元龙简，下客惭非草赋才。

游徐四公子宅东园山池

侯家楼馆胜神仙，况尔烟峦四接连。
平临绝壑疑无地，忽蹑危梯别有天。
虬洞转深能暝昼，鱼波竞皱欲赪渊。
支颐政尔耽幽赏，无奈笙歌引画筵。

再游凤台园

平台寂寂隐长堤，羞听舆歌及凤兮。
二水三山那在眼，病梧衰竹不成栖。
芟藤诘曲通新径，洗石摩娑见旧题。
翻恨大言唐李白，令人疑杀白门西。

李临淮竹园

李侯高馆逼云孤，翠竹弥空赤日无。
一自六师烦受赈，不妨三径久从芜。
清商似逗黄金缕，上客曾夸碧玉壶。
唤作长矛三十万，紫薇诗调似官粗。

游徐氏莫愁湖故园

翠巘无际压明眸，赢得湖名古莫愁。

过雨欲移花外径，斜阳争漏竹西楼。

蟠松别主无拘束，语鸟骄人有唱酬。

长取断桥三两柱，也堪将系采莲舟。

后有《戊子（1590）秋，宣城梅禹金与其从叔季豹相过从颇数。今年春，禹金之从弟子马来，出其诗见示，更自斐然于其行，得一七言律赠之》

五言律，前有《公瑕先生在白下两月许别去得四绝句送之皆实际语也》[1]

追补姚元白市隐园十八咏

玉林

天坠白玉簪，矗作君家林。忽尔天籁發，珊瑚环佩音。

先从陆羽品，旋向君谟斗。蟹眼初泼时，灵犀已潜透。

中林堂

长林四周遭，于中可避世。何必学黄公，商山寻地肺。

栖君思玄室，诵君思玄赋。此意无可言，莫为平子误。

春雨畦

一夜春雨过，千畦尽成绿。不晓意所欣，道是斋厨足。

[1] 《弇州山人四部续稿》卷二十一诗部.

观生处

但欲观我生，茫茫无可据。断尽有漏缘，悠然见生处。

容与台

一琴复一觞，咫尺足容与。不作繁吹台，歌管日聒汝。

海月楼

明月将海色，阑入君家楼。凭栏一矫首，满地金波流。

鹅群阁

周郎卧水阁，日从墨卿御。不敢写黄庭，为恐笼鹅去。

鸥波

数点白不定，忽浮还忽沈，非关乏去志，缘尔少机心。

洗砚矶

右军洗砚池，池水犹未黑。借问何以然，为有鱼吞墨。

柳浪堤

垂杨酿新柳，荡漾如春波。欲学三眠稳，其如波响何。

秋影亭

秋树影扶苏，斜阳半亭挂。似延李营丘，写得寒林画。

浮玉桥

水面蜿蜒虹，乃是坚牢玉。我欲访蓬莱，鼋鼍不须属。

芙蓉馆

水木两芙蓉，为媚非一时。客爱承露色，我爱凌云姿。

鹤径

藩竹别成径，小欲观步鹤。何似养翮成，高秋纵天路。

萃止居

客从何方来，来复不肯去。为贪主人佳，尽作王猷趣。

借暝庵

暝色何可爱，为辞白日嚣。非同倦飞鸟，大小归其巢。

其后几首之后有《又题庚寅（1590）元日》

绝句

宗人光禄、华松鸿胪王继山邀余于王贡士园看牡丹，后复同光禄看芍药，戏成一绝[1]

坐深那论主和宾，总是乌衣巷里人。

差胜红丹与白药，一般花蒂两番春。

（牡丹为芍药所接而前后花故云）

[1]《弇州山人四部续稿》卷二十五诗部.

金陵人家门多种树，树头巢乌噪不止，甚厌之，戏为一绝

吴门旧曲厌乌栖，又听长干乌夜啼。

丈人屋头有何好，不如清晓汝南鸡。

戊子初中夏（1588 年 5 月），金陵祈晴祈雨者各一，而大宗伯姜公主之，应因呈公一绝

禾田宜雨麦宜晴，前后青泥叩玉清。

姜氏重瞻灌坛令，秣陵初遇束长生。

余自三月朔抵留任，于今百三十日矣。中间所见所闻有可忧可悯可悲可恨者，信笔便成二十绝句，至于适意之作十不能一，亦见区区一段心绪况味耳

仲春初旬辞故林，鲜腆卢胡直至今。

一片真心终自见，不从儿辈觅知音。

其二

啼饥哭死遍长干，唯有乌鸢意觉宽。

山色江声空自好，不如聋瞽任春残。

其三

残年故国已无秋，颇解民忧与国忧。

今日忧来浑不减，更添惭愧到心头。

其四

老去心情百不宜，未甘清影坐成移。
虽然书卷衰无味，差胜敲棋卷白时。

其五

散衙微缓日初西，稚子能勤进肉糜。
西去街头三五步，不知烟火几家齐。

其六

学道频年懒未成，偶将身世付流萍。
纵教自勘应难答，出爱微官处爱名。

其七

侯门犹自斗豪华，一宴中人产一家。
马食鹑衣它日事，银罂翠釜片时夸。

其八

红女机裁供奉稀，外家无复恃恩私。
江东父老聊须活，此是尧汤水旱时。

其九

麒麟蹙起带围赪，琬琰连旌二相名。
莫怪君王重调燮，近来旸雨较分明。

其十

长夏辕门解甲时，轻衫十万羽林儿。

不知一半耕农死，饱饭城头日日嬉。

其十一

总为天王德意真，倾家多作赈饥人。

两都多少黄金穴，不救区区白屋贫。

其十二

残妻病弟三贫息，刺促家音奈我何。

六十三年牙齿落，此生垂尽亦从它。

其十三

五湖小寇如饥禽，一疏轻摇朝野心。

但使使君能信赏，何愁竖子不成擒。

其十四

五侯池馆只如常，千骑传呵也不妨。

恬淡总来才二字，可教容易便相忘。

其十五

书来病弟已加餐，离绪千头且暂宽。

便是天恩赐休沐，可能同觅少年欢。

其十六

少年才气颇纵横，来问衰翁与借名。
他日名成君自悔，祇将牙颊送余生。

其十七

数拳顽石点庭皋，蔓草踈花绕四遭。
似与抢榆减归念，弇中终自有逍遥。

其十八

超回直欲与丘齐，才到功名识便迷。
祇为崔巍大成殿，宰公东坐冉公西。

其十九

六朝诸帝擿沈沦，古垄寒芜社鬼邻。
何事彼都诸士女，刲羊争赛蒋侯神。

其二十

鸡鸣山头祀功臣，蝉冕虽薦天泽新。
颍公舌枯宋公馁，纵有微劳何处论。

嘲周公瑕馆钞库街

秦淮南岸小行窝，八十微悭七十多。
与说周郎宽误曲，任他商女乱嘲歌。

游莫愁湖徐氏庄

青山如黛水如油，垂柳千条拂地柔。

不须真见卢家妇，才听湖名解莫愁。

其二

坐中吴语觉清便，三白新篘缩项鳊。

把向石湖相较看，祇应输却木兰船。

其三

断桥颓壁隐苍烟，僵石枯藤夕照边。

将比莫愁应不似，徐娘虽老尚堪怜。

其四

一葫芦酒一沙鸥，唤作卢姬与劝酬。

陌上少年知自悔，青楼抛尽锦缠头。

后接《哭敬美弟二十四首》

西宫御沟

清泚弯环白玉沟，丛丛绿草衬澄流。

自从天北金轮远，不染深宫粉黛愁。

后又接《周山人稚尊游豫章，时已十余年矣。今日忽访我金陵，容鬓非昔而风范不衰，复出吴兴徐生一札，徐别亦十年。屡有言其无常者，似一日得两故人，喜成二绝以赠稚尊。时己丑（1589）之夏四月也》

附录三 《莫愁湖园诗册后》（1588）

出处：《弇州山人四部续稿》卷一百六十文部

出三山门半里许，得一弄，颇阒寂。其北街为莫愁湖园，魏公之介子廷和所分受者也。诸公子名园以十数，皆奇峭瑰丽，第天然之趣少，目境亦多易穷。而此园独枕湖带山，颇极眺望之致。游者远车马之迹，而与鱼鸟相留连，诚故都之第一胜地也。莫愁不知所得名，若梁武乐府所称"十五嫁为卢家妇，十六生儿生阿侯"，不过状其闺中之绝而已，及沈佺期《古意》，则易为征人之妇，宗词"艇子难系"，则又易为北里之冶，更误矣。廷和治台榭亭馆，以快游者，又合许太常之记，邢太常之额，与群贤之诗为巨册，而属余跋之，翩翩佳公子哉。余游晚，亦会园以大水故，芜废不治，然乔木修筠，与斜阳远浦，菰蒲苹芡相暎带，其趣亦自不乏也。因检橐得近作一律、四绝句书之，而复徐君曰：不佞归矣，亟治之报，我弇中当更成一诗，寄君作神游可也。

附录四 《南都应试记》

原文出处：丛书集成续编 • 第 012 册 . 台北：新文丰出版公司：1988：411
校对版本出处：[明] 汤显祖，等原辑 . [明] 袁宏道，等评注 . 柯愈春，编纂 . 中国古代短篇小说集（下）. 北京：人民日报出版社，2011：381

万历戊午年（1618），予春秋廿四，始以台试第六名应试。时督学为丰城振宇徐公。徐时已升阁卿，奉命仍督学政，行部至郡，黄盖金带，前此未有者。

六月二十四，予至郡，故事应试者，皆诣府起送，设宴张乐。郡守为云南金公，县令为石首王公，与诸生饮极酣。故事酒罢，仍以壶榼祖之郭外，金命移之齐山，鼓吹迎导甚盛，自旧堤登山，从新堤登舟，身自醮祝，亦前此未有者。金先是视士颇倨，此出意外云。

七月十一日，阻风采石，登李白祠，作绝句数首，有“留客西风知有意，青山一片应怜予”之句。又和宗子相“醉杀江南千万山”句。同舟为家玄石岱水两叔。（铭道注：玄石名士林，岱水名涞。）

十三日，闻台试甚急，予自采石觅舆，走慈湖道中。时督学岣嵝周公新莅任，覆试前，应试诸生檄迫甚，故仓卒走句容。

十八日，应试句容，予录名第三。

二十日，反京中，寓天界西廊。二十七，家宅被火信至。

八月初八日，大主考未至，故事主考于初七日，宴京兆堂上，迎入闱中。是年以命下迟，故不及期，至十二始头场云。先是壬子，亦移场至廿后，七年凡两见矣。试毕，游清凉、石头、雨花、灵谷近城诸名胜，诗不及录。

廿一日，同王友去非至下关，游三宿岩。予偶题诗亭上，有“何年曾破口，此日复攀岩”之句。一僧见之，报其主僧。僧故好文墨者，见诗称叹，且爱予书法，遂邀宿。其舍甚精雅，插架诗文亦多，设具丰洁。予为书箑数柄，欢喜殊至。又语予曰：“当年虞允文破口时，此岩盖其停舟处也；今系缆石罅尚在，而此地已成梵宇。”相与叹沧桑之异，盖江今去岩五里许矣。僧号问竹，同坐有戴圣卿，六合人，亦雅士。

廿七，登舟，候南门桥下。同舟为吴惟立、刘伯宗，时有陈友亦附刘来同舟。得隽去，予与刘皆报罢，相对怳惘，作诗数首。刘诗有“两树珊瑚高丈五，不知何日见波斯”之句。刘年才弱冠，是岁录科府庠第一。（铭道注：陈名以运，乙酉南都覆，与胡士瑾共事。）

天启甲子年（1624），督学为南郡萧公。予录名第六，闻信即走京中，寓王达卿比部福建司公署。署在北门贯城内，南京衙门，以大司寇堂为宏敞第一，十三司皆空署。予居中最称幽适，时六月廿八日也。（铭道注：比部名建和，一字乾纯，同里人，万历癸丑进士，历官杭严参政。）

七月初旬，王生心睿同居署中，每日入时，步后河池上。钟山落翠，新荷放香，以为生平所快见云。（铭道注：心睿字公俨，比部子也，与弟心介吉先俱受业先公者，注名复社。）

予所居室有书一橱，尝从司库取钥开看，皆无足观；惟《三国志》本稍善，予亦阅一过。邹南皋《太平山房集》，向已见者，时亦取阅，多所感慨。又见张罗峰《宾月轩记》，盖其为郎时所作也。

夜卧署中，以与狱室相近，巡更声不少息，伏枕不得一合眠。时中夜起步，见月光黯淡，景最孤寂，又风起树间，令人不寒能栗。因思读书常得此境，亦足生人道心。

大司寇坐堂日，予常伺之，见诸司自庭揖外，无他事。因思南中故闲曹，然各尽其职，岂无一事可办。予以王故，尝与诸郎相识，有谓吾吏隐而已，甚者以为此吾辈迁谪处也，予淡不然其言。

暇时常步大司寇堂上，视堂下最为森肃，法司所居，政应尔尔。因暂憩其后堂，桂树大合数抱，扶疏阴郁，生平仅见。而所居幽邃宏廓，亦非直省诸察院可望。因思朝廷何曾负于官，而官之负朝廷多矣，为之一叹。

堂后亦多题咏，无可者。司寇题名碑，亦多名人，乃名人多不留咏，而咏者多不知名。因思居官者，徒负其官大吟诗，而恶札俚语，狼藉屋壁，真大可恨事。

七月廿四，司寇试录历事监生，予与王生移就外寓。二日，遂纵观北门之胜，予指其堤语王曰："此俗所谓孤恓埂也。"王曰："此地居人丛密。行者络绎，左山右湖，往来其上，令人神怡心旷，乌睹所谓孤恓哉？"予曰："是必罪人至此，谓一入无轻出者。孤恓之名，当由此耳。"

与王散步钟山之阴，命一衙役前导，至一小庵，曰莲池庵。其址颇高，望后湖莲花，如在几案前。庵僧识前导者，因设具，役私语僧，予善诗字。僧出纸求书，为题一联。王曰："曷以馀兴留句乎？"遂书一绝与之："湖上栖迟已数旬，莲花开尽一湖新；谁知更到钟山曲，又得莲花梵语声。"盖是时堂上诵经僧，即莲华经也。（铭道注：声出韵想，尔时暂依正韵也。）

僧导予穿山曲松林中，距庵里许，见石马及碑表，皆颠仆于路。予问之，僧曰："此常国公墓也。"即登拜焉，相与徘徊冢上，荒土累累，下为拜坛，殊宏阔，冢土圮处有穴。僧云：此去其藏室不远，可窥望云。予因谓僧："今侯家鼎盛，每年上冢设祭否？"僧曰："无有。"又问："曷不修墓？"僧曰："不知何故，但传闻此自逊国来，仆碑毁表，皆自上意，故至今无敢修葺者。"予因顾王曰："开平王为本朝元勋，高皇帝亲择葬钟山之阴，冥器刍灵凡九十，一切皆官给，仍驿书报大将军达，使归会葬，自为文哭之，叙其功甚详，已复大恸，其恩数盖诸功臣莫敢忘焉。而今其冢墓若此，子孙莫敢葺理，有司莫以举闻，皆失祖宗优重元勋之意。”因相与凭吊欷歔。已而予更语王曰：“我辈自有不朽于天壤间者。开平王之功在社稷，名垂宇宙，岂以一墓道哉。古人以厚葬营冢为愚，不为无见。”僧又语予曰：“闻此地脉最佳，盖不亚祖陵，高皇帝葬后大悔，故为之颠仆若此。”予曰：“此齐东野人语也。”又相与一笑。

归径穿林曲，松阴密茂，望眺平湖如镜，三法司诸衙门，仿佛林杪之间；而荷花红白映带，如游女靓妆，罗绮靡杂，真奇观也。山侧又有石马颠仆，问是何家，僧亦不能举。寻其碑额无有，役云：相传为李侯伯云。

役又导观京畿道察院中，桂花亦有开者，称极早矣。已复至相国寺，观僧舍碑，与王各以蒲团趺坐佛殿，遂觉倦极，席地酣寝，至瞑而还。

次日，诸司阅卷阖门，犹不得入署，因往督察院看牡丹。本极大，莫与为偶。大堂题名记，有李贤者，贵池人。贤以人才荐，其本末不可考。又观各道题名碑，复有贵池数人，盖郡志所未载者，亦可叹也。

入城，就王比部，纵步堤上，见有传呼而至者。役云：“往时有一官，为刑部郎，自衙门归，必换官服，散步堤上，眺望良久，或依柳少坐，至门始登舆。”予问为谁，役曰：“非本司官，故不记其姓名，但知为浙人而已。"余因叹如此人者，定当不俗，而役能举此，亦有佳趣。

役又曰："城中有白云高处，亦浙江张某捐赀建者，曷一登焉？"于是往游，盖借钟山馀势，凭城而构之者。室宇精敞，布置种种不俗，纵目一眺，云里双阙，雨中万家，可谓毫发无遗矣。而皇城宫殿，隐于烟树间者，若断若续，尤为奇绝。予谓王曰："城中如清凉鸡鸣诸胜，视此亦仙凡之隔矣。刑部在南京实冷署，然称云司有此高处，真觉白云缥缈，名实都称矣。张名汝霖，亦名士云。

刑部故事，每月有一主事宿狱，早归暮来。来则坐大门，持簿点视诸署人役，盖合每司不下数百人。点视毕，即阖门。时典狱者为豫章黄某。予每夜闻点名，偶往视，见其人极寝陋，而面黝紫，无鼻，部中号为黄小鬼；且又极聋，每点唱时，其下故玩弄之，或一人作巨声应者，或直走不应者，或又作轻蚊之声以应者，已复竞相喧哗而诋笑之，每夕如此，视黄某土木矣。予甚愤其下之侮上，而又深怪黄何以仍得在任。比部曰："此甲科，其中有有力者主之。"予固叹天下如此辈者，盖不少矣。未几，闻黄作郡。夫一冷曹，犹傀儡之戏若此，况专城之寄乎？近世之用人盖如此。

八月，阅邸报，闻万郎中元白杖死，私作诗吊之。

杨大洪中丞劾魏忠贤疏草，一时传遍南中，通国称快。予叹此韩文之故事矣。逆知其被祸必惨，而魏之流毒必甚瑾云。

试毕，约友人李达、刘城纵游诸胜。廿日，自三山门买舟，由下关至燕子矶。舟中联句，有"一船秋共载，三友益偏多"之语。江山飒爽，余与刘目不暇给，而李独陶陶兀兀，终日在黑甜乡中。（铭道注：李字行季，同里人。身后，先公与徵君刻其遗草。）

至燕子矶，僦僧舍，为一宿之停。因登弘济寺，见江流灏淼，风月流丽，怡悦者久之。已而风起云涌，浪高于屋，而水石相激，声巨如雷。刘曰："此可荡尽十年尘土。"予曰："亦可开扩万古心胸。"李又极赞横山浪破石墙之奇似此处，而此下瞰江流，彼上插云汉，亦政相敌。但一居名都，一处僻野，声名显没，遂判天渊，良可浩叹。横山者，在秋浦万山中，予家宅其下。李尝熟游，刘亦恨未觅津，盖奇胜诚如李语也。语已，遍读壁间题咏，多与景物不称，相顾笑曰："虽不作可也。"

饭讫，命僮治具登燕子矶，先谒关祠。已直上其巅，扫亭，席地坐；展具，酒数巡。李设令严，予与刘不胜酒，遂酣。李独大觥连进，亦酣，笑语久之。日将落，望江流樯帆上下，视前风起水涌时，又一境际矣。刘曰："我辈酾酒临江，能几何时乎？可各赋诗，当赋得乾坤日夜浮。"余曰："亦可赋得大江流日夜。"诗皆未就，相与极瞑，返至僧舍。

次日，觅归舟不得，遂雇驴，各命一仆张一小盖随焉。三人于驴背纵谈笑乐，遇林樾村曲，则下坐稍许。盖由观音门进，计四十里，与钟山相绕而行。山势真蜿蜒如龙。入城日落，至寓而瞑，亦尽一日之游云。

明日五鼓，际觅舆往牛首，至天界寺。刘子舆夫逸去一人，予与李遂皆舍舆雇驴，以昨来驴背极眺望之娱，游山得此济胜，诗情画品，不必定在灞桥风雪中。因入碧峰寺，看沉香罗汉；又入天界寺，观大佛顶。予因语天界寺中，惟西庵最为幽静，期此后为一日之游。盖予向寓天界寺，其诸庵胜境，无不悉也。后亦竟不果游云。

从高德门出，至中途，各饥渴甚，买饭不得，相与延伫一庄前。忽一人自田中归，与之语不俗，因拉三人入，其门篱若田家。进至中堂，室宇精整，几案雅洁，设饭，进六安佳茗。又引入后园看桂花，有数十小株，且曰："京中士夫，游山过此者，未尝不愿接识。"且各折花为赠，酬以茶饭之费，坚辞不受，相与欢谢而去。

登山仅日中，寓西舍，具食毕，即往观辟支洞，洞象甚奇。又观悬塔影、自燃灶、虎跑泉，都无足异。灶尤不足异，盖人力所为，理势自然者，而常人辄相惊赞愕矣。上山巅眺望，下至京口，上极九华，数百里都在目中，都城则烟树苍茫而已。因诵工部"齐鲁情未了"诗，真善状物，不独语奇千古也。此山远望之，洵如牛首，近登之亦复不异。纵揣山势数百里中，惟此山面背京而向，相传高帝问军宁国，询之僧，果然，盖至今犹从彼领月粮云。因相叹帝王作用，鞭山役海，奚为神异。刘曰："此政所以愚之也。"予以为然。

附录五 《暂园记》（1635）

出处：[明] 吴应箕《楼山堂集》卷十八 清粤雅堂丛书本

予家秋浦，万山中，深林碧涧，所在而具。予曾祖则倚山为庐，今历代者四，而为年百余矣。山之枝独饶，右故屋，西颇纡敞，祖委土焉。其势隆起，望之又一山也。女贞、松柏可数百尺，蓊蔚无间冬夏。有桂数株，皆合抱，梅数本如之。花之日，香数里，人颇称其异，然为数百年物，无怪也。予生在别宅，此屋已出易。万历戊午（1618），不戒于火，复赎此屋居之。予以奔走衣食，视家为客，每归而散步林中，则杂处于鸡犬粪草之间而已。岁癸酉（1633），予苦屡试罢第，因浩然有闭庐著书之志。于是随山势营为园，垒而周之，园林其中。林际构亭，对亭为堂，亭侧列舍数间，贮所读书。旁为廊入，梅桂环拥。然后扫除荆棘，翦涤蕴丛，而向之森挺盘曲弃置草间者，尽为槛楹闲物。盖凡两年，而园成，成而自题之曰"暂"。

客谓予曰："子筑室著书，非旦暮事，意将久于其中，向使书成，则子园亦千秋百世矣，何'暂'也？且天未即以此园老吾子，使子遂其经营四方之志，名成身退，而此园固无恙耳。前此子未为园，而子之先人垒土植木以待之，园成而益无披折摧败之虞。又子族多贤，子即入官，而游涉觞咏可使园不荒寂。又为园在万山中，虽易世后无豪右侵夺之患，天下有寿如子园者乎？而暂之也何居？"

予曰："使予诚著书乎，不必园也。果名成身退乎，不必园也。木之成毁，时也，非园之系。族即无园，而游涉觞咏者不乏人。虽微侵夺，吾见人数代之业者寡矣，况区区一园哉？予偶念至而园成，园成而复念园可不必有也，故曰'暂'也。"

附录六 《寓郑满字竹居记》（1639）

出处：［明］吴应箕《楼山堂集·遗文》卷三 清粤雅堂丛书本

郑满字之居南都也，都人士能言之者多，然非久与处，固未有知之者也。

崇祯己卯（1639），予应秋试至南，僦寓无与意惬者。从金陵栅口西行数十步，一望衍□，而有横塘一带，萧然萑苇如江汀泽畔者，所谓青溪之曲也。予从此境及塘之隅，则有瞰水编篱者，植柴为门，门皆种竹，穿竹入屋，仅数楹。问之，即满字有也。请与见，则葛巾布袍，似世外高流，与起居毕，即割堂右一阁，使予居之，中间亦织苇相隔而已。

居久之，若闃不闻声者，予疑其或他徙去；久而稍闻读书声，则满字课子也；又久而闻色笑甚懽，则满字事亲也；间闻有剥啄声，命童子唯喏于户外，则满字对客也。家无瓶粟，意气潇洒，而妻子承颜不闻謦咳。予阅士大夫家及世所称清人逸士者多矣，声华赫弈于道，其门以内至不可言，彼焚香煮茶以自讬其致者，其实此外即无余事矣。此以观满字何如者，即古人如庞公、德操，望衡对宇，妻子罗拜堂下以视。予居其室中，而观面闻声亦为罕事，又何如者，则满字益深远矣。

予寓满字阁中者凡三月。雨声月夕，无一不与竹之声影相酬。苔至夏水暴涨，往来径绝，则如在海岛中。有时朝暮之间，极眺苍茫，襟带云气，又如深山石口，其坐卧人间也。予作诗赠之。满字又好予文，夫予则安能文？要非久与处者不能知，而知则无过予者矣。满字郑姓，典其名，雅善绘事，得大痴遗意，世皆知重之。予故略而不言云。

附录七 《闲情偶寄》相关文字辑录

1. 《居室部·窗栏第二·取景在借》

……兹且移居白门，为西子湖之薄幸人矣。此愿茫茫，其何能遂？不得已而小用其机，置此窗于楼头，以窥钟山气色，然非创始之心，仅存其制而已。

……浮白轩中，后有小山一座，高不逾丈，宽止及寻，而其中则有丹崖碧水，茂林修竹，鸣禽响瀑，茅屋板桥。凡山居所有之物，无一不备。盖因善塑者肖予一像，神气宛然，又因予号笠翁，顾名思义，而为把钓之形；予思既执纶竿，必当坐之矶上。有石不可无水，有水不可无山，有山有水，不可无笠翁息钓归林之地，遂营此窟以居之。是此山原为像设，初无意于为窗也。后见其物小而蕴大，有“须弥芥子”之义，尽日坐观，不忍阖牖。乃瞿然曰：是山也，而可以作画；是画也，而可以为窗；不过损予一日杖头钱，为装潢之具耳。遂命童子裁纸数幅，以为画之头尾，乃左右镶边。头尾贴于窗之上下，镶边贴于两旁，俨然堂画一幅，而但虚其中。非虚其中，欲以屋后之山代也。坐而观之，则窗非窗也，画也；山非屋后之山，即画上之山也。

……己酉（1669）之夏，骤涨滔天，久而不涸，斋头淹死榴、橙各一株，伐而为薪，因其坚也，刀斧难入，卧于阶除者累日。予见其树柯盘曲，有似古梅，而老干又具盘错之势，似可取而为器者，因筹所以用之。是时栖云谷中幽而不明，正思辟牖，乃幡然曰：道在是矣！……

2. 《居室部·联匾第四》

（1）蕉叶联

蕉叶题诗，韵事也；状蕉叶为联，其事更韵。但可置于平坦贴服之处，壁间门上皆可用之，以之悬柱则不宜，阔大难掩故也。其法先画蕉叶一张于纸上，授木工以板为之，一样二扇，一正一反，即不雷同；后付漆工，令其满灰密布，以防碎裂。漆成后，始书联句，并画筋纹。蕉色宜绿，筋色宜黑；字则宜填石黄，始觉陆离可爱，他色皆不称也。用石黄乳金更妙，全用金字则太俗矣。此匾悬之粉壁，其色更显，可称"雪里芭蕉"。

（2）此君联

"宁可食无肉，不可居无竹。"竹可须臾离乎？竹之可为器也，自楼阁几榻之大，以至笥奁杯箸之微，无一不经采取，独至为联为匾诸韵事弃而弗录，岂此君之幸乎？用之请自予始。截竹一筒，剖而为二，外去其青，内铲其节，磨之极光，务使如镜，然后书以联句，令名手镌之，掺以石青或石绿，即墨字亦可。以云乎雅，则未有雅于此者；以云乎俭，亦未有俭于此者。不宁惟是，从来柱上加联，非板不可，柱圆板方，柱窄板阔，彼此抵牾，势难贴服，何如以圆合圆，纤毫不谬，有天机凑泊之妙乎？此联不用铜钩挂柱，用则多此一物，是为赘瘤；止用铜钉上下二枚，穿眼实钉，勿使动移，其穿眼处，反择有字处穿之，钉钉后仍用掺字之色补于钉上，混然一色，不见钉形尤妙。钉蕉叶联亦然。

（3）碑文额

三字额，平书者多，间有直书者，匀作两行；匾用方式，亦偶见之。然皆白地黑字，或青绿字，兹效石刻为之，嵌于粉壁之上，谓之匾额可，谓之碑文亦可。名虽石，不果用石，用石费多而色不显，不若以木为之。其色亦不仿墨刻之色，墨刻色暗，而远视不甚分明。地用黑漆，字填白粉，若是则值既廉，又使观者耀目。此额惟墙上开门者宜用之，又须风雨不到之处，客之至者，未启双扉，先立漆书壁经之下，不待搴帷入室，已知为文士之庐矣。

（4）手卷额

额身用板，地用白粉，字用石青石绿，或用炭灰代墨，无一不可，与寻常匾式无异，止增圆木二条，缀于额之两旁，若轴心然。左画锦纹，以像装潢之色；右则不宜太工，但像托画之纸色而已。天然图卷，绝无穿凿之痕，制度之善，庸有过于此者乎？眼前景，手头物，千古无人计及，殊可怪也。

（5）册页匾

用方板四块，尺寸相同，其后以木绾之。断而使续，势取乎曲，然勿太曲。边画锦纹，亦像装潢之色。止用笔画，勿用刀镌，镌者粗略，反不似笔墨精工。且和油入漆，着色为难，不若画色之可深可浅，随取随得也。字则必用剞劂，各有所宜，混施不可。

（6）虚白匾

“虚室生白”，古语也。且无事不妙于虚，实则板矣。用薄板之坚者，贴字于上，镂而空之，若制糖食果馅之木印。务使二面相通，纤毫无障。其无字处，坚以灰布，漆以退光。俟既成后，贴洁白绵纸一层于字后，木则黑而无泽，字则白而有光，既取玲珑，又类墨刻，有匾之名，去其迹矣。但此匾不宜混用，择房舍之内暗外明者置之。若屋后有光，则先穴通其屋，以之向外，不则置于入门之处，使正面向内。从来屋高门矮，必增横板一块于门之上，以此代板，谁曰不佳？

(7) 石光匾

即"虚白"一种，同实而异名。用于磊石成山之地，择山石偶断外，以此续之。亦用薄板一块，镂字既成，用漆涂染，与山同色，勿使稍异。其字旁凡有隙地，即以小石补之，粘以生漆，勿使见板。至板之四围，亦用石补，与山石合成一片，无使有襞襀之痕，竟似石上留题，为后人凿穿以存其迹者。字后若无障碍，则使通天，不则亦贴绵纸，取光明而塞障碍。

(8) 秋叶匾

御沟题红，千古佳事；取以制匾，亦觉有情，但制红叶与制绿蕉有异：蕉叶可大，红叶宜小；匾取其横，联妙在直。是亦不可不知也。

3. 《种植部・木本第一・山茶》

……惜乎予园仅同芥子，诸卉种就，不能再纳须弥，仅取盆中小树，植于怪石之旁。

4. 《种植部·木本第一·石榴》

芥子园之地不及三亩，而屋居其一，石居其一，乃榴之大者复有四五株。是点缀吾居，使不落寞者榴也；盘踞吾地，使不得尽栽他卉者亦榴也。……榴性喜压，就其根之宜石者从而山之，是榴之根即山之麓也；榴性喜日，就其阴之可庇者从而屋之，是榴之地即屋之天也；榴之性又复喜高而直上，就其枝柯之可傍，而又借为天际真人从而楼之，是榴之花即吾倚栏守户之人也。此芥子园主人区处石榴之法，请以公之树木者。

5. 《种植部·木本第一·茉莉》

……予艺此花三十年，皆为燥误，如今识此，以告世人，亦其否极泰来之会也。

6. 《种植部·草本第三·水仙》

水仙一花，予之命也。予有四命，各司一时：春以水仙、兰花为命，夏以莲为命，秋以秋海棠为命，冬以腊梅为命。无此四花是无命也；一季缺予一花，是夺予一季之命也。……

7. 《种植部·草本第三·芙蕖》

……无如酷好一生，竟不得半亩方塘，为安身立命之地；仅凿斗大一池，植数茎以塞责，又时病其漏，望天乞水以救之。……

致　谢

本书由 2014—2016 年间写作的博士论文稍做修改而得。博士毕业后，我进入东南大学跟随陈薇老师从事博士后的研究工作，后又回到南京大学跟从赵辰老师开展建筑史的教学工作，在相关思想上有了些许改变。然因论文作为博士阶段的研究成果，其本身结构完整，虽然在观念与方法上尚显稚嫩，却亦有其价值所在，因此本书未做修改跟进。借此次出版，为求学生涯画一个正式的句点，也期待未来重起一行。

论文写作期间，我得到了诸多师友的帮助。

首先感谢导师赵辰教授对我学业的指导。多年来他一直启发我独立思考，在大方向上把握，在具体研究中放手，激发、鼓励学生发现属于自己的兴趣点（故烦琐考证部分的不当之处皆由我一人负责）。感谢台湾大学夏铸九老师对研究所做的提点，感谢东南大学朱光亚老师为研究提供的资料，尤其感谢南京大学历史学院的罗晓翔老师，罗老师对研究内容进行了细致的审阅，大到观点的偏颇，小到一个字的笔误，全都一一指出，令我感动。从建筑学半途跨入史料海洋，涉足尚浅，史家的严谨是我心之所向。

感谢东南大学的同乡是霏、南京大学的好友杨小妹及各位同门的支持帮助。另外，东南大学“城市与建筑遗产保护教育部重点实验室”开放课题的资助，让我在写作过程中可以无压力地购置各类文史书籍，免去很多往返图书馆的劳顿之苦。

研究的最终出版得益于国家自然科学基金的资助，同时也感谢魏晓平老师的细心编排与审校。

最后，感恩家人多年来始终如一的信任与支持。先生程超一人承担起家庭重任，为我屏蔽现实的纷扰，永远鼓励、无限包容。儿子元郢的到来，令我经历了初生的喜悦与养育的烦琐。他的牙牙学语、蹒跚学步，让我从抽象的思索中跳脱出来，真切地感受日常的琐碎，体验生活的细节；他时不时蹦跶出如警句般的"为什么"，给我带来新的认知角度与思路，让庸常回复新鲜，于是兴致盎然。我想，或许，接近建筑、园林直至城市这类物质空间的"真实"历史，也需贴近生活的全新视角，带着兴味的想象！

史文娟

2019 年夏于南秀村

图书在版编目（CIP）数据

明末清初南京园林研究：实录、品赏与意匠的文本解读 / 史文娟著. -- 南京：东南大学出版社，2020.12
ISBN 978-7-5641-9153-5

Ⅰ. ①明… Ⅱ. ①史… Ⅲ. ① 古典园林 – 园林艺术 – 研究 – 南京 – 明清时代 Ⅳ. ① TU986.625.31

中国版本图书馆CIP数据核字（2020）第 199148 号

书　　名：明末清初南京园林研究——实录、品赏与意匠的文本解读
MINGMO QINGCHU NANJING YUANLIN YANJIU — SHILU, PINSHANG YU YIJIANG DE WENBEN JIEDU
著　　者：史文娟
责任编辑：魏晓平
出版发行：东南大学出版社
地　　址：南京市四牌楼 2 号　邮编：210096
出 版 人：江建中
网　　址：http://www.seupress.com
电子邮箱：press@seupress.com
印　　刷：南京新世纪联盟印务有限公司
经　　销：全国各地新华书店
开　　本：787 mm × 1092 mm　1/32
印　　张：11.5
字　　数：305 千字
版　　次：2020 年 12 月第 1 版
印　　次：2020 年 12 月第 1 次印刷
书　　号：ISBN 978-7-5641-9153-5
定　　价：78.00 元

（若有印装质量问题，请与营销部联系。电话：025-83791830）